FRIEDRICH ASSLÄNDER | ANSELM GRÜN

spirituell führen

FRIEDRICH ASSLÄNDER | ANSELM GRÜN
spirituell führen
EINE AKTUELLE ANTWORT
VIER TÜRME

Bibliographische Information der Deutschen Nationalbibliothek

Die Deutsche Nationalbibliothek verzeichnet diese Publikation in der Deutschen Nationalbibliographie; detaillierte bibliographische Daten sind im Internet über http://dnb.d-nb.de abrufbar.

Ohne Folie
Für unsere Umwelt

MIX
Papier aus verantwortungsvollen Quellen
FSC® C014889

in Deutschland produziert

2. Auflage 2024

Erweiterte und aktualisierte Ausgabe des Titels »Spirituell führen - mit Benedikt und der Bibel«, Münsterschwarzach 2006-2016.

Lektorat: Dr. Thomas H. Böhm, Dr. Matthias E. Gahr
Innenlayout: Dr. Matthias E. Gahr
Umschlaggestaltung: www.deruhlig.com
Umschlagmotiv: Thom Milkovic / unsplash.com
Autorenfoto: Verlag J. Kamphausen, Bielefeld / Foto Koch, Kitzingen
Druck und Bindung: Pustet, Regensburg

ISBN 978-3-7365-0367-0
www.vier-tuerme-verlag.de

Inhalt

Vorwort zur erweiterten Neuausgabe

FA Alles Wesentliche über die Führung von Menschen ist schon in der ersten Ausgabe dieses Buches gut beschrieben und unverändert gültig. So erzählen mir Führungskräfte, das Buch liege auf ihrem Schreibtisch und sie würden immer wieder darin lesen und sich inspirieren lassen.

Es gibt aber deutliche Veränderungen in den Organisationen und in der Gesellschaft, die Führung vor neue Herausforderungen stellen. Das ist zum einen die Digitalisierung, die massive Auswirkung auf die Kommunikation hat. Und zum anderen ist es das Führen von jungen Menschen, die mit teils sehr klaren und direkten Erwartungen und Vorstellungen ihre Vorgesetzten konfrontieren. Beides erfordert kein neues Führungsverhalten oder Führungsverständnis, sondern eine noch konsequentere und bewusstere Umsetzung von dem, was gute Führung ausmacht, wie beispielsweise Wertschätzung, Selbstreflektion oder Achtsamkeit.

Das Führungsverständnis als »**zielorientiertes Beeinflussen von Menschen**«, wie es in der ersten Auflage betont wurde, erfährt eine Ergänzung. Unverändert müssen Ergebnisse erzielt, Ziele erreicht werden. Die Mittel dafür verlagern sich aber immer mehr hin zu einem Miteinander, Führen wird zu »**Beziehungen gut gestalten**«. Die verbindende Klammer ist der Aspekt »**Führen heißt Dienen**«, wie das schon in der ersten Auflage betont wurde und in der Regel des Hl. Benedikt seit 1500 Jahren nachgelesen werden kann.

In den neuen Kapiteln erfahren Sie, wie **Führung aus der Distanz** gelingt und wie die alles durchdringende **Digitalisierung** gleichzeitig die zwischenmenschliche Kommunikation verarmt und bereichert. Wir zeigen, wie die Entwicklung einer **guten Beziehungskultur** die Defizite von Online-Meetings ausgleichen kann. Sie finden Hinweise, wie Sie **sich selbst gut führen** können, was sich zunehmend zu einer Schlüsselqualifikation entwickelt. Wir beschreiben, was die neuen **Generationen X, Y und Z** von Führung erwarten.

Mögen die alten und neuen Anregungen in diesem Buch Ihr Führungsverständnis bereichern und das Miteinander harmonischer und fruchtbarer gestalten. Das ist mein tiefstes Anliegen.

AG Je älter ich werde, desto klarer wird mir, dass Führen eine spirituelle Aufgabe ist. Spiritualität meint dabei nicht nur die innere Quelle, aus der ich bei meiner Führungsaufgabe schöpfe. Spiritualität bedeutet für mich vielmehr, immer auf dem Weg bleiben, sich nie ausruhen auf dem erreichten Erfolg. Der hl. Benedikt beschreibt Spiritualität als eine »beständige Suche nach Gott«. Spiritualität bedeutet also nicht das Erreichen eines Zieles, sondern die Bereitschaft, sein Leben lang auf dem Weg zu bleiben, auf dem Weg zu mir selbst, zu meiner ursprünglichen und unverfälschten Person, und auf dem Weg zu Gott, zu dem Geheimnis, das alles äußere Tun übersteigt.

Spirituell führen bedeutet nicht, dass ich Spiritualität gelernt oder praktiziert habe und jetzt aus diesen Erfahrungen schöpfe. Das Führen selbst ist ein spiritueller Weg. Beim Führen von Menschen muss ich mich immer wieder neu einlassen auf die Eigenart von Menschen und ich werde ständig mit meiner eigenen Wahrheit konfrontiert, mit meinen Emotionen und Empfindlichkeiten. Indem ich mich der Wirklichkeit stelle, wie sie das Führen mir immer wieder neu als Aufgabe zumutet, führe ich spirituell. Ich bleibe auf dem Weg. Ich lasse mich auch auf die neuen Methoden ein, die die Zeit uns immer wieder anbietet. Ich bin bereit, mich wandeln zu lassen. Aber ich kenne das Ziel der Verwandlung: immer mehr ich selbst werden, immer mehr dieser einmalige Mensch werden, als den Gott mich geschaffen hat. Und beim Führen den Menschen, die mir anvertraut sind, immer wieder von neuem gerecht werden, damit ich auch das Potenzial, das Gott in sie hineingelegt hat, mehr und mehr hervorlocke und entfalte.

Vorwort der ersten Auflage

AG Führen heißt nicht, aus den Menschen möglichst viel herauszupressen, damit die Arbeitsleistung immer mehr steigt. So wird es leider manchmal in der Wirtschaft verstanden. Andere zu führen vermag nur der, der sich selbst gut führt, der ausgesöhnt ist mit sich selbst und bereit ist, sich auf seine Mitarbeiter einzulassen. Wer andere führen will, muss sich in sie hineindenken und sich überlegen, wie er das Leben, das in jedem steckt, wecken kann.

Wer Führung so versteht, für den ist sie eine große spirituelle Herausforderung. Sie verlangt, dass wir uns unserer eigenen Emotionen und Bedürfnisse bewusst werden und sie nicht einfach auf die Mitarbeiter projizieren. Es braucht eine ehrliche Selbstbegegnung und Selbsterkenntnis, um andere führen zu können. Ohne Selbsterkenntnis werde ich all meine verdrängten Bedürfnisse in den Mitarbeitern sehen und sie bei ihnen bekämpfen.

Wer führt, ist auch ständig mit den Emotionen und Problemen seiner Mitarbeiter konfrontiert. Sich davon nicht anstecken zu lassen, sondern in Klarheit zu führen, das gelingt nur dem Menschen, der einen spirituellen Weg geht und in der Stille immer wieder Abstand bekommt zu dem, was ihn in der Arbeit belastet.

Für mich als Mönch ist die **Regel des heiligen Benedikt** eine ergiebige Quelle, aus der ich immer wieder schöpfen kann, wenn ich an meine eigene Führungsaufgabe in Münsterschwarzach denke. Ich werde nie dem gerecht, was Benedikt über den Cellerar schreibt. Aber ich verstehe seine Darlegungen als Ziel, auf das hin ich unterwegs bin. Ich erfahre immer wieder, wie dieses Ziel mich fasziniert und wie es mich lebendig hält.

Die andere Quelle ist für mich die **Heilige Schrift**. Auch sie ist für mich unerschöpflich. Immer wieder entdecke ich in ihr neue Weisheiten und Wege, die ich in meinem alltäglichen Leben fruchtbar machen kann.

In meinem Alltag als Cellerar, der für die wirtschaftlichen Belange des Klosters verantwortlich ist, versuche ich, meine Arbeit mit dem **Gebet** zu verbinden, wie es Benedikt in dem »Ora et labora« (»Bete und arbeite«) empfiehlt. Dabei erfahre ich das Gebet als Quelle für die Arbeit, aber auch als Hilfe, meine Arbeit immer wieder vor Gott zu reflektieren.

Und nicht zuletzt erlebe ich, dass die **Arbeit** selbst eine spirituelle Aufgabe ist. Denn in ihr geht es nicht darum, mich selbst in den Mittelpunkt zu stellen. Vielmehr muss ich mich auf die Menschen und auf die konkreten Projekte einlassen, um den Menschen und der Sache zu dienen. Das gelingt nur, wenn ich mein Ego loslasse und Gottes Geist in mir Raum gebe.

In diesem Buch soll die spirituelle Herausforderung bedacht werden, die das Führen an uns stellt: Das Führen selbst kann uns so auf dem spirituellen Weg halten. Zugleich aber soll auch die Spiritualität als Hilfe gesehen werden, wie wir menschlicher – und damit letztlich auch effektiver – führen können.

Heute sprechen alle vom wichtigsten Kapital, das ein Unternehmen besitzt: von den Mitarbeitern. Aber oft ist das nur ein Schlagwort. In der Realität wird dieses Kapital oft ausgebeutet und nicht gut »angelegt«. Wer einen spirituellen Weg geht, wird seinen Mitarbeitern eher gerecht als einer, der nur auf die Gewinnmaximierung schaut. Er bekommt ein Gespür für die Mitarbeiter und kann sie dann auch besser leiten und lenken. Er wird sie dabei aber nicht auspressen, sondern in ihnen Leben wecken, an dem er sich selbst freuen wird. Das Leben, das in den Mitarbeitern fließt, wird nicht nur ihn lebendiger werden lassen, sondern letztlich auch dem Unternehmen dienen und es auf Dauer konkurrenzfähiger machen.

So ist die Spiritualität immer beides: Quelle, aus der wir schöpfen, und Reaktion auf das alltägliche Leben, das uns in Beschlag nimmt. Die Spiritualität zeigt uns, wie wir so auf die Wirklichkeit unseres Alltags reagieren können, dass wir selbst leben anstatt gelebt zu werden. Sie hilft uns, damit wir uns nicht von den Problemen bestimmen lassen, sondern dass wir all das prägen, was uns von außen als Schwierigkeit und als Herausforderung begegnet.

FA Die Schlagworte »Immer schneller!«, »Immer größer!«, »Immer mehr!« werden zunehmend für Menschen – vor allem in verantwortlichen Positionen – zum Horror-Szenario. Betriebliche Prozesse laufen immer schneller ab, die Verantwortung in den Führungsetagen nimmt zu und der Einzelne soll immer mehr leisten. Wo finden wir die notwendige Orientierung und die Kraft, um all den Anforderungen gerecht zu werden?

Das vorliegende Buch will auf diese Frage eine Antwort geben – aus der spirituellen Erfahrung der Autoren heraus und auch ausgehend von konkreten Hinweisen in der Bibel und in der Regel des heiligen Benedikt zu den Themen »Führung« und »Orientierung im Leben«. In einer Zeit, in der die alten Strukturen immer weniger tragen und Veränderungen rasant zunehmen, wird der Weg nach Innen, zu unseren geistigen Wurzeln und Quellen – zu unserer Spiritualität – wesentlich.

Spiritualität meint in diesem Zusammenhang, dass wir zurückgreifen können auf die Verbindung mit etwas Umfassenderen, das uns trägt – unabhängig von äußeren Wirren und menschlichen Unzulänglichkeiten – auf etwas, das wir in unserem Kulturkreis »Gott« nennen. Wir waren und sind immer mit dieser religiös-geistigen Dimension verbunden und wir können diese Verbindung jederzeit aktivieren und nutzen.

Dabei lässt sich Spiritualität nicht vom Profanen und Alltäglichen trennen. Im Gegenteil: Sie manifestiert sich im Alltäglichen und wird an den Orten, an denen wir gerade sind und in jedem Augenblick – im »Jetzt« – gelebt. Gebet oder Meditation sind wichtige religiöse Übungen, in denen wir bewusst zu diesen spirituellen Wurzeln zurückkehren. Wir können sie zum Auftanken benutzen, unseren »seelischen Akku wieder aufladen«. Ihre eigentlichen Früchte tragen spirituelle Übungen aber in der täglichen Arbeit und im Umgang mit den Menschen, mit denen wir es »jetzt« und »hier« zu tun haben.

So sollen auch die praktischen Hinweise in diesem Buch verstanden werden. Sie erleichtern die Arbeit. Entscheidend ist aber die geistige Haltung, aus der heraus wir handeln.

Im Alltag wird Spiritualität sichtbar, wenn ganz gewöhnliche Menschen ganz gewöhnliche Arbeiten ungewöhnlich gut machen. Die Hingabe an eine Aufgabe, die sinnvoll und wertvoll erscheint, kann dann zutiefst persönlich bereichern. Erfolg ist dann das, was (er-)folgt. Oder: Wir werden ernten, was wir gesät haben.

Wir Autoren möchten Mut machen, sich der religiösen Dimension des Menschseins zu öffnen und diese Erfahrung in die tägliche Arbeit mit hineinzunehmen.

Der Bogen soll in diesem Buch von »religio« – als Rückbindung an etwas Größeres, Umfassenderes – bis zum Führungsalltag gespannt werden. Die Hinweise in der Bibel, die Regel Benedikts und die Erfahrungen der Autoren werden in Beziehung gesetzt zum Führungsalltag. Praktische Hinweise zu einer spirituellen Praxis und Praxistipps für den beruflichen Alltag sollen diesen Transfer erleichtern.

Hinweise zur Nutzung dieses Buches

Am Beginn des Buches hier noch einige Hinweise:

- Die Übungen in den einzelnen Kapiteln sind ein Angebot, aus dem Sie wählen können. Keinesfalls sollten Sie alle oder zu viele Übungen gleichzeitig machen. Der größte Nutzen entsteht durch Konzentration auf das Wesentliche, das heißt auf jene Übung, die in Ihrer aktuellen Situation besonders Erfolg versprechend ist. Wenn Sie die Übung eine längere Zeit – mindestens einen Monat – durchhalten, wird sie verinnerlicht und zur guten Gewohnheit. Dann können Sie sich auf die nächste Übung konzentrieren.
- Das Neue Testament enthält eine Fülle von praktischen Vorschlägen zur besseren Lebensgestaltung. Aber auch die ganze Bibel ist eine praktische Anleitung zum guten Leben. Viele Gleichnisse und Hinweise zeigen, worauf wir im Leben achten sollen, damit es uns nachhaltig gut geht. Deshalb nehmen wir immer wieder Hinweise auf entsprechende Bibelstellen in den Text auf.
- Um der flüssigeren Leseweise willen wurde auf die Benennung beider Geschlechter verzichtet und nur die männliche Form gewählt. Die weiblichen Leserinnen mögen uns das verzeihen.
- Die Autorenschaft der einzelnen Teile des Buches ist mit den folgenden Namenskürzeln angegeben:

  Mit AG gekennzeichnet sind die Texte von Pater Anselm Grün.
  Mit FA gekennzeichnet sind die Texte von Friedrich Assländer.

Führen und geführt werden | 1

So wisse der Abt:
Die Schuld trifft den Hirten,
wenn der Hausvater an seinen Schafen
zu wenig Ertrag feststellen kann.

Regel Benedikts 2,7

... mir geschehe, wie du es gesagt hast.

Lukasevangelium 1,38

1.1 ı Andere führen

FA Wie geht »führen«? Die vielen Definitionen, die es zum Begriff »Führung« gibt, beinhalten in der Mehrzahl zwei Aspekte: Diese sind (1) Beeinflussung von Verhalten und (2) Zielorientierung. Kurz formuliert: **Führung ist zielorientierte Beeinflussung von Menschen**. Damit lässt sich jenseits aller Führungstheorien und Führungsideologien das Thema auf zwei entscheidende Elemente reduzieren, **Ziele** und **Beeinflussung**.

Wir sollten diese Definition jedoch ganzheitlich verstehen. Ziele schließen nicht nur das betriebliche Ergebnis, sondern auch die beteiligten Menschen – auch die Führenden selbst – mit ein. Das Beeinflussen berührt auch die Persönlichkeitsentwicklung der Geführten und des Führenden. Und es umfasst auch die Dimension des Geführt-Werdens, des bewussten Annehmens und Zulassens.

Unternehmensziele dienen der Orientierung und der Ausrichtung der Mitarbeiter und der Organisation. Von besonderer Bedeutung sind dabei nicht in erster Linie die vereinbarten Jahresziele und die mittel- und langfristigen Zielplanungen, sondern die grundsätzlichen Ziele, die zur Identität des Unternehmens führen. Dazu gehören der Unternehmenszweck, die Vision und die Werte, wie sie sich im Leitbild niederschlagen. Sie stellen ein Ideal dar, das im besten Fall allen als ständiges Ziel vor Augen ist. Hier ist zu fragen: Wer sind wir und wer wollen wir sein? Woran wollen wir gemessen werden? Welchen Beitrag leisten wir für die Menschen – für unsere Kunden und unsere Mitarbeiter – und für das soziale Umfeld des Unternehmens?

Messbare, auf Zahlen reduzierte Ziele haben in der Erfolgsbetrachtung des Unternehmens ihren Sinn, als Steuerungsinstrumente sind sie jedoch von nachgeordneter Bedeutung. Wesentlich ist die geistige Ebene – die der Werte und Visionen –, die unternehmerisches Tun in einen größeren Zusammenhang bringt.

Es lohnt sich darüber nachzudenken, was Unternehmen auszeichnet, die schon sehr lange erfolgreich tätig sind. Wir finden in allen Traditionsunternehmen **wertorientierte** Prinzipien und Grundsätze – die den Umgang miteinander und die Qualität der Außenleistung festlegen. Berühmt ist die Regel Benedikts, nach der seit über

1500 Jahren die Klöster der Benediktiner geführt werden, die bis zum heutigen Tag geistiges Leben und wirtschaftlichen Erfolg miteinander verbinden. Bekannt sind auch die Geschäftsprinzipien von Robert Bosch – zum Beispiel sein Motto: »Lieber verliere ich Geld, als das Vertrauen meiner Kunden«. Für das Unternehmen Freudenberg mit weltweit über 30 000 Mitarbeitern ist soziale Verantwortung seit der Gründung vor über 150 Jahren ein wesentlicher Unternehmensfaktor. Bereits das Gründerehepaar stiftete einen Unterstützungsfonds zum Ausdruck der »Wertschätzung der gemeinsamen Arbeit aller Mitarbeiter«.

Die Identität des Unternehmens ist die Basis für die Identifizierung der Mitarbeiter mit dem Unternehmen. Unternehmen haben eine Geschichte – genauso wie Völker eine Geschichte haben. Von dieser Geschichte geht eine starke Kraft aus, sie bindet die Menschen und gibt ihnen das Bewusstsein, bedeutend und wertvoll zu sein. In erfolgreichen, gut geführten Unternehmen sind die Mitarbeiter stolz dazuzugehören.

Bei Fusionen und Firmenverkäufen wird oft sehr fahrlässig mit dieser Identität umgegangen. Es wird übersehen, dass die Identifizierung der Mitarbeiter mit diesem Unternehmen – und damit ihre Motivation und ihr Engagement – verloren geht, wenn das Unternehmen selbst seine Identität verliert. Der Betriebsleiter eines Chemiewerkes hat das so ausgedrückt: »Ich arbeite seit 30 Jahren in diesem Betrieb und inzwischen für das vierte Unternehmen. Dreimal haben wir den Namen gewechselt. Ich habe keine Lust mehr, mich für irgendwelche geldgierigen Aktionäre krumm zu buckeln«. Wenn der Chef so denkt, dann kann man sich leicht ausmalen, wie die Mitarbeiter denken. Ein sehr hoher Krankenstand und wachsende Qualitätsprobleme in diesem Werk waren klare Indizien für das schlechte Betriebsklima.

Die Geschichte, die Tradition, die gelebten Werte und Prinzipien sind die lebendige Wirklichkeit eines Unternehmens oder einer Organisation. (Logo und Corporate Identity sind die Symbole, die äußeren Zeichen.) Führen heißt, die Werte bewusst zu machen und die Einhaltung der Werte einzufordern. So entsteht eine Unternehmenskultur. Werden nur noch die Zahlen gesehen, dann geht der Blick am Wesentlichen vorbei. Führung – insbesondere wenn sie motivierend sein will – wird in einer »Zahlenkultur« immer schwerer, weil Menschen wenig Sinn darin sehen, immer größere Bilanzsummen zu erzeugen oder das Vermögen von anderen zu vermehren.

Die Möglichkeiten der Beeinflussung von Menschen werden in Führungsseminaren häufig auf eine Frage reduziert: »Was kann ich tun, damit die anderen das tun, was ich will?« Das wird dann als »Motivation« bezeichnet. Dahinter steckt die mechanistische Auffassung, dass Menschen wie Maschinen bewegt werden können, wenn man nur ihre »Bedienungsanleitung« kennt. In der Schule wird dieses mechanistische Weltbild gelehrt und nun haben wir im Alltag Probleme, wenn uns dieses Weltmodell – insbesondere im Umgang mit Menschen – nicht weiterbringt.

Wir können jedoch auf unsere eigenen Erfahrungen von Führung zurückgreifen – auf die Beobachtung, wie wir selbst geführt wurden von Eltern, Lehrern, Vorgesetzten, Trainern, Kollegen, Ehepartnern. Wie haben diese Personen mein Verhalten beeinflusst? Was habe ich dabei positiv, was negativ erlebt? Was haben diese Menschen konkret getan, was aus heutiger Sicht als Führung bezeichnet werden kann?

ÜBUNG

Wie wurde ich geführt?

1. Schreiben Sie die Namen von drei bis fünf Personen auf, von denen Sie geführt wurden.
2. Notieren Sie die konkreten Verhaltensweisen und Aktivitäten dieser Personen, die Sie als Führung erlebt haben.
3. Bewerten Sie jedes Verhalten, wie Sie es im Rückblick sehen:

+ +	war für mich sehr hilfreich und förderlich
+	war für mich hilfreich
–	war für mich weniger hilfreich
– –	war für mich sehr problematisch
+/–	war sowohl hilfreich als problematisch

4. Welche Werte, Prinzipien und Glaubenssätze wurden Ihnen dabei vermittelt?
5. Schreiben Sie auf, welche dieser Erfahrungen in Ihrem eigenen Führungsverhalten heute wirksam sind und welche Sie verbessern oder vermeiden möchten.

Die Möglichkeiten zu führen – die Mittel der Beeinflussung – sind so mannigfaltig wie menschliches Verhalten insgesamt. Manche Menschen schweigen beispielsweise und erzeugen mit dem Blick Schuldgefühle. Andere werden laut.

Lob und Anerkennung erleben wir meist als wohltuend und anspornend. Wenn wir jemanden bewundern, versuchen wir sein Verhalten nachzuahmen, er wird zum Vorbild.

Als entscheidend für »Führung« erweisen sich drei Bedingungen:

- **Es kommt zu einer Beziehung zwischen den Menschen.** Beziehung zwischen Menschen entsteht durch gute Kommunikation, das heißt wenn neben der Sach- oder Inhaltsebene ein emotionaler Kontakt entsteht. Gefühle wie Sympathie – aber auch Antipathie – machen Beziehungen menschlich. Voraussetzung dafür ist die Fähigkeit, Gefühle zuzulassen und zu zeigen.
- **Es werden Zielvorstellungen als Erwartungen oder Forderungen wirksam.** Ziele – als *Management by objectives* ein klassisches Führungsmodell – haben eine Schlüsselfunktion. Sie geben Orientierung und richten die Kräfte in eine bestimmte Richtung aus. Wir sollten zuerst lernen uns selbst Ziele zu setzen und sie umzusetzen, bevor wir Ziele mit Mitarbeitern vereinbaren. Eigene Ziele machen die Arbeit an uns selbst konkret und uns als Führende glaubwürdig. Seneca hat vor 2000 Jahren schon bemerkt: »Wer nicht weiß in welchen Hafen er segeln will, für den ist kein Wind der richtige.«
- **Das Verhalten wird gesehen, bewertet und dem Geführten rückgemeldet.** Die Kombination von Zielen und Rückmeldungen – oft als Feedback bezeichnet – ist ein einfaches, aber sehr praktikables Modell von Führung. So wie wir einen Spiegel brauchen um unser Gesicht zu sehen, so brauchen wir die Rückmeldung von anderen, um unser Verhalten einschätzen zu können. Menschen erleben die Rückmeldung als Wertschätzung und werden in ihrem Verhalten zunehmend sicherer, wenn sie von anderen erfahren, wie sie erlebt und gesehen werden.

Führung in einem betrieblichen Kontext bedeutet, eine Leistung unter Mitwirkung von »Mit-Arbeitern« zu erbringen. Salopp gesprochen: Führungskräfte haben dafür zu sorgen, dass die Arbeit gemacht wird. Es geht beim Führen also um eine entscheidende Frage: Wie können Menschen dahingehend beeinflusst werden, dass sie die erwünschten Arbeiten im Betrieb machen? Damit ist nach effizienten

Mitteln der Beeinflussung – wie zum Beispiel Führungsstil, Kommunikation, Führungsgrundsätze und Führungsverhalten – gefragt. Dieser eher mechanistische, aber alltagstaugliche Teilbereich von Führung muss ergänzt werden durch Fragen nach Ethik, Sinnhaftigkeit, ganzheitlich-systemischen Aspekten und spirituellen Dimensionen von Führung.

Führung verbinden die meisten Menschen mit der Vorstellung einer Über- und Unterordnung. Eine Überordnung in einer Führungsposition bringt die Pflicht mit sich, Führung auszuüben und die damit verbundene Macht anzunehmen. Nur so können Organisationen funktionieren. Wenn der Vorgesetzte diese Funktion nicht wahrnimmt, leidet nicht nur die Effizienz der Aufgabenerfüllung, sondern dies hat auch negative Auswirkungen auf die geführten Menschen. Die Ausübung von Führung – auch im Sinne von Machtausübung – gibt den Geführten Sicherheit und Orientierung in fachlicher und in sozialer Hinsicht.

Wirtschaftliche Ziele, auch monetäre Ziele – als Gewinn oder bei Non-Profit-Unternehmen als Kostendeckung – sind existenziell notwendig. Wenn diese Ziele zum Selbstzweck werden, wenn Gewinnsteigerungen oder -maximierungen »angebetet« werden wie ein »Goldenes Kalb«, dann wird das Wesentliche übersehen: der tiefe und ethisch legitimierte Sinn des Unternehmens, nämlich Leistungen und Güter für Menschen zu erstellen. Dieser Verlust der Orientierung am Menschen zeigt sich dann im Führungsstil und im Menschenbild. Mitarbeiter werden zu Kostenstellen und ihre Entlassung zum Mittel der Kostensenkung.

Gute Führung sieht sowohl das Ganze und seine Einbindung in größere Zusammenhänge als auch den einzelnen Menschen. Führen heißt auch immer, im Geführten Leben zu wecken und ihm zu dienen, wie Jesus das fordert. Das ist die eigentliche Herausforderung. Wenn wir den Menschen als spirituelles Wesen, als Abbild Gottes sehen, dann ist die Entwicklung von Menschen – und damit Führung – im Kern eine spirituelle Aufgabe, der wir um so besser gerecht werden können, je mehr wir selbst unser eigenes Leben als spirituelle Herausforderung sehen und annehmen.

1.2 ı Führen aus der Distanz

FA Was verändert sich in der Führung, wenn wir uns nicht mehr regelmäßig, täglich oder bei Bedarf persönlich treffen und sehen, sondern auf einen Bildschirm schauen, oft am Handy oder Tablet und aus einem Lautsprecher oder Kopfhörer den anderen hören? Die Einen frohlocken, der **Segen der Digitalisierung** werde nun offensichtlich. Andere klagen, es gehe **Wesentliches verloren**. Es ist wohl beides richtig mit der Maßgabe: Je nachdem, wie wir damit umgehen.

Fakt ist, **Online-Kommunikation** ist ein wichtiger Bereich der globalen Digitalisierung, er funktioniert und wird schon ziemlich lange genutzt, nun auch vermehrt von jenen, die sich bisher dagegen gesträubt haben. Dadurch werden Reisen und die damit verbundenen **Kosten und Zeit** erspart. Skype, Zoom und andere Dienste ermöglichen, sich ohne großen Aufwand und Kosten »öfter zu sehen«. Darin liegt auch eine Gefahr, wenn es schnell und einfach geht, dann ist die Schwelle niedrig, schnell mal ein Meeting einzuberufen und die Häufigkeit und die damit verbundene zeitliche Belastung wächst. Wir haben das mit den E-Mails erlebt. Schnell mal eine Mail zu schicken, manche schicken die gleich an viele Empfänger, um die Bedeutung der eigenen Person zu unterstreichen, ist viel einfacher, als einen Brief zu schreiben. Und es kostet nichts. Nun werden wir alle von Mails überschwemmt. Diese Tendenz ist nun auch bei Online-Meetings und Webinaren zu sehen.

Ein **großes Plus ist das »Sehen«** unseres, ggf. unserer Gesprächspartner. Es entsteht eine umfassendere Beziehung als am Telefon, da zwei Sinnesorgane, **Auge und Ohr beteiligt** sind. Das wird von vielen als Bereicherung erlebt, da wir von Kindheit an gewöhnt sind, auditorische Informationen gemeinsam mit optischen Eindrücken zu verarbeiten. Der Blickkontakt ist ein entscheidender Teil einer angenehmen Kommunikation. **»Schön, dich zu sehen«** wird per Video häufig und ohne großen Aufwand möglich.

Viele Dienste ermöglichen die Einbindung von 50 oder 1.000 Teilnehmern per Mausklick. Da fast alle Notebooks heute mit Kamera und Mikrofon ausgestattet sind, bestehen die technischen Voraussetzungen bereits weitgehend. **Die rasante Entwicklung der technischen Unterstützung von Online-Meetings** eröffnet neue und neuartige Möglichkeiten der Kommunikation, wie Einbindung von Präsentationen, Whiteboards oder virtuelle Flipcharts, automatische Dokumentation, man kann Teilnehmer in beliebig viel Gruppenräume schicken, Teamprozesse mit Avataren simulieren und vieles mehr.

Online-Kommunikation erfordert jedoch einen **Lernprozess**, um sich das Andersartige und das Neue bewusst zu machen und es sinnvoll zu nutzen. Die zentrale Frage ist: Was müssen wir beachten, damit es uns mit diesen Kommunikationsformen gut geht? Das Internet ist voll mit Tipps und Angeboten.

Die Führungsrolle wird nun dahingehend erweitert, diesen **Lernprozess**, einschließlich des eigenen Lernens, anzustoßen und ihm den Raum und die Bedeutung zu geben, die erforderlich sind. Es stehen Entscheidungen an: Mit welchen Tools wollen wir arbeiten? Wie eignen wir uns die **erforderlichen Online-Kompetenzen** an? Wie können wir jene Kollegen mitnehmen, die sich mit der neuen Technik schwertun oder sich dagegen sträuben? Oft haben Führungskräfte für diese Fragen keine Zeit, geben diesen **Veränderungsprozessen** keinen Raum, sondern erwarten, dass die Menschen das einfach können oder sich das selbst aneignen. Die Folge ist Stress bei den Betroffenen und innerer Rückzug.

Bei der rasanten Entwicklung der Informationstechnologie (IT) seit den 60er Jahren des letzten Jahrhunderts wurde in vielen Unternehmen deren zentrale Bedeutung rasch erkannt. In vielen Unternehmen wurde IT ein eigenes Vorstandsressort. Es ist durchaus sinnvoll, analog dazu einen **Verantwortlichen für Online-Kommunikation** zu benennen, ebenso für **das große Feld der Digitalisierung**, um die damit verbundenen Aufgaben und Probleme zielorientiert zu steuern und die sich ergebenden **Vorteile zu nutzen**, vor allem auch um Regeln für einen sinnvollen Umgang damit zu entwickeln.

In dem Maße, wie sich **Online-Meetings als Standardkommunikation** bewähren und durch Corona auch erzwungen werden, lösen sie dauerhaft viele Dienstreisen ab. Damit entfallen die statusträchtigen Flugzeugreisen in den höheren Preisklassen und Übernachtungen in teureren Hotels. Mit dem **Verlust dieser Statussymbole** geht auch die sich daraus ergebende **Identität** verloren. Das wird noch dadurch verstärkt, dass wir vor dem Bildschirm alle gleich sind. Die Fenster sind gleich groß und alle haben weitgehend gleiche Möglichkeiten sich einzubringen. Die mit Statussymbolen unterlegte Rolle, in die ein Chef schlüpfen konnte, durch Ernennung, Dienstwagen, Titel, Größe von Büro und Schreibtisch, und was immer auch identitätsstiftend war, löst sich auf.

Inhalt und Akzeptanz von Führung verschieben sich damit noch mehr als bisher von der Fach- und Methodenkompetenz in Richtung sozialer und **spirituell-geistiger Kompetenz**. Die Geführten schauen immer mehr auf Persönlichkeit, Authentizität und Menschlichkeit, bevor sie Gefolgschaft leisten.

Die Veränderung in den **Mitteln zur Beeinflussung von Menschen und zur Steuerung des betrieblichen Geschehens** folgt einer technisch induzierten Linie, ist aber auch Ausdruck des vorherrschenden Menschenbildes. Wenn wir Menschen für grundsätzlich faul halten, dann greifen wir zur repressiven Machtausübung durch Bestrafen, vornehm nennen wir das **»Druck ausüben«**. Druck löst immer Abwehr und Rückzug aus und verzehrt sehr viel Energie. Führen mit Angst und Druck funktioniert immer weniger, schon gar nicht gegenüber qualifizierten Leuten.

Auch Führung aus der fachlichen Überlegenheit gehört der Vergangenheit an. Früher konnte der Meister alles vormachen, er war Experte in seinem Fach. Durch die Spezialisierung und Automatisierung ist das Wissen auf die nachgeordneten Ebenen und auf viele verteilt. In der Folge wurde die Bedeutung der **Methodenkompetenz** entdeckt und die Wirksamkeit von sozialer und emotionaler Kompetenz, die heute in der Führung von Menschen eine zentrale Rolle spielen. Auf Unternehmerseite kommen **visionäres, strategisches Denken** und Durchsetzungskraft hinzu.

Wenn wir uns selten persönlich sehen, wird die **geistig-spirituelle Kompetenz** zur entscheidenden Quelle von Führungsakzeptanz mit wachsender Bedeutung von Qualitäten wie **Vertrauen, Verlässlichkeit, Glaubwürdigkeit und Authentizität**. Die Sinnhaftigkeit, der **»purpose« des Unternehmens** und die Frage nach der Essenz ist das, was Führungskräfte zunehmend vermitteln müssen: »Was zeichnet uns im Tiefsten aus?« **Leitbild und Wertekataloge** wirken erst dann gemeinschaftsbildend und zielführend, wenn **sie auf etwas Sinnvolles, Bedeutendes bezogen** sind, das ein enges ICH und WIR übersteigt.

Die Möglichkeit, sich jederzeit mit beliebig vielen Menschen in **einem virtuellen Besprechungszimmer** zu treffen, auch in selbstbestimmten Gruppen, die jemand einlädt, eröffnet neue umfassende Informationsmöglichkeiten und auch gruppendynamische Prozesse mit neuen Einflussmöglichkeiten. **Der Führungskraft entgleiten die Kontrollmöglichkeiten** darüber, wer was mit wem bespricht. Gruppen treffen immer häufiger ohne Rückfragen beim Vorgesetzten schnelle Entscheidungen. Der Einzelne fühlt sich durch die Gruppe abgesichert. Das ist eine **Machtverschiebung** und Auflösung von Hierarchie, die rasch zunimmt.

Die **Überwachung** von Mitarbeitern im Homeoffice per »Schnüffelsoftware« ist in Deutschland nur bei begründeten Ausnahmen zulässig. Dazu gibt es auch ein Bundesarbeitsgerichts-Urteil (Az.: 2 AZR 681/16). Arbeitsproduktivität lässt sich damit sowieso nur sehr begrenzt messen, da diese Programme, sog. Keylogger-Software, nur Quantität erfassen, zum Beispiel die Zeit vor dem PC, oder die Anzahl der Tastaturanschläge, nicht aber Qualität, auf die es eigentlich ankommt. Es lassen sich damit auch besuchte Internetseiten und die Häufigkeit und Länge von Pausen messen. Sie sind auf jeden Fall der Beweis für **fehlendes Vertrauen**, das in der neuen Arbeitswelt jedoch eine Schlüsselstellung innehat.

Die wachsende, technisch induzierte, räumliche Distanz zwischen Geführten und Führer bei der Online-Kommunikation gibt den Geführten neue Freiheiten, bringt aber auch neue Herausforderungen und Probleme mit sich. **Mitarbeiter** müssen nun lernen, **sich selbst gut zu führen**, da niemand mehr hinter ihnen steht. Zusätzlich treffen alle auf eine neue Herausforderung, oft **allein und ohne menschliche Nähe** zu sein. Die Klagen von Mitarbeitern über **Vereinsamung**, auch spöttisch **Fern-Einsamung** genannt, nehmen zu. Die Folge ist ein inneres Wegdriften, der Bezug zum Unternehmen und zu Kollegen geht verloren. Begleitet wird das von seelischer Leiderfahrung und den möglichen gesundheitlichen Folgen.

Die amerikanische Psychologin Holt-Lunstad, Professorin für Psychologie an der Brigham Young University im US-Bundesstaat Utah, hat in zwei Meta-Analysen, in der die Erkenntnisse aus 148 Studien beziehungsweise 70 Studien zusammengefasst wurden, die Folgen von sozialer Isolation untersucht. Sie kam zu der alarmierenden Erkenntnis, dass »soziale Eingebundenheit« für Gesundheit und Lebenserwartung eine größere Bedeutung hat, als Sport, 15 Zigaretten täglich oder Übergewicht. Sozial isolierte Menschen hatten ein schlechteres Immunsystem und waren anfälliger für Herzerkrankungen, Diabetes und andere Erkrankungen.

Der Psychologe Sheldon Cohen und seine Kollegen von der Carnegie Mellon University in Pittsburgh untersuchen seit mehr als 30 Jahren in Experimenten, warum manche Menschen an Erkältungsviren erkranken und andere, unter den gleichen medizinischen Bedingungen, keine Symptome entwickeln. Neben ausreichendem Schlaf (mehr als 7 Stunden) und mindestens zwei Mal Sport pro Woche, ist die Anzahl der sozialen Rollen der entscheidende Faktor. Wer nur eine bis drei Rollen innehatte, erkrankte rund vier Mal häufiger an Erkältungsbeschwerden als eine Person mit sechs oder mehr sozialen Rollen. Das Gefühl, sozial eingebunden zu sein, zum Beispiel als Eltern, Partner, Kollege, in einem Team oder im Ehrenamt ist wohl für unsere Widerstandskraft entscheidend (im Internet gibt es zu diesen Erkenntnissen zahlreiche Artikel).

Ein Lockdown, wie er im Jahr 2020 mehrmals zur Eindämmung der Verbreitung des SARS II Virus in vielen Ländern verhängt wurde, verhindert zwar die Verbreitung des Virus, schwächt aber durch soziale Isolation die Immunstärke vieler Menschen. Das kann auch einer der Gründe dafür sein, warum alte, häufig einsame Menschen mit wenigen sozialen Rollen, besonders anfällig für das Virus sind.

Das Thema **betriebliche Gesundheit** wird damit um neue Aufgaben erweitert. Wie können wir, besonders als Führungskraft, der Vereinsamung und der gefühlten Isolierung durch die wachsende Online-Kommunikation entgegenwirken? Wie kann ein Gefühl von Zugehörigkeit aufrechterhalten werden, wenn wir uns nur noch selten sehen? Wie kann die Identifizierung mit dem Unternehmen und das Erleben von Gemeinschaft bei den Mitarbeitern aufrechterhalten werden?

Soziale Kontakte am Arbeitsplatz sind eine starke Motivation, ein Arbeitsverhältnis einzugehen und aufrechtzuerhalten, oder gerade diese Arbeit anzunehmen. Das hat auch mit Veranlagung zu tun. Es gibt gesellige Menschen, für deren Wohlbefinden menschliche Nähe unabdingbar ist. Daneben gibt es andere, die lieber allein vor sich hinarbeiten, jedoch auch hin und wieder den Austausch brauchen.

Die **Doppelaufgabe von Führung**, Ergebnisse zu erzielen und Menschen mit ihren Potenzialen zu entwickeln, führt in der digitalisierten Welt zu zwei Hauptaufgaben:

1. Arbeitsprozesse werden immer mehr zum **Datenmanagement**, das die Informationsflut auch mit Hilfe von Automatisierung, einschließlich künstlicher Intelligenz, bewältigen muss. Dadurch werden Menschen von Routinearbeiten entlastet. **Relevante Daten und Wissen** müssen aber auch im richtigen Maß und zum richtigen Zeitpunkt für Entscheider verfügbar sein.

2. Menschen sind **soziale Wesen**, die in ihrem Denken, Handeln und Fühlen aufeinander bezogen sind. Daher brauchen wir neben der Arbeitsorganisation eine **Beziehungskultur**, die die Beziehung zu mir selbst und zu anderen nährend und unterstützend gestaltet (siehe unten).

Ehemals war eine **Erfolgsquelle von Führung** die Fähigkeit, über **qualifizierte Informationen** zu verfügen. Mit der wachsenden Datenflut ist die **neue Herausforderung** nun **das Bewerten und Filtern** von unbegrenzt vorhandenen Informationen.

Die Glaubwürdigkeit von Führungskräften hängt nun ab von den Fähigkeiten, **Wesentliches vom Unwesentlichen zu unterscheiden**, und zu erkennen, was wahr, plausibel oder richtig ist. Die ständig wachsende Informationsgeschwindigkeit und Informationsmenge lassen kaum noch Zeit zum Nachdenken oder zum Reifen von Ideen und Projekten.

Künstliche Intelligenz kann vieles unterstützen, indem sie beispielsweise Verträge liest und auf Logikbrüche untersucht, oder Informationen auf ihren Wahrheitsgehalt prüft. Dokumente können auf Kernaussagen verdichtet werden. Rechner können unter Bewerbern eine Vorauswahl treffen. Das Ergebnis ist so gut, wie die eingegebenen Kriterien und Algorithmen schlüssig sind. Selbstlernende Programme entwickeln sich ohne Eingaben weiter, um immer bessere Ergebnisse zu liefern. Das, worauf der Rechner achten soll, ist aber **nicht nur eine Frage der Logik, sondern vor allem eine Frage der Werte** und der damit verbundenen Ziele und Absichten. Wenn etwas **be-Wert-et** werden soll, zum Beispiel Informationen, dann braucht es dazu entsprechende Werte, Maßstäbe und Kriterien. Gerade die Digitalisierung zeigt überdeutlich, dass das Wesentliche die Werte sind, als Basis der Programme, die danach die eingehenden Daten verarbeiten und bewerten.

Auf Führung wirkt die Digitalisierung wie ein Vergrößerungsglas. Schwächen und Stärken der Persönlichkeit, ihre wirklichen Fähigkeiten und ihr Charakter werden deutlicher sichtbar. Sehr problematisch wird es für Führungskräfte, wenn »Digitalisierung«, ähnlich wie bereits »Agilität« - für viele Menschen ist das bereits ein Schimpfwort - zu einer **Art Religion oder Heilslehre** wird. Der Glaube, neue maschinelle oder methodische Techniken würden Führungsdefizite kompensieren, ist ein Irrglaube und gefährlich, weil das Agieren mit **Begriffshülsen und modischen Schlagworten** schnell bloßgestellt wird und dann mit zynischen Kommentaren in den Social Media wiederzufinden ist.

In der Informationsflut und der digitalen Verarbeitung hat auch das vielfach genannte **Vertrauen eine zentrale Bedeutung**. Kann ich der Quelle vertrauen, dem Programm, der Nachricht an sich? Wenn ich mich auf einen Menschen verlasse und zweimal damit reinfalle, werde ich ihm ein drittes Mal nicht mehr vertrauen. Umgekehrt, um selbst vertrauenswürdig zu bleiben, ist es also entscheidend, qualifizierte und richtige Informationen weiterzugeben. Eine Rückversicherung in einem Beraterteam, online auch als Blitzabfrage, kann dabei sehr hilfreich sein, natürlich auch die Nutzung von Künstlicher Intelligenz.

Um komplexe Situationen abzubilden und zu verstehen, nutzen Unternehmen zunehmend die Methode der **Systemaufstellung**. Für Entscheidungsfindungen, für Strategieprozesse, Teamprozesse, Konfliktlösungen und viele betriebliche Fragestellungen hat sich das »Aufstellen« bestens bewährt. Diese Technik wird vermehrt auch **von der Wissenschaft als Erkenntnismethode** genutzt. Prof. Müller-Christ, Lehrstuhl für Betriebswirtschaftslehre an der Universität Bremen, stellt mit dieser Technik soziale Systeme auf, auch online, um die Wechselwirkung zwischen den einzelnen Elementen zu erkunden und Auswirkungen von Veränderungen einzelner Parameter auf andere Teile zu erkennen (siehe unten).

Online-Treffen, Video-Calls und ähnliches wirken sich massiv auf Hierarchie und Machtstrukturen in Unternehmen und Organisationen aus. Mitarbeiter hatten bisher einen **Vor-Gesetzten**. Das ist nicht eine Metapher, sondern war lange Zeit, und ist zum Teil noch heute, räumliche Realität, wenn wir die Anordnung der Arbeitsplätze in Fabriken und Büros ansehen. Der Volksmund kennt auch die Redewendung, »jemand wird mir **vor die Nase gesetzt**«.

Die Büros der Chefs sind oft in den höheren Etagen, über den Mitarbeitern, eine gewollte Botschaft. Das Selbstverständnis von Führungskräften, »ich bin über dir«, wie es auch Organigramme suggerieren, löst sich immer mehr auf zugunsten von **Führung aus Kompetenz, Transparenz** und gegenseitigem **Vertrauen**. Auch eine andere **alte Quelle von Macht** wird durch die Digitalisierung aufgelöst, das **Herrschaftswissen** und das **Informationsmonopol** in den »höheren Etagen«. Wissen ist durch das Internet und durch den freien Umgang mit Informationen für alle immer verfügbar.

In den Unternehmen bestehen weiterhin reale Hierarchien, jedoch werden diese ausgehöhlt. **Führungskräfte sind leicht angreifbar**, weil ihre Aussagen in der digitalen Welt überprüfbar sind und schnell an viele Personen weitergeleitet werden können. Alles wird dokumentiert und ist beweisbar. Was dann im Umlauf ist, kann nicht mehr zurückgenommen werden. »Das habe ich nicht gesagt« ist leicht widerlegbar und ein »so habe ich das nicht gemeint« geht auf Kosten der Glaubwürdigkeit. Führung wird als Verhalten und in seiner Wirksamkeit transparent und hängt ab von der Fähigkeit, sich auch als **Chef in die Gruppe integrieren** zu können. Sie verläuft eher als **Meinungsführerschaft** und wird mehr an Kompetenzen festgemacht, als an formalen Gegebenheiten.

Der altbekannte »Flurfunk« mit Gerüchten und informeller Meinungsbildung geht in dem Maße verloren, wie man sich nicht mehr auf dem Flur treffen kann. Er verlagert sich in Chats, Whats-App-Gruppen, Instagram und so weiter und bekommt einen neuen Charakter, allein schon dadurch, dass alles gespeichert ist und beliebig verteilt werden kann. Informationen, damit auch Bewertungen und Kommentare, aber auch »fake news« fließen über vielerlei Kanäle. Mehr denn je wird die **Bedeutung von Regeln und Ethik** sichtbar, eine Ethik, die die Würde von Menschen, Wertschätzung und Wahrheit, aber auch die Klarheit in der Kommunikation beinhaltet.

Schon die E-Mail hat **den Unterschied zwischen dem gesprochenen und dem geschriebenen Wort** gezeigt. Im Geschriebenen - in Mails, Chatnotizen, SMS und ähnlichem - entfallen die vielen kleinen Beziehungsbotschaften durch Betonung, Tonfall, oft in Verbindung mit Mimik und anderen nonverbalen Botschaften. Das ist ein Informationsverlust und damit auch ein **Orientierungsverlust auf der Beziehungsebene**.

Auf der Sach- und Inhaltsebene ergibt sich die **Notwendigkeit, mit Regeln und Struktur diese Kommunikation** zu steuern, denn auch das geschriebene Wort hat Wirkung. So zeigt sich Respektlosigkeit beispielsweise bereits in endlosen E-Mail-Ketten mit x verschiedenen Themen, für die sich niemand interessiert. Mails mit zwanzig Empfängern verhindern, dass sich jemand angesprochen fühlt, die Verantwortung ist unklar. Oft ist das ein Versuch sich selbst abzusichern. »Cc«-Angaben erhöhen die Verwirrung, weil manche Menschen »Cc« grundsätzlich löschen, der Sender aber sagt: »ich habe dir doch am ... um ... das ... mitgeteilt«. Die Verwendung von »Bcc« bewirkt, dass niemand weiß, wer sonst noch informiert wurde.

Eine interne **E-Mail-Etikette** ist also wichtig. Sie könnte beispielsweise so aussehen, wie im folgenden Praxistipp.

PRAXISTIPP

E-Mail-Etikette

- Klare Regeln, was »An« bedeutet und was »Cc« bedeutet; zum Beispiel »An« ist eine Aufgabe, »Cc« ist eine wichtige Information.
- Bcc ist firmenintern verboten.
- Eine aussagefähige Betreffzeile zur raschen Orientierung.
- **Bei kurzen Nachrichten wird alles in die Betreffzeile geschrieben.**
- Als Empfänger werden nur die eingetragen, für die das wichtig ist.

Mitarbeiter hatten schon immer **Antennen für Authentizität und Persönlichkeit** ihres Vor-Gesetzten, mussten sich aber in der Realbegegnung anpassen, um sich den Chef nicht zum Feind zu machen. Im Homeoffice, bei Online-Meetings ist **der Chef** nun, im wörtlichen Sinne, **»weit weg«**. Ohne von einem Gruppenzwang oder einer Stimmung beeinträchtigt zu werden, kann sich jeder »so seine eigenen Gedanken« machen und diese auch per direkter Chat-Mitteilung anderen zukommen lassen. Es entsteht eine **zunehmende Freiheit**, bei der Führungserfolg von der **Qualität zwischenmenschlicher und geistiger Beiträge** abhängt. **Online-Führung** besteht weniger aus Wissen und Anweisungen, sondern eher im Moderieren, Steuern von Prozessen, Menschen ins Boot holen, Konflikte lösen, Beziehungen gestalten und Sinnhaftigkeit vermitteln, was gute Führer genauso auch in Realbegegnungen praktizieren. Die Bedeutung der sog. **Softskills**, bei denen es um emotionale und soziale Kompetenz geht, gewinnt **in der digitalen Welt** noch weiter an Bedeutung.

Homeoffice führt zu einem **spezifischen neuen Defizit**. Video-Calls, Mails, WhatsApp und so weiter lassen uns schnell und häufig kommunizieren, aber unter **Verlust von spezifisch Menschlichem**, wie Gefühlsbotschaften oder reales Sich-Berühren. Von unseren fünf Sinnen bedient der Video-Call nur noch zwei, Hören und Sehen, und das auch noch mit Einschränkung. Wenn wir immer weniger direkt miteinander reden, wächst die Notwendigkeit, einen Ausgleich durch eine gute Beziehungskultur mit intensiven menschlichen Begegnungen zu ermöglichen und zu organisieren. Ein Smiley ist etwas anderes als ein liebevolles Lächeln oder eine zärtliche Berührung, und kann das nicht ersetzen.

Sichtbar wird dieser Wandel bereits in jenen Unternehmen, die Büros zunehmend als Begegnungsstätten gestalten mit einer Atmosphäre, die Kreativität und Harmonie fördert. Innerhalb dieser äußeren Bedingungen ist die Fähigkeit, Beziehungen steuern zu können, sehr wesentlich. Menschen brauchen Zeit für persönlichen Austausch, wenn die Beziehungsebene stabil und belastbar bleiben soll. Es braucht dabei eine hohe Achtsamkeit für die eigenen Bedürfnisse und Grenzen und die Bedürfnisse und Grenzen der anderen.

Bei der Arbeit im Homeoffice entsteht leicht das Gefühl, es ist **egal, für wen ich arbeite**, wenn die Arbeit interessant und angemessen bezahlt ist. Identifizierung und Bindung an ein Unternehmen nehmen auch in dem Maße ab, wie Menschen nicht mehr »in die Firma« fahren. Diese Gefahren der Online-Arbeit erfordern ein **neues Führungsverständnis**. Das alte »anderen sagen, was sie zu tun haben«, wandelt sich in die Aufgabe, eine Umgebung zu schaffen, in der Menschen an der **Gestaltung von Unternehmen und Abläufen mitwirken**. Das entschärft nicht nur die sozialen Probleme der Isolierung, sondern schafft ein motivierendes Umfeld, in dem sich gerade junge Menschen gerne engagieren. **Mitgestaltungsmöglichkeiten** binden Mitarbeiter an das Unternehmen und stiften zudem Sinn und Identität.

Damit kippen die **alten Vorstellungen von Arbeit**, von **Hierarchie**, auch von **Kontrolle**. An ihre Stelle treten Regelwerke und flexible, dynamische Organisationsformen. Noch entscheidender ist der **geistige Wandel**, der Werte wie Vertrauen, Ehrlichkeit, Mitbestimmung, Respekt, Sinnstiftung als Voraussetzung für das erfolgreiche Miteinander sieht. Die **Einstellung, Haltung und das Bewusstsein** werden wichtiger als Wissen und das ausschließliche Beherrschen von Techniken und Instrumenten.

Der Sozialphilosoph Frithjof Bergmann postulierte bereits 1980 neue Vorstellungen von einer Arbeitswelt, die er **New Work** nannte, ein Denkmodell, dass in zahlreiche Unternehmen bereits Eingang gefunden hat. Leider wird das oft missverstanden und auch missbraucht als neuer Weg, Effizienz und Produktivität weiter zu steigern, statt den Menschen in den Mittelpunkt zu stellen, wie es eigentlich gedacht ist.

Was wird für Führung wesentlich, wenn die persönlichen Begegnungen, »Auge in Auge«, immer mehr von technisierten Kontakten, wie Video-Call und von sachlichen Informationen abgelöst werden?

1. Wir brauchen ein **klares Bewusstsein von Führen als einer eigenständigen Aufgabe**, die als wesentliches Element die **Beziehungsgestaltung** zwischen den Menschen sieht.

2. Vorrangiges Ziel von Führung ist **die Entwicklung der Organisation und der Menschen**. Die Gestaltung der Organisation sollte gleichwertig gerichtet sein auf die technisch-wirtschaftliche Effizienz und auf die Menschen **als ganzheitlich biologische, seelische und soziale** Wesen.

3. Die **betrieblichen Aspekte**, wie Arbeitsorganisation, Ergebnisorientierung und ähnliches behalten ihre Bedeutung, werden aber zunehmend von einem guten **Daten- und Informationsmanagement** abhängig.

4. Führungskompetenz erfordert immer mehr **selbstbezogene Fähigkeiten** wie: **mit eigenen und fremden Gefühlen umgehen**, Projektionen erkennen und auflösen, Empathie-Fähigkeit zeigen, Schwingungen wahrnehmen, Zuhören können und **insbesondere das eigene Erleben steuern** können. Nur so werden Führungskräfte frei von den eigenen seelischen Begrenzungen und können offen auf Mitarbeiter zugehen.

5. Führungskräfte brauchen dafür die Möglichkeit zur **laufenden Selbstreflektion**, in der sie ihre eigenen inneren Themen, ihre Konditionierungen, ihre »Schatten-Anteile« erkennen und auflösen. Diese **Arbeit an mir selbst** geschieht in entsprechenden Seminaren oder durch Begleitung eines qualifizierten Coachs. Im therapeutischen Bereich ist das als **Team- und Einzelsupervision** seit langem erprobt. Der Hl. Benedikt formulierte das treffend: **Der Abt heile zuerst sich selbst**.

6. **Die Wirksamkeit von Führung** ist abhängig davon, wie gut Führungskräfte **Werte und Sinnhaftigkeit** des betrieblichen Geschehens vermitteln können, wie sie als Vorbild diese Werte selbst leben, wie sie die Menschen, sich selbst und ihre Arbeit lieben und von ihren Mitarbeitern als authentisch erlebt werden.

7. Führung erfordert, wenn die Zeit miteinander knapp bemessen und technisch verfremdet ist, eine **qualifizierte Gesprächsführung**. Es gilt in Gesprächen **rasch zum Wesentlichen** zu kommen. Dazu gehören gute Gesprächsformen und Gesprächstechniken, wie eine **gute Fragetechnik und häufiges und qualifiziertes Feedback**.

8. Führung muss den sich **ändernden Erwartungen**, vor allem der jüngeren Mitarbeiter, gerecht werden wie: Persönliche Freiräume, Mitgestaltung des Unternehmens, selbständiges Arbeiten, Gemeinschaftserfahrung, Vermittlung von Sinnhaftigkeit und Werten, eine gute Work-Life-Balance.

AG Werte machen eine Firma wertvoll. Das Thema der Werte bekommt durch die Digitalisierung eine neue Dimension. Normalerweise erkennen die Mitarbeiter meine Werte an meinem Verhalten, an meiner Sprache, an meinem Umgang mit den Menschen. Bei Videokonferenzen kann ich die Werte nur durch meine Sprache vermitteln, oder dadurch, wie ich auf die anderen Teilnehmer der Konferenz reagiere.

Es genügt nicht, sich an den PC zu setzen und mit der Videokonferenz zu beginnen. Gerade weil meine Vermittlungsmöglichkeiten der Werte beschränkt sind, ist es gut, sich vor der Konferenz bewusst Zeit zu nehmen und sich innerlich auf die Menschen einzulassen, mit denen ich jetzt kommunizieren möchte. Und ich soll bewusst auf meine Gefühle achten. Es ist meine Verantwortung, dass ich mit Gefühlen von Wohlwollen, von Respekt und Vertrauen die Konferenz beginne. Dann werden die anderen Teilnehmer etwas spüren von den Werten, die ich vermitteln möchte.

Viele Führungskräfte wollen eine vertrauensvolle Atmosphäre schaffen. Der Wert des Vertrauens ist von allen anerkannt. Aber ich kenne Führungskräfte, von denen unbewusst ein starkes Misstrauen ausgeht. Das, was von ihnen ausstrahlt, widerspricht ihren eigentlichen Absichten. Der Grund für diesen Zwiespalt liegt darin, dass die Menschen sich selbst nicht trauen. Sie kennen sich selbst nicht. Daher haben sie Angst, es könnte in ihnen etwas auftauchen, was nicht so angenehm ist. Vertrauen kann ich nur ausstrahlen, wenn ich meine ganze Wahrheit anschaue, wenn ich mich auch meinen negativen Emotionen, meinen Bedürfnissen, meinem Misstrauen, meiner Angst stelle. Nur was ich in mir annehme, kann verwandelt werden. Sonst projiziere ich das, was ich bei mir nicht annehme, auf die anderen.

Bevor ich mich auf die Videokonferenz einlasse, ist es daher gut, sich selbst genau zu beobachten und bewusst eine positive Einstellung gegenüber den Teilnehmern einzunehmen. Dabei ist es hilfreich, wenn ich mir die einzelnen Teilnehmer vorstelle. Wenn ich die einzelnen Teilnehmer betrachte, werde ich merken, wie manche Vorurteile in mir auftauchen. Es ist gut, diese Vorurteile anzuschauen. Aber ich sage mir: Ich lasse das Vorurteil an mir vorüberziehen. Ich lasse mich auf diesen Menschen ein. Ich vertraue darauf, dass er es gut meint, dass er sich für die Sache und für die Firma engagiert.

Ich darf nicht einfach in die Videokonferenz hineinstolpern. Dann wird auch die Sitzung holprig sein. Ich soll mir bewusstmachen: Welche Werte sind mir wichtig für unser Miteinander und für unsere Firma. Was wollen wir mit unserer Firma bewirken? Welchen positiven Beitrag zur Humanisierung der Gesellschaft wollen wir leisten? Wenn ich mir meiner und unserer Werte bewusst werde, werde ich auch etwas von diesen Werten den anderen gegenüber ausstrahlen. Es geht nicht darum, in der Videokonferenz moralisierend von den Werten zu sprechen »Wir sollten, wir müssten die Werte leben«. Vielmehr geht es darum, für die Werte zu werben und die Werte auszustrahlen. Dann machen sie den Mitarbeitern auch Lust.

Für mich sind durchaus die drei christlichen Werte für eine Firma heute wichtig, auch wenn sie vielleicht für manche zu fromm klingen. Da geht es um den Glauben, nicht nur um den Glauben an Gott, an einen tieferen Grund unseres Lebens, sondern auch um den Glauben an den Menschen. Glaube heißt, dass ich in jedem Menschen seine unantastbare Würde sehe, dass ich an den guten Kern in ihm glaube, selbst wenn ich oft enttäuscht worden bin.

Dann geht es um die Hoffnung. Ernst Bloch, der jüdische Philosoph, sagt, dass nur das menschliche Tun wertvoll ist, das von Hoffnung durchdrungen ist und Hoffnung vermittelt. Es ist eine Grundfrage für jede Firma: Stiften wir mit unseren Produkten, mit unserer Dienstleistung Hoffnung für die Menschen? Nur wenn wir Hoffnung vermitteln, hat unsere Arbeit Sinn. Hoffnung ist allerdings etwas anderes als Erwartung. Erwartungen können enttäuscht werden. Die Hoffnung wird nie enttäuscht. Denn wir hoffen auf das, was wir nicht sehen.

Der dritte christliche Wert ist die Liebe. Das klingt für manche zu hoch. Aber Liebe meint mehr als ein Gefühl. Liebe ist in erster Linie Verbundenheit. Und nur dort, wo sich die Mitarbeiter verbunden fühlen, können kreative Lösungen entstehen. Dort, wo Angst herrscht, entsteht eher Betrug als Kreativität. Die Mitarbeiter erkennen sofort, ob ich sie liebe oder ob ich sie nur für die Ziele der Firma benutze. Liebe ist Wohlwollen zum anderen. Für den Psychologen Erich Fromm hat die Liebe vier Aspekte: Die Liebe drückt sich einmal aus als tätige Fürsorge für den anderen, dann als Verantwortung, die ich für den anderen übernehme. Liebe ist Achtung des einzelnen Menschen und seiner Würde. Und Liebe ist Erkenntnis. Das bedeutet: Ich versuche, den anderen Menschen zu verstehen, ihn in seiner Einmaligkeit zu erkennen. Wenn wir die Liebe so verstehen, so ist sie wohl der wichtigste Wert, den es zu leben gilt. So sieht es Erich Fromm in seinem berühmten Buch »Die Kunst zu lieben«.

1.3 | Sich selbst führen

FA Die Fähigkeit, sich selbst zu führen, ist die grundlegende Voraussetzung für das Führen von anderen. Sich-selbst-Führen – die Arbeit an sich selbst – wird in ihrer Bedeutung gerne unterschätzt. Lieber fordern wir, die anderen müssten sich ändern: der Chef, die Mitarbeiter, die Politik, der Staat ...

Sich-selbst-Führen umfasst den Umgang mit der Zeit, die Selbstorganisation, die eigene emotionale, soziale und spirituelle Entwicklung. Dazu gehören beispielsweise die Selbstdisziplin, die eigene Wertorientierung und gute Kommunikation. Ständig selbst immer besser zu werden ist die zentrale und entscheidende Aufgabe des Führenden. Sich-selbst-Führen ist der Weg zur Führungspersönlichkeit, zu Glaubwürdigkeit und Akzeptanz.

Wie ich mit mir selbst umgehe, so gehe ich mit anderen um. Analog zu dieser bekannten Erfahrung gilt auch: Wie ich mich selbst führe, so führe ich andere. Die eigenen Verhaltensmuster, die Gewohnheiten (einschließlich der Denkgewohnheiten), Gefühle, Werte, Glaubenssätze, all das ist Gegenstand der Arbeit an sich selbst. Die alten Griechen haben dafür den Begriff Askese geprägt: die Lust sich selbst zu formen.

Heute spricht man eher von Persönlichkeitsentwicklung. Eine Schlüsselrolle spielt dabei die Disziplin. Hildegard von Bingen wird der Satz zugeschrieben: »Disziplin ist die Kunst, immer glücklich zu sein«. Diese Weisheit haben amerikanische Psychologen bei der Suche nach den Faktoren, die Menschen glücklich machen, wiederentdeckt. Als wichtige Voraussetzung für Glück nennen sie Ziele, Ordnung und Disziplin. Zufriedene Menschen setzen sich anspruchsvolle Ziele und arbeiten diszipliniert auf diese hin. Das Erreichen des Ziels – das Gefühl »Ich habe es geschafft« – macht glücklich. Eine tiefe innere Zufriedenheit begleitet die Menschen auf dem Weg zum Ziel. Das tägliche Leistungspensum, die Selbstüberwindung, die Anstrengung kann zum lustvollen Tun werden. Diese Erfahrung, die motiviert weiterzumachen, hat jeder Sportler beim Training erlebt. Gleichzeitig wachsen mit dem disziplinierten Üben Selbstwertgefühl und Selbstbewusstsein.

Führungspersönlichkeiten sind gesucht. Wenn Menschen gerne ihrem Vorgesetzten folgen und gerne mit ihm zusammenarbeiten, hat dies seinen Ursprung in der Persönlichkeit des Vorgesetzten, nicht in angelernten Tricks, die – sofern sie überhaupt funktionieren – schnell durchschaut werden. Menschen folgen gerne jemandem, bei dem sie spüren, dass er ihnen ein Stück voraus ist. Ausstrahlung und Vorbildfunktion sind die wirksamsten Führungsinstrumente. Sie ergeben sich aus der Selbstdisziplin verbunden mit sozialer Kompetenz – die den anderen so erfasst, wie er ist – und spiritueller Kompetenz – die den anderen bei seiner Entwicklung unterstützt.

Über die Bedeutung der Fähigkeit, sich selbst zu führen, schreibt Erhard Meyer-Galow, ein Chemiker und ehemaliger Vorstandsvorsitzender eines Chemiekonzerns, in den »Nachrichten aus der Chemie« im Februar 1999: »Führung fängt immer mit der Führung der eigenen Person an. ... Das heißt, ich führe, wie ich bin – und nicht, wie ich es mir antrainiert habe, denn aufgesetzte Verhaltensweisen, die nicht in meiner Persönlichkeit verankert sind, halten immer nur für kurze Zeit. Die Entwicklung der eigenen Person ist also die eigentliche Aufgabe im Leben, die innerste Dimension der Führung«.

In Seminarbeschreibungen und Texten über Führung finden wir heute Begriffe wie Vertrauen, authentische Führung, Sinnstiftung, Coaching, Mentoring und ähnliches. Dies alles sind Begriffe, die mehr mit der Einstellung, der Haltung und dem Bewusstsein als mit Führungstechniken zu tun haben. Führungskräfteentwicklung wird immer mehr zur Bewusstseinsentwicklung. Damit stellt sich die Frage, wie sich Bewusstsein entwickeln lässt. Interessanterweise finden wir in allen bekannten Hochreligionen Wege und Anleitungen, die darauf abzielen, Menschen in ihrer Persönlichkeitsentwicklung zu fördern. Es sind Anleitungen zu einer spirituellen Praxis, zur Meditation und zur Selbstreflexion.

Am bekanntesten sind bei uns die Kontemplation als Weg der christlichen Mystik und die gegenstandsfreien Meditationsformen des Zen aus den buddhistischen Traditionen. Auch verschiedene Yoga-Techniken zielen darauf, die Persönlichkeit zu entwickeln. Diese Schulungswege – meist unter Anleitung eines erfahrenen Lehrers – dienen der Schulung der Aufmerksamkeit und der Entwicklung unseres Bewusstseins.

Sich-selbst-Führen beginnt damit, sich selbst wahrzunehmen. Das Training der Aufmerksamkeit in den Meditationsübungen führt in die Erweiterung unserer Wahrnehmung, der eigenen Person, der Gefühle und Reaktionsmuster. Aber auch darüber hinaus bewirkt sie die erweiterte Wahrnehmung unserer Umgebung, der Menschen um uns und der Umwelt. Alle spirituellen Wege und Schulungsmethoden führen über das kognitive und analytische Denken hinaus zu einem umfassenderen Erkennen von dem, was ist, zu einem achtsameren Umgang mit den Menschen und Dingen und zu größerer Intuition.

Auch die moderne Psychologie und Psychotherapie liefern Techniken, die eigene Persönlichkeit zu entwickeln und zu fördern. Beispielhaft seien mentales Training – wie es auch im Spitzensport genutzt wird – und die verschiedenen Formen von Gruppendynamik und Selbsterfahrung genannt. Alle diese Techniken, wenn sie verantwortungsbewusst gelehrt werden, ergänzen die spirituellen Schulungswege. Sie verhelfen uns zu mehr – im wörtlichen Sinn – Selbst-Bewusstsein.

Führungsinstrumente und -techniken, wie sie in Führungsseminaren trainiert werden, sind als Handwerkszeug wichtig und hilfreich. Es geht aber um viel mehr. Es geht um eine neue innere Haltung und ein neues Bewusstsein, aus dem heraus wir diese Techniken und Instrumente anwenden. Die Gestaltung unserer Zukunft ist mit rationalem Denken und Kognition allein nicht möglich. Der notwendige Lernprozess findet auf der geistigen Ebene als Bewusstseinsentwicklung statt. Es geht darum, das enge ichbezogene Denken zu übersteigen und umfassendere Bewusstseinsräume zu erschließen. Die alten spirituellen Schulungswege können dabei eine große Hilfe sein.

AG Der heilige Benedikt verlangt vom Cellerar, dass er weise sei. »Sapiens« – das lateinische Wort für »weise« – meint einen Menschen, der sich selbst schmecken kann, der ausgesöhnt mit sich und seiner Lebensgeschichte ist. Daher vermittelt er in allem, was er tut, einen »angenehmen Geschmack«.

Wer mit sich selbst nicht in Berührung ist, der wird im Gespräch oder in der Begegnung oft einen »bitteren oder faden Geschmack« vermitteln. Wer mit seinem Verhalten einen »negativen Nachgeschmack« hinterlässt, der wird die Menschen eher abschrecken. Er ist unfähig, sie für sich und seine Ziele zu gewinnen.

Weise ist der, der sich selbst mag und mit sich selbst versöhnt ist. Das ist eine lebenslange Aufgabe. Denn immer wieder schleichen sich Ungenauigkeiten, Unreife und Härte in uns ein. Sie hindern uns daran, einen »angenehmen Geschmack« um uns herum zu verbreiten. Daher müssen wir immer wieder ja sagen zu uns selbst – auch zu unseren Fehlern und Schwächen. Sie dürfen sein. Sie dürfen uns nur nicht bestimmen.

Weisheit erringen wir, wenn wir unsere Emotionen, unsere Bedürfnisse und Leidenschaften genau beobachten. Die Mönche haben eine eigene Methode entwickelt, sich mit den eigenen Gedanken auseinander zu setzen. Die wichtigste Voraussetzung ist dabei, dass ich meine Gedanken und Gefühle nicht bewerte, sondern sie erst einmal anschaue. Ich frage sie, was sie mir sagen möchten. Und dann überlege ich, wie ich mit ihnen umgehe.

Es geht nicht darum, die Gedanken und Gefühle zu unterdrücken, sondern mit ihnen zu ringen. Denn in allen Gedanken und Gefühlen steckt eine Kraft. Sie würde mir fehlen, wenn ich die inneren Turbulenzen unterdrücken würde. Viele sind erschöpft, weil sie zuviel Energie darauf verwenden, das, was ihnen in ihrem Inneren nicht angenehm ist, unter Verschluss zu halten. Wenn wir die Kraft, die in diesen Gedanken und Gefühlen steckt, für uns nutzen, dann führen wir nicht nur uns selbst gut, sondern wir haben auch genügend Kraft, andere zu führen.

Stille und Selbstbeobachtung

ÜBUNG

Führen Sie Zeiten der Stille in Ihren Tagesablauf ein. Idealerweise üben Sie früh, mittags und abends – jeweils zur gleichen Zeit – wenigstens ein paar Minuten eine Form der Stille. Sie können einfach nach innen lauschen. Sie sind nur Beobachter Ihrer Gefühle, Impulse, Empfindungen, Gedanken.

Steuern Sie das mit einer Uhr oder einem Timer, damit Sie auch tatsächlich diese drei, fünf oder zehn Minuten ohne Aktivität in der Selbstbeobachtung bleiben.

Bei-sich-Sein, das »Habitare secum« (von Benedikt heißt es: »Er wohnte bei sich selbst«), ist eine Grundübung. Zen empfiehlt »sorgfältig in den eigenen Geist zu schauen«. Sich-selbst-Führen beginnt damit, sich selbst und die eigenen inneren Prozesse immer besser kennenzulernen.

FA **Sich selbst gut zu führen**, ehemals eine Forderung an Führungskräfte, wird durch die Dezentralisierung von Arbeit nun **von jedem Einzelnen gefordert**. Das umfasst, die Arbeit und den Tag selbstbestimmt organisieren, auch uns selbst motivieren, mit Krisen umgehen und ähnliches. Das Homeoffice ist ein **Allein-zu-Hause-Sein**. Das bringt neue Freiräume, auch Entscheidungsfreiräume, erfordert aber eine **persönliche Reife** und **gegenseitiges Vertrauen**.

Zu Beginn steht oft die **bewusste Entscheidung, »ich vertraue dir«**, die dann aber durch reales Erleben erfüllt werden muss. Dazu gehört vor allem das **Einhalten von Zusagen** und Vereinbarungen, am besten indem man sie **übererfüllt**. Der damit verbundene positive Überraschungseffekt ist ein emotionaler Kick, der durch Hormonausschüttungen in das Langzeitgedächtnis führt, mit der Erkenntnis: »Auf diesen Kollegen kann ich mich wirklich verlassen«.

Diese erforderliche Reife beinhaltet **Selbstkompetenz** und **Selbstwirksamkeit**, die eng zusammengehören. Sie bezeichnen die Fähigkeit, Situationen und Herausforderungen mit den eigenen methodischen und sozialen Fähigkeiten zu meistern. Sie beinhalten Konzepte und Anleitungen zum Führen der eigenen Person und sind zunehmend eine **Schlüsselqualifikation im Beruf**. Dazu zählen Selbstständigkeit, Selbstvertrauen, Zuverlässigkeit, Verantwortung übernehmen, auch die Fähigkeit Kritik anzunehmen und zu geben. Eine besondere Rolle spielen persönliche Qualitäten wie **durchdachte Wertvorstellungen** und eine selbstbestimmte **Bindung an Werte**.

Führung heißt in diesem Kontext, Menschen bei dieser **persönlichen Entwicklung** zu unterstützen und zu erkennen, wer wann welche Impulse braucht. Die **Entwicklung im Fußball** zeigt, worauf es ankommt, wenn wir Spitzenleistung erbringen wollen. Ein guter Trainer sieht die besonderen Fähigkeiten jedes einzelnen Spielers und bringt sie durch die Position in der Mannschaft und durch gezielte Ansagen und Aufgaben zur Geltung. Nicht nur Fußballer, sondern jeder Mensch wächst und entwickelt sich in dem Maße, wie er gesehen und gemäß seinen Talenten gefördert wird. Das war schon immer so, wird jedoch hochgradig erfolgsrelevant, je mehr die Menschen **auf sich gestellt, in Eigenverantwortung** ihre **Aufgaben meistern** müssen.

AG Die persönliche Entwicklung für die jungen Mönche ist eine wichtige Aufgabe der Verantwortlichen im Kloster, des Abtes und vor allem des Novizenmeisters. Es geht nicht darum, den jungen Mönchen irgendwelche Vorschriften beizubringen oder sie durch Idealbilder, wie ein guter Mönch zu sein hat, zu überfordern. Es geht darum, die jungen Mönche in Berührung zu bringen mit ihren eigenen Fähigkeiten. Ein Weg, die eigenen Fähigkeiten zu entdecken, geht über die ehrliche Selbsterkenntnis: Was traue ich mir zu? Was kann ich gut? Welchen Beitrag möchte ich für das Leben im Kloster und auch für die wirtschaftliche Sicherung einbringen? Dabei geht es um eine realistische Sicht seiner selbst, aber auch um das Vertrauen, dass jeder seine Gaben hat.

Ein anderer Weg, die jungen Mönche zu entwickeln, führt über die Erinnerungen an die eigene Kindheit: Was war mein Lebenstraum als Kind? Was konnte ich leidenschaftlich gerne tun, ohne müde zu werden? Wovon war ich fasziniert? Das, was wir als Kind gespürt haben, gehört zu unserem Wesen. Das war noch nicht verfälscht durch die Erwartungen von außen. Aber es genügt nicht, nur in die Kindheit hineinzusehen. Ich muss mit diesen Erfahrungen in der Kindheit die jetzige Situation verbinden: Wenn ich an diese innere Quelle denke, aus der ich als Kind geschöpft habe, was bedeutet das heute für mich? Wofür möchte ich mich heute begeistern? Wo spüre ich, dass ich das, was in mir ist, entfalten kann zum Wohle aller?

Ein dritter Weg besteht darin, auch die eigenen Grenzen wahrzunehmen. Was sind meine Schwachstellen, meine Achillesfersen? Welche Lebenseinstellungen überfordern mich? Was sind meine Schattenseiten? Nur wenn ich mich ehrlich selbst erkenne, kann ich gut mit mir umgehen, kann ich angesichts meiner Schwächen meine Stärken entfalten. Es geht nicht darum, sich in eine Euphorie hineinzusteigern und zu meinen, wir könnten alles, wir wären perfekte Mönche oder perfekte Arbeiter. Nur das, was ich in aller Demut anschaue und annehme, kann verwandelt werden. Daher ist die ehrliche Selbsterkenntnis ein wichtiger Weg, junge Menschen zu entwickeln. Die ehrliche Selbsterkenntnis hindert sie daran, vom Boden abzuheben. Sie führt zu der Haltung, die Benedikt so wichtig ist: die Demut. Demut heißt im Lateinischen »humilitas«. Das kommt von »humus«, »Erde«. Demut meint also den Mut, hinabzusteigen in meine eigene Wirklichkeit, auch in das, was ich als Schatten mit mir herumschleppe. Dann werde ich mit beiden Füßen auf der Erde stehen, und dann kann ich das, was Gott mir als Gaben geschenkt hat, entfalten.

FA Je besser Führungskräfte sich in der Kunst »sich selbst gut zu führen« ständig weiterentwickeln, desto mehr können sie glaubwürdig andere darin anleiten. Sie wirken allein schon durch ihr **Vorbild**. Doch **jeder Mensch ist anders**. Die Formel, »ich habe damit Erfolg, mach das genauso«, funktioniert so nicht. Die Mühe, **Menschen zu beobachten, zu verstehen**, Gespräche zu führen, zu ergründen, was der Einzelne braucht und sucht, ist die Voraussetzung, um Menschen zu fördern.

Führungsimpulse zur Entwicklung von Menschen greifen dann, wenn sie **ein Angebot** sind: »Hast du Lust, das mal auszuprobieren?« Sie werden gute Früchte tragen, wenn sie auch **eine Fehlerkultur** implizieren. »Fail-Fast«, schnell durch Fehler lernen, wird mit einem raschen Lernprozess und Erkenntnisgewinn belohnt. Selbständiges Arbeiten, wie es das Homeoffice erfordert, kann so zu einer positiven Erfahrung für alle werden. Der menschlichen Seite werden wir voll gerecht, wenn wir auch noch die **Eigenarten und Potenziale des Geführten** berücksichtigen, kombiniert mit **Anerkennung und Liebe** zu den Menschen. Wer egozentrisch um sich selbst kreist, bewundert werden will, Macht demonstriert, kann niemanden in seiner Selbstkompetenz und Entwicklung fördern.

Verantwortung übernehmen wird gemeinhin so verstanden, dass sich Mitarbeiter innerlich und äußerlich **verpflichten**, eine Aufgabe zu einem guten Ergebnis zu bringen. Wir erwarten, dass Mitarbeiter gewissenhaft arbeiten, ein Pflichtgefühl entwickeln, dass wir uns auf sie und ihre Zusagen **verlassen** können.

Verantwortung umfasst jedoch noch eine **weitere wesentliche Dimension**. Wir übernehmen, neben der Verantwortung für unser Tun und Unterlassen, **in der Selbstkompetenz** auch die **Verantwortung für unser Erleben**. Es ist ein innerer Schritt vom Opferdenken, »die anderen sind schuld«, zum Gestalter unseres Lebens. Die Psychologie weiß schon sehr lange, dass wir auch **Einfluss auf unsere Gefühle** haben, indem wir Ereignisse anders deuten. Ein sehr wirkungsvoller Satz, wenn zum Beispiel etwas misslingt, lautet: **»Wer weiß, wozu das noch gut ist«**. Auch die Umkehrung kann hilfreich sein: »Wer weiß, was mir dadurch alles erspart bleibt«.

Selbstwirksamkeit ist im Kern der Glaube an mich selbst und beinhaltet vor allem die Fähigkeit, mein Bewusstsein, meine **Aufmerksamkeit auf Positives, Sinnvolles zu lenken**. Das ist besonders dann hilfreich, wenn uns Gedankenschleifen emotional belasten. Die Fähigkeit, unsere Gedanken zu kontrollieren und zu steuern ist als **Mentaltraining** bei Spitzensportlern gut bekannt. Sie wird intensiv geübt in der **Meditation**, wenn wir lernen, still zu werden und zu beobachten, welche Gedanken, welche Gefühle sich einstellen. Wir **beobachten ohne zu bewerten**, wir können Gedanken und Gefühle benennen, um sie dann loszulassen.

Türhüterübung

ÜBUNG

Die frühen Mönche aus dem 4. Jahrhundert haben eine interessante Übung entwickelt. Evagrius Ponticus (345–399) nennt diese Übung die Türhüterübung. Er geht vom Gleichnis Jesu aus, dass ein Herr auf Reisen geht und seinen Dienern befiehlt, ihre Aufgaben sorgfältig zu erfüllen: »Dem Türhüter befahl er, wachsam zu sein« (Markusevangelium 13,34). So sagt Evagrius, wir sollten gute Türhüter sein. Wir sollen die Gedanken und Gefühle, die in uns auftauchen, befragen:

Bist du mir freundlich gesinnt? Oder bist du ein Hausbesetzer, der mir das Hausrecht streitig macht?

Was willst Du mir sagen? Worauf willst du mich aufmerksam machen?

Konkret könnte diese Übung so aussehen: Ich setze mich allein in mein Zimmer, eine halbe Stunde lang, ohne zu lesen, ohne zu beten, ohne zu meditieren, ohne nachzudenken. Ich sitze einfach da und beobachte die Gedanken und Gefühle, die in mir auftauchen. Dann fange ich mit jedem Gedanken und Gefühl ein Gespräch an:

Was ist deine Botschaft?
Auf welche Sehnsucht willst du mich aufmerksam machen?

Wenn wir so eine halbe Stunde als Türhüter aushalten, werden wir einen tiefen Frieden spüren.

Manche hatten Angst vor dieser Übung. Sie dachten, sie würden von Gedanken und Emotionen überschüttet. Doch als sie sich erlaubten, dass alle Gefühle sein dürfen, kamen gar nicht so viele hoch. Und die, die hochkamen, hatten eine Botschaft für sie. Diese Übung kann uns in die innere Wahrheit führen und zugleich zu einer Freiheit und zum Einklang mit uns selbst.

Die eigenen Gefühle beobachten

ÜBUNG

Trainieren Sie mehrmals täglich für einige Minuten gezielt, die eigenen **Gefühle zu beobachten**. In einer ungestörten Atmosphäre werden Sie einfach still und gehen mit der Aufmerksamkeit zu sich selbst. Sie werden zu »Zwei in Einem«, treten mit sich selbst in Kontakt. Sie können das unterstützen, indem Sie sich selbst fragen:

Wie geht es mir gerade?

Welche Gefühle habe ich?

Wo spüre ich diese Gefühle?

Es ist ein reiner Akt des Beobachtens mit der Erkenntnis:
Ja, das ist jetzt in mir da.

Diese Beobachtung und das Annehmen der Gefühle können uns helfen, **nicht aus einem emotionalen Impuls heraus zu handeln**, sondern uns Zeit zu lassen, bis sich das Gefühl beruhigt hat und wir überlegt vorgehen können.

Unangenehme Gefühle wie Wut, Ärger, Enttäuschung möchten wir gerne loswerden. Dazu gibt es zwei Wege:

Unangenehme Gefühle wegschicken

ÜBUNG

Sie können das Gefühl einfach wegschicken und auf später vertrösten: »Weg, weg, weg! Heute Abend (oder in zwei Stunden) werde ich mich um dich kümmern«.

Es sind klare, hochwirksame Anweisungen an unsere Psyche, müssen aber manchmal mehrfach wiederholt werden. Wenn Sie das immer wieder tun, wird der »Quälgeist« ermüden und Sie loslassen. Wichtig ist es, sich sofort nach diesem Satz, dieser Entscheidung **auf Interessantes und Wichtiges zu konzentrieren**.

Das »diagonale Klopfen« ÜBUNG

Aus der Traumatherapie kommt das **»diagonale Klopfen«**:

An einem ungestörten Ort setzen Sie sich aufrecht hin, fokussieren das unangenehme Gefühl, kreuzen die Arme vor der Brust und klatschen mit der flachen Hand abwechselnd links und rechts auf die jeweils gegenüberliegende Schulter, linke Hand die rechte Schulter und umgekehrt.

In einem gleichbleibenden Rhythmus, mit ungefähr 3 Schlägen pro Sekunde, klopfen Sie mehrere Minuten lang. Dann halten Sie inne und beobachten, was sich bei Ihrem Gefühl geändert hat. Bei starken Gefühlen können Sie das mehrmals wiederholen.

1.4 | Geführt werden

FA Den überwiegend aktiven Aspekten von Führung, Andere-Führen und Sich-selbst-Führen, steht das Geführt-Werden als passive Erfahrung gegenüber. »Passiv« meint dabei nicht, dass wir uns ausgeliefert fühlen, sondern dass wir bewusst wahrnehmen und annehmen, was uns beeinflusst, und dass wir auch entscheiden, von wem und von was wir uns beeinflussen lassen. Andere-und-sich-selbst-Führen erfährt im Geführt-Werden eine wichtige Ergänzung. Dieses bedeutet nämlich das bewusste Zulassen, das Annehmen und auch die Hingabe.

In der Vorstellung von Managern erscheint Führung oft sehr einseitig als Machen und Gestalten. Die Erfahrung von Eingebunden-Sein, Abhängig-Sein, Sich-Einfügen und Zulassen wird entweder verdrängt und ausgeblendet oder negativ als Ausgeliefert-Sein erlebt. Der erste Schritt, diese Sicht aufzubrechen, ist, sich bewusst zu werden, wie sehr wir beeinflusst werden und wie oft wir unreflektiert automatisierten Verhaltensmustern folgen.

Führen und Geführt-Werden bedingen und ergänzen sich gegenseitig und fügen sich zu einem Ganzen. Diese Betrachtung entspricht den Systemtheorien und dem systemischen Denken: Nichts kann isoliert betrachtet werden. Die Menschen, die Organisationen, das Wertesystem, der »Geist des Hauses« oder auch die Unternehmenskultur hängen voneinander ab und beeinflussen sich gegenseitig.

Praktisch erfahren wir Geführt-Werden auf vielerlei Weise.
Wir werden geführt ...

- von allen Menschen, zu denen wir eine Beziehung haben: In einer Beziehung werden wir zwangsläufig vom anderen beeinflusst.
- von unseren verinnerlichten Werten, Glaubenssätzen und Lebenskonzepten: Sie steuern Wahrnehmung, Erleben und Entscheidungen.
- von unbewusst übernommenen »Aufträgen« und verborgenen Loyalitäten: Sie können jenseits aller Logik und Vernunft Verhalten bestimmen.

- von Fügungen, schicksalhaften Ereignissen, die uns widerfahren: Wir können mit ihnen hadern oder sie als besondere Aufgabe betrachten.
- von Menschen, denen wir uns bewusst unterordnen: Wir üben bewussten Gehorsam, wir gehorchen.

Wir können aus vielem einen aktiven Lernprozess machen und bewusst akzeptieren, was wir nicht ändern können oder das annehmen, was – oft unerwartet – auf uns zukommt. Diese Lebenshaltung – bereitwillig zu tragen, was uns geschickt wird – ist die Grundhaltung vieler biblischer Gestalten. Berühmt sind die Worte von Maria, als ihr der Engel ihre Mutterschaft ankündigt: »... mir geschehe, wie du es gesagt hast« (Lukasevangelium 1,38). Oder Jesus sagt nach dem Ringen mit sich selbst und mit Gott am Ölberg: »Mein Vater, wenn dieser Kelch an mir nicht vorübergehen kann, ohne dass ich ihn trinke, geschehe dein Wille« (Matthäusevangelium 26,42) Dies ist eine zutiefst spirituelle Geisteshaltung: Maria und Jesus stellen ihr Ich – ihr »Ego« mit seinen persönlichen Wünschen – hinten an und lassen die Dinge an sich geschehen. Aber was sie tun, ist kein blinder Fatalismus – im Sinne von: »Ich kann es ja doch nicht ändern«. Es ist eine aktive Bejahung von Gottes Willen und der Verzicht auf das eigene Wollen und auf eigene Pläne.

Der Begriff »Gehorsam« weckt bei vielen Menschen Unmut. Wir wollen unser Leben selbst bestimmen und uns niemandem unterwerfen. Die Wurzel dieses Begriffes – »Horchen«, »Auf jemanden hören« – verdeutlicht jedoch die tiefe Bedeutung dieser Grundhaltung: Wer gelernt hat zu horchen, auf andere zu hören – zum Beispiel auf Vorgesetzte und auf ältere, erfahrene Menschen, auch auf Gott oder auf seine innere Stimme –, erfährt Führung und wird dabei viel über sich selbst erfahren.

Das Horchen als Lauschen auf unsere innere Führung bringt uns mit unserem Gewissen in Verbindung. Über das Gewissen ist der Mensch mit etwas Größerem verbunden, mit der Familie oder der Gemeinschaft, insbesondere auch mit der Religionsgemeinschaft, der er angehört, und schließlich mit Gott. Das Gewissen sagt uns, was wir tun und was wir lassen müssen, um in der Gemeinschaft angesehen und integriert zu werden. Und es zeigt uns, was für uns stimmig ist – was unserem innersten Wesen entspricht, das wir von Gott her haben.

Wir werden in hohem Maße auch von Menschen geführt, zu denen wir eine echte Beziehung aufbauen: von Kollegen, von Freunden, von unseren Kindern, von unseren Mitarbeitern. Von ihnen erhalten wir wesentliche Informationen, die unser Bild der jeweiligen Situation, unser Empfinden und unser Verhalten entscheidend beeinflussen. Besonders wertvoll sind die Informationen, die uns nicht »schmecken«, die Hinweise auf störende Verhaltensmuster.

Die Wahl der Freunde und des sozialen Umfelds ist daher von großer Bedeutung. Ein Sprichwort sagt: »Sage mir, mit wem du gehst, und ich sage dir, wer du bist«. Auch Buddha rät, die Nähe von guten, reifen Menschen zu suchen und die Gesellschaft schlechter Menschen zu meiden. Manchmal erfordert es Mut, sich abzugrenzen und Beziehungen abzubrechen oder zu reduzieren, die uns in unserer Entwicklung behindern.

Gute Freunde erkennt man nicht nur in der Not, wenn man auf sie angewiesen ist. Gute Freunde und Kollegen gehen mutig mit Kritik um. Sie halten uns immer wieder den Spiegel vor, der uns hilft, uns selbst besser zu erkennen. Gefährlich sind die »Jubelperser«, Menschen, die kritiklos bewundern. Je höher die hierarchische Position, desto größer wird die Gefahr, sich der Kritik zu entziehen und sich mit Bewunderern zu umgeben. Das befriedigt narzisstische Bedürfnisse, zeugt aber von tiefer persönlicher Unsicherheit.

Unbequeme Mitarbeiter tragen zur Entwicklung bei, da sie ihre Umgebung zwingen, Verhalten und Handeln zu überprüfen. Gemeint sind nicht die ewigen Nörgler und Pessimisten, sondern die konstruktiven Kritiker. Im Mittelalter haben sich kluge Herrscher einen Hofnarren gehalten, dessen Aufgabe es war, ihnen den Spiegel vorzuhalten und sie damit zu korrigieren.

Geführt werden wir auch von den Lebenskonzepten, die wir im Laufe unserer Entwicklung verinnerlicht haben. Sie sind unser inneres »Drehbuch« – das Skript nach dem wir handeln und entscheiden, was uns weitestgehend unbewusst ist. Vieles davon ist lebensnotwendig, manches ist aber nicht tauglich für die heutige Situation. Hier setzt die Arbeit an uns selbst an. Das Einüben von neuen Verhaltensmustern und Gewohnheiten setzt Beharrlichkeit voraus. Vor allem müssen wir dabei ständig gegen unsere Trägheit und Bequemlichkeit angehen. Bei den alten Mönchsvätern galt die Trägheit als eine der vier Hauptsünden. Sie steht der Persönlichkeitsentwicklung – vor allem auch der spirituellen Entwicklung – am stärksten entgegen.

Die moderne Psychologie verweist auf das Gleiche, wenn sie die »Komfortzone« des Menschen, in die sich viele Menschen gerne zurückziehen, als gefährlich apostrophiert. Es ist bequem, im Bereich von Gewohnheiten zu verweilen, die uns vertraut sind. Wir wiederholen die gleichen Muster und vermeiden die Risiken, mit denen Neues behaftet ist. Um sich zu entwickeln und um wirklich Glück und Zufriedenheit zu erfahren, ist es jedoch erforderlich, immer wieder diese Komfortzone des Vertrauten zu verlassen und Neues zu wagen.

Es geht um den Mut, etwas zu verändern und die Dinge einmal anders als gewohnt anzugehen. Das bedeutet »Neuland zu betreten«. Wir müssen dabei das Risiko des Misserfolgs und des Scheiterns auf uns nehmen und immer wieder die eigenen Grenzen testen und überschreiten, sonst ist keine Entwicklung möglich. Nur wenn wir etwas riskieren, werden wir von neuen Zielen geführt, die wir uns bewusst setzen.

Sigmund Freud hat als erster die Existenz des Unbewussten und das Unterbewusstsein entdeckt und auf ihre Bedeutung hingewiesen. Die manchmal umfassende Einflussnahme dieser Ebene auf unser Verhalten und die tragischen Dynamiken, die von ihr ausgehen können, sind erst in den letzten Jahren stärker bekannt geworden. Der Blick nach innen – der Blick auf die Motive und Verhaltensmuster – wird in seiner zentralen Bedeutung immer mehr erkannt. Professionelle, externe Hilfe unterstützt diesen Vorgang, wenn beispielsweise der Coach seinem Klienten diese unbewussten Elemente in seinem Verhalten widerspiegelt.

Bewusstes Geführt-Werden erfordert Reflexion, es bedarf der Frage: »Von wem und von was werde ich beeinflusst und gesteuert?« Wir müssen immer wieder in den Spiegel schauen. Erst dann wird die Arbeit an uns selbst effektiv, erst dann können wir die erkannten Probleme und Verhaltensmuster bearbeiten.

Die wachsende Nachfrage nach Coaching weist auf den Bedarf und die Nützlichkeit professioneller Unterstützung hin. So erklärten 88 Prozent der im Jahr 2004 befragten Personalmanager, dass Coaching in den nächsten fünf Jahren weiter an Bedeutung gewinnen wird. Als Anlässe beziehungsweise Motivationen für Coaching werden dabei auf den ersten drei Plätzen persönliche/ berufliche Probleme, Neuorientierung/Weiterentwicklung und Persönlichkeits-/Potenzialentwicklung genannt.

Ein weiteres Instrument, den unbewussten Kräften auf die Spur zu kommen, sind Systemaufstellungen, die auch in Verbindung mit Coaching eingesetzt werden können. Sie decken unbewusste Dynamiken auf, die Verhalten steuern.

Jeder Mensch kann entscheiden, an wem er sich orientiert und von wem er sich führen und beeinflussen lässt. Er kann seine Vorbilder, seinen spirituellen oder geistlichen Begleiter, seinen Mentor oder Coach auswählen, aber auch die Werte, Ziele, Überzeugungen und Ideologien, an denen er sich ausrichtet. Er kann auch die unbewussten Elemente, die sein Verhalten beeinflussen, mit geeigneten Instrumenten aufdecken und bearbeiten. Wir haben einen freien Willen und wir können wählen. Wir wählen mit jeder Entscheidung immer auch die Folgen, denn was wir säen, das werden wir ernten.

AG Der heilige Benedikt ist der Überzeugung, dass wir nicht nur dafür verantwortlich sind, wie wir führen, sondern auch dafür, wie wir uns führen lassen (vgl. Regel Benedikts 2,6f). Die Führungskraft wird anders mit uns umgehen, wenn wir uns von ihr nicht verbiegen lassen. Wir wecken in der Führungskraft durch unser Verhalten ganz bestimmte Muster: Wenn wir uns unterwürfig geben, dann locken wir aus ihr die dominanten Züge hervor. Wenn wir uns als »braver Sohn« oder als »angepasste Tochter« geben, dann wird sie uns wie ein autoritärer Vater behandeln.

Schwierig ist es immer, wenn wir einen unreifen Chef haben, also einen Menschen, der Minderwertigkeitskomplexe hat. Er wird versuchen, uns klein zu machen. Es hat keinen Sinn, mit ihm einen Machtkampf zu führen, denn dann wird er seine Macht immer unmenschlicher missbrauchen. Aber wir dürfen uns auch nicht klein machen lassen. Ich kann mir vorsagen: »Wie klein muss er sein, dass er mich klein machen muss? Wie viel Angst muss er haben, dass er uns ständig Angst einjagen möchte?« Wenn ich so denke, nehme ich ihm seine Macht. Er wird sich zwar nach außen immer noch autoritär geben, aber ich lasse mich von ihm nicht verbiegen. Ich bleibe bei mir. Dann gehen seine autoritären Versuche ins Leere.

Der Andere hat immer nur soviel Macht, wie ich ihm gebe. Natürlich hat der Chef Macht, mir mein Gehalt zu kürzen. Aber er hat keine Macht, mir meine Würde zu nehmen. Je mehr der Chef merkt, dass er seine Spiele mit mir nicht spielen kann, desto eher wird er davon lassen.

Doch es geht nicht nur darum, sich vor der negativen Macht eines unreifen Chefs zu schützen. Christlich wäre, trotz seiner Unreife an den guten Kern im Chef zu glauben und durch meinen Glauben diesen guten Kern in ihm hervorzulocken. Wenn ich dem Chef Klarheit und Freiheit vermittle und ihm zugleich zeige, dass ich ihm etwas zutraue und ihn als Mensch akzeptiere, wird er seinen Führungsstil ändern. Er braucht dann sein autoritäres Gehabe nicht mehr. Wenn er sich angenommen und geachtet weiß, muss er sich nicht mehr beweisen.

ÜBUNG

Liste der wichtigen Personen

Sie können den Menschen, von denen Sie beeinflusst werden, Ihren eigenen Glaubenssätzen und Verhaltensmustern auf die Spur kommen, wenn Sie eine Liste Ihrer wichtigen Bezugspersonen anlegen.

Bei jeder Person können Sie auflisten, wie und wann diese Personen Einfluss auf Ihr Verhalten und auf Ihre Entscheidungen nehmen. Intensiviert werden Ihre Einsichten, wenn Sie das täglich in Form eines Tagebuchs ergänzen.

Aus den daraus gewonnenen Einsichten ergeben sich automatisch Impulse, das eine oder andere zu verändern.

TEXT ZUR VERTIEFUNG

Führen lernen durch Sich-selbst-führen-Lassen

AG »Führen lernt man am besten dadurch, dass man sich selbst führen lässt«. Diese Erfahrung gilt nicht nur für Ordensgemeinschaften oder die geistliche Begleitung, sondern auch für die angemessene Leitungskultur in Betrieben und Unternehmen. Deshalb braucht es zuerst den Blick auf die »eigenen Wunden« – die Schwächen und Fehler, die ich selbst habe –, um aus der Auseinandersetzung mit ihnen für den angemessenen Umgang mit den Stärken, aber eben auch Schwächen der Mitarbeiter zu lernen. P. Fidelis Ruppert, langjähriger Abt der Benediktinerabtei Münsterschwarzach, verdeutlicht dies im folgenden Text:

Die wichtigste Weiterbildungsmöglichkeit, die ich kenne, ist jene, durch eigene Erfahrungen zu lernen. Ich möchte erläutern, was ich damit meine. Eine Klosterfrau, die sehr viele Exerzitien hält und auch viele Priester geistlich begleitet, sagte mir einmal: »Ich verstehe euch Priester und euch Obere nicht. Ihr führt so viele Menschen, jahraus, jahrein, über Jahrzehnte hin, aber die meisten von euch lassen sich selbst nicht von jemandem führen. Ich halte das für unverantwortlich«. Das ist mir tief in die Seele gefahren, weil ich spontan spürte, dass diese Ordensfrau recht hat und dass dort auch mein eigenes Problem liegt. Ich war damals schon etliche Jahre im Amt. Aber dieser Hinweis hat eine neue, sehr heilsame Phase in meinem persönlichen Leben und in meiner Amtsführung eingeleitet.

»Sie führen andere, aber sie lassen sich nicht selbst führen«. Führen lernt man am besten dadurch, dass man sich selbst führen lässt, oder wie wir heute gerne sagen: Man lernt am besten durch Selbsterfahrung. Wir versuchen das heute mit sog. Einzelexerzitien, mit geistlicher Begleitung, mit verschiedenen Formen der Meditation, der Supervision oder ähnlichen Methoden. Immer geht es dann darum, dass mein eigenes Leben aufgearbeitet wird, auch meine Vergangenheit. Vieles hängt uns ja von früher her nach, aus der Kindheit und aus der weiteren, oft verletzenden Lebensgeschichte. Das alles belästigt und belastet mein derzeitiges Verhalten und meinen Umgang mit den Menschen. Aber in der persönlichen geistlichen Begleitung lerne ich dann ganz konkret, wie die Wunden meiner Lebensgeschichte heilen können und wie ich besser mit meinen persönlichen Krisen und Schwierigkeiten umgehen kann. Das wird sich dann sehr heilsam auf den Umgang mit den Menschen und auf die Ausübung meines Amtes auswirken. Der heilige Benedikt hat auch schon davon gewusst. Er sagt einmal, dass der Abt fähig sein soll, »eigene und fremde Wunden zu heilen« (Regel Benedikts 46,6). Der Abt soll einer sein, der fähig ist, zunächst einmal die eigenen Wunden zu heilen. In diesem Zitat stehen die eigenen Wunden vor den fremden Wunden. Die Fähigkeit, mit eigenen Wunden heilsam und heilend umzugehen, ist wohl die Voraussetzung dafür, fremde Wunden erkennen und heilen zu können.

Sie kennen ja auch den Spruch: »Arzt, heile dich selbst!«, den Lukas, der Arzt, Jesus in den Mund legt (Lukasevangelium 4,23). Es geht hier nicht um den speziellen Zusammenhang im Lukasevangelium. Aber dieses Sprichwort meint doch wohl, dass einer zunächst mit seinen eigenen Problemen zurechtkommen muss, bevor er sich daranmacht, die Probleme anderer zu heilen.

Ähnliches sagt der mythologische Typos vom »verwundeten Arzt«. Es gehört zu den großen Menschheitserfahrungen, dass nur der heilen und helfen kann, der selbst verwundet ist, der selbst das Leid und die Not kennt. Dabei meint die Rede vom verwundeten Arzt nicht unbedingt, dass er alle seine Wunden heilen und als gesundheitsstrotzender Heiler auftreten muss. Seine Wunde bleibt. Er bleibt selbst ein leidender Mensch. Aber er kann mit seiner Wunde leben. Er wird daran nicht kränker oder geht gar daran zugrunde, sondern er lernt, immer besser damit zu leben und wird daran weiser und reifer.

Es geht also sowohl darum, an sich selbst zu lernen, wie man heiler werden kann, aber auch darum zu lernen, wie man gerade mit all seinen Wunden und Verletzungen auf neue Weise, auf einer höheren oder tieferen Ebene, heiler und wissender werden kann. Nur in dem Maße, wie man bewusst durch solche Erfahrungen gegangen ist, wird man auch in der Lage sein, im Sinne des heiligen Benedikt beim Wegschneiden des Bösen, bei der effektiven Lösung schwieriger Probleme klug und liebevoll vorzugehen, so dass nicht neue Wunden entstehen, sondern dem anderen wirksam geholfen wird und er gut weiterwachsen kann.

Aus: Fidelis Ruppert/Ansgar Stüfe, Der Abt als Arzt – Der Arzt als Abt. Anregungen aus der Regel Benedikts (Münsterschwarzacher Kleinschriften, Band 108), Münsterschwarzach 1997, S. 28–31.

Kommunikation ı 2

Den Anweisungen des Abtes in allem gehorchen,
auch wenn er selbst, was ferne sei,
anders handelt;
man denke an die Weisung des Herrn:
»Was sie sagen, das tut;
was sie aber tun, das tut nicht«.

Regel Benedikts 4,61

Im Anfang war das Wort,
und das Wort war bei Gott,
und das Wort war Gott.
Im Anfang war es bei Gott.
Alles ist durch das Wort geworden.

Johannesevangelium 1,13

2.1 I Beziehungsebene und Inhaltsebene

FA Führen ist die Begegnung von zwei Menschen in ihrem ganzen Menschsein. Sie begegnen sich »Auge in Auge«. Das Auge ist das Tor zur Seele. Wenn wir jemandem in die Augen sehen, dann sehen wir, was diesen Menschen bewegt. Wir sehen seine Gefühle, seine Traurigkeit, seine Angst, seine Fröhlichkeit. Wir sehen vieles von dem, was im anderen gerade vorgeht. Sehen, wo der andere im Moment steht, was er braucht und wo wir ihn abholen müssen, ist Voraussetzung für Führung, wenn sie der Entwicklung des Menschen dienen soll. Aber auch für die gemeinsame Lösung von Sachaufgaben ist es hilfreich zu sehen, wie es dem anderen gerade geht.

Das Sehen ist ein erster wichtiger Schritt beim Führen. Erwartungen, Ziele und Aufgaben verlieren dadurch nicht an Bedeutung. Sie werden nur eingebunden in die gegenwärtige Situation, in die konkreten menschlichen Bedingungen, unter denen die in diesem Augenblick anstehenden Aufgaben und Ziele zu realisieren sind. Für diesen Prozess der Kontaktaufnahme und des Erfassens der momentanen Befindlichkeit des Anderen brauchen wir bewusste Aufmerksamkeit und einen Moment Zeit. Dieser vermeintliche Luxus, Zeit in die Beziehungsaufnahme und in die Beziehungsgestaltung zu investieren, trägt reichlich Zinsen.

Indem wir einen anderen Menschen ansehen, signalisieren wir unser Interesse an ihm als Menschen. Das ist auch Ausdruck von Wertschätzung. Wir machen den anderen im wörtlichen Sinne zu einem »angesehenen Menschen«. Die einzige Voraussetzung für diesen wichtigen Bestandteil von guter Kommunikation und von Führung ist, dass ich meine ganze Aufmerksamkeit auf den anderen richte und mich in diesem Moment für ihn als Mensch in seinem ganzen Menschsein interessiere.

Ganz pragmatisch: Ein Anliegen, bei dem es auf den guten Willen oder auf das ganze Engagement eines Mitarbeiters ankommt, wird von diesem leichter angenommen, wenn er ausgeglichen und gut gelaunt ist. Umgekehrt: Wenn der Mitarbeiter im Moment verunsichert ist oder voll Groll oder Wut, wird das Anliegen auf deutlich weniger Bereitschaft zum Engagement stoßen. Das klingt sehr einleuchtend, fast naiv. In der Praxis wird das aber leider sehr oft vergessen.

Wie oft sieht der Vorgesetzte nur sein Anliegen und den Druck, unter dem er selbst steht? Er bleibt in der Selbstwahrnehmung, in »seinem Film« stecken, ohne den anderen und seine Befindlichkeit wahrzunehmen. Die Kommunikation wird so auf das Senden von Anweisungen und auf die Mitteilung der eigenen Bedürfnisse beschränkt. Oft steht am Ende beim Vorgesetzten dann die Enttäuschung über die Minderleistung in der Sache. Die Ursache wird dann beim Mitarbeiter gesucht und nicht in der eigenen unzulänglichen Kommunikation.

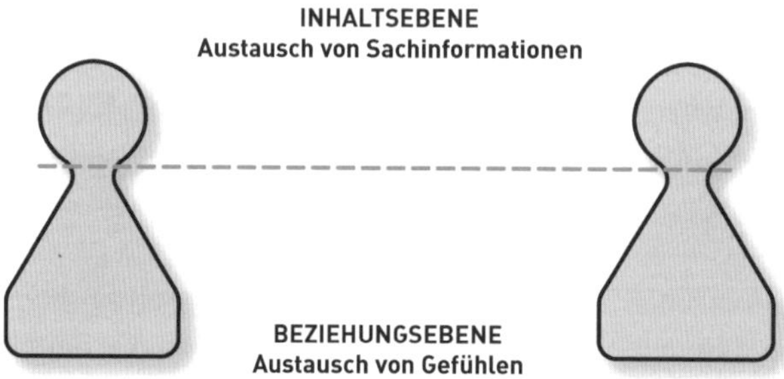

nach Schulz von Thun 1981

Wenn wir uns auf eine wirkliche Begegnung »Auge in Auge« einlassen, dann werden wir von dieser Begegnung nicht nur in unserem Inneren berührt, sondern durch diese Begegnung auch verändert. Wir gehen ein Risiko ein, wir wissen nicht, was auf uns in dieser Begegnung an Erwartungen und Gefühlen zukommt, was in uns durch diese Begegnung berührt wird. Führung ist ohne dieses Risiko nicht möglich.

Viele Menschen möchten gerne derartigen Risiken aus dem Weg gehen und vermeiden deshalb wirkliche Begegnungen. Ihre Kommunikation beschränkt sich auf den Austausch von Sachinformationen. Es ist dann eine Begegnung von Kopf zu Kopf. Die Gefühlsseite – die Begegnung »von Bauch zu Bauch« – wird scheinbar vermieden. Tatsächlich werden auf der Beziehungsebene jedoch auch Signale gesendet: Signale der Ablehnung und der Kontaktvermeidung.

Der bekannte Kommunikationsforscher Paul Watzlawick hat festgestellt: Jede Kommunikation hat einen Inhalts- und einen Beziehungsaspekt. Dabei bestimmt letzterer den ersteren, nicht umgekehrt. Jede Botschaft beinhaltet nicht nur eine inhaltliche Aussage, sondern gleichzeitig auch eine Aussage über die Beziehung zum Botschaftsempfänger. Der Beziehungsaspekt entspricht der »Gefühlsebene« oder der »Bauchebene«. Ist die Beziehungsebene gestört – zum Beispiel durch starke

Gefühle wie Wut oder Ärger –, so wird die Kommunikation auf der Inhaltsebene – im Bereich von Verstand und Logik – beeinträchtigt, im Extremfall sogar unmöglich. Umgekehrt verbessern positive Gefühle, wenn sie nicht übertrieben sind, den Austausch auf der Inhaltsebene.

Menschen, die sich nicht auf die Gefühlsebene einlassen wollen, senden trotzdem unbewusst Beziehungssignale: »Ich kann mich nicht auf Gefühle einlassen«. Oder: »Ich kann meine Gefühle nicht zeigen«.

Gute Kommunikation, bei der wir uns als ganzer Mensch einem anderen Menschen zuwenden, beinhaltet immer auch, dass wir uns emotional öffnen und den anderen teilhaben lassen an dem, was uns bewegt. Es sind gerade die Gefühle, die den anderen anstecken und ihn zum »Mitschwingen« anregen. Jeder gute Verkäufer weiß, wenn er von seinem Produkt begeistert ist, dann wird die Begeisterung überspringen und seine Verkaufschancen erhöhen. Ein Vorgesetzter, der seine Gefühle zulässt und seine Begeisterung wie auch seine Enttäuschung oder Verärgerung zeigt, beeinflusst dadurch unmittelbar und sehr wirksam seine Mitarbeiter.

Wenn die Beziehung hergestellt ist – wenn »die Verbindung steht« –, ist auch die sachbezogene Kommunikation leicht und in der Regel problemlos möglich. Wir stoßen auf offene Ohren. Voraussetzung ist, dass Störungen im Vorfeld geklärt sind. Ist die Beziehungsebene problembesetzt – zum Beispiel durch Missstimmungen oder ungeklärte Konflikte – so wird die Inhaltsebene immer wieder durch Impulse aus der anderen Ebene gestört. Es ist dann oft nicht zu erkennen, ob ein Kommunikationsbeitrag etwas mit der Sache zu tun hat oder ob er Ausdruck von Unlustgefühlen ist. Die Kommunikation wird dann zu einer unfruchtbaren Mischung von Sachbeiträgen und unreflektierten, destruktiven Gefühlsäußerungen. Zynismus, Blockaden und abwertende Äußerungen sind Ausdruck einer solchen Situation.

nach Schulz von Thun 1981

Wenn derartige Indizien einer ungeklärten Beziehungsebene auftauchen, ist es sehr sinnvoll, das Sachthema zurückzustellen und die Beziehung zwischen den Beteiligten zu klären. Eine bekannte Moderationsregel heißt: **Störungen haben Vorrang**. Eine gute Sachdiskussion ist erst nach Klärung der Beziehungsebene möglich. Besonders Männer tun sich oft schwer, die Gefühlsebene zu sehen und sie zum Thema zu machen. Für effektives Führen ist es aber unerlässlich, Beziehungsqualitäten zu erkennen und zu gestalten.

Die Fähigkeit, mit eigenen und fremden Gefühlen umgehen zu können, der sogenannte EQ-Quotient für emotionale Intelligenz – ist für menschliches Miteinander und insbesondere für Führung von zentraler Bedeutung. Emotionale Intelligenz kann man im Alltag lernen, Frauen können gute Lehrmeister sein. Seminare, die Selbsterfahrung und Selbstreflexion beinhalten, können uns zu unseren Gefühlen führen, ebenso ein guter Coach. Auch in der Meditation kommen wir mit tieferen Ebenen unserer Persönlichkeit und damit auch mit unseren Gefühlen in einen intensiven Kontakt. Emotionales Lernen ist auch ein wichtiger Nebeneffekt in Familien- und Systemaufstellungskursen. Die Teilnehmer erleben sowohl in den Stellvertreterrollen, wie auch als Beobachter starke emotionale Prozesse. Sie lernen tiefe und intensive Gefühle zuzulassen und mit ihnen umzugehen.

Ein sehr guter Weg zu den eigenen Gefühlen, der in der Mönchstradition altbekannt ist, ist die Nachmeditation. In einem Tagesrückblick – als Meditation oder als Gebet nach der Arbeit – begegnen mir die Dinge wieder, die mich am Tag belastet oder die mir gut getan haben. Dabei können die Widerwärtigkeiten, die mir im Außen begegnet sind, als meine eigenen Schwächen, als meine eigenen Themen erkannt werden. Wenn in der Stille der Meditation bestimmte Situationen und die damit verbundenen Gefühle immer wieder auftauchen, dann hat das mehr mit mir als mit den anderen zu tun. Die Meditation bietet mir eine gute Chance, immer mehr Klarheit in die eigenen Gefühle zu bringen.

Nachmeditation

ÜBUNG

Wie bei allen Meditationen ist es auch bei der Nachmeditation hilfreich, sich einen geeigneten Ort zu suchen, an dem Störungen ausgeschlossen sind. Günstig ist es auch, zu einer festen Tageszeit zu meditieren, so dass daraus eine feste Gewohnheit werden kann.

Gehen Sie in die Stille und lauschen Sie in die Stille hinein. Es geht nicht darum mit dem Verstand, sondern mit dem Herzen zu fragen: Wie war mein Tag heute? Was habe ich alles erlebt?

Die Meditation oder die Gebetsübung, wenn Sie sich in sie hineinbegeben, wird Ihnen das zeigen, was Sie anschauen sollen. Die Erinnerungen und Gedanken, die auftauchen, zeigen Ihnen Ihre Stärken und Schwächen. Was wichtig ist, wird sich von alleine durch die Intensität der damit verbundenen Gefühle deutlich zeigen. Ihr Inneres oder Ihr Unterbewusstsein wird zu Ihnen sprechen.

Es geht um das Zulassen von dem, was sich zeigen will. In der Meditation wird nichts gemacht und nichts bewertet. Die Dinge dürfen so sein, wie sie sind. Dieser innere Prozess trägt sich selbst. Das Loslassen ist eine psychische Leistung, bei der wir uns aussöhnen und vergeben. Es umfasst, mir selbst zu verzeihen und meine Unvollkommenheit anzunehmen. Es umfasst auch das Annehmen der Unvollkommenheit der anderen.

Wir können uns an die Formel halten:
Zulassen – Anschauen – Loslassen

Die Übung hilft auch, negative Gefühle zu verarbeiten: meinen Ärger, meine Wut, meine Unzufriedenheit. Sie hilft mir zu erkennen, dass es meine eigenen Gefühle sind und dass sie zu mir gehören. Ich kann »Ja« zu ihnen sagen, sie annehmen. Dadurch verlieren sie ihre Zwanghaftigkeit. Ich brauche sie dann nicht zu verdrängen oder nach außen auf andere zu projizieren.

Im Alltag sind wir nicht nur ständig herausgefordert, uns den eigenen und fremden Gefühlen zu stellen, sondern der Alltag ist immer auch eine Möglichkeit, neues Verhalten einzuüben – auch den Umgang mit Gefühlen.

Auf den Alltag als Übungsfeld verweisen alle spirituellen Wege. Dort zeigt sich, wie viel heitere Gelassenheit wir auf unserem Zen-Weg erreicht haben, oder wie gut wir unser liebendes Mitgefühl in der Meditation entwickelt haben. Wir haben täglich viele Gelegenheiten, Achtsamkeit im Umgang mit anderen zu üben. Der entscheidende Schritt besteht darin, dass ich mich ein Stück von mir selbst löse und den anderen sehe, ihm in die Augen schaue und ihm damit von Mensch zu Mensch begegne. Dazu eine einfache, aber äußerst effiziente Übung (siehe unten).

Es darf aber umgekehrt das Reden über Gefühle nicht zum dominierenden Gesprächsinhalt werden und die Leistungsorientierung des Unternehmens oder der Organisation vernachlässigt werden. Soziale Einrichtungen sind in dieser Richtung besonders gefährdet: Das Sich-wohl-Fühlen jedes einzelnen bekommt dort manchmal Vorrang vor der Leistung, die zu erstellen ist. Oft wird das rationale Denken dann verdrängt und das Geschehen wird bestimmt von Aussagen wie: »Wir müssen uns besser gegenseitig spüren«.

Es geht auch hier um das richtige Maß. In dem Spannungsfeld zwischen der Leistung für interne oder externe Kunden und den Bedürfnissen der Mitarbeiter nach sozialem Austausch muss ein guter Ausgleich gefunden werden. Es lässt sich immer wieder nachweisen: Wenn die Zufriedenheit der Mitarbeiter gegeben ist, wenn diese als Menschen geachtet und geschätzt sind, dann steigt deren Leistungsbereitschaft.

Die drei »A«

ÜBUNG

Ein Gespräch beginnt erst dann wirklich, wenn Ihr Gesprächspartner empfangsbereit ist. Jemand, der noch mit etwas anderem beschäftigt und in Gedanken noch nicht anwesend ist, kann nicht zuhören. Er muss zuerst das andere, innere Programm beenden. Im nächsten Schritt kann er sich dann auf Sie einstellen. Erst dann ist eine echte Kommunikation möglich.

Beginnen Sie jedes Gespräch mit:

- Ansprechen
- Anschauen
- Atemzug

Sprechen Sie Ihren Gesprächspartner mit Namen an. Der Name ist für jeden Menschen etwas Besonderes und ein wesentlicher Bestandteil seiner Identität. Wenn jemand Ihren Namen sagt, wissen Sie, dass Sie gemeint sind, ganz persönlich als Individuum. Der richtig ausgesprochene Name ist ein Beziehungssignal und Ausdruck von Wertschätzung. Sie sagen damit: Ich meine Dich und Du bist mir wichtig.

Warten Sie, bis der Angesprochene die Kontaktaufnahme bestätigt. Durch den Blickkontakt können Sie überprüfen ob »die Verbindung steht«. Sie können sehen wie die Kontaktaufnahme verläuft. Im Blick des anderen sehen Sie die Beziehungssignale, die der andere sendet, seine Befindlichkeit, seine Gefühle.

Machen Sie dann eine kleine Pause, einen kleinen Atemzug. Danach beginnen Sie den ersten Satz. Diese Pause braucht der andere, um sich ganz auf Sie einzustellen. In Verbindung mit dem Blickkontakt fühlt sich Ihr Gesprächspartner gesehen und geachtet. Was Sie dann sagen, wird bewusster aufgenommen. Die Konzentration auf den eigenen Atem bringt Sie gleichzeitig in Kontakt mit Ihrer eigenen Befindlichkeit und Ihren Gefühlen. Daraus können sich wichtige Einsichten über die Situation und über die Beziehung zum Gesprächspartner ergeben.

nach Roswitha Defersdorf, Frischer Wind für die Partnerschaft, Herder spektrum

2.2 | Zuhören

FA Eine Schlüsselrolle in der Kommunikation hat das Zuhören. Hören ist ein zentrales Element aller spirituellen Wege. Die Regel des heiligen Benedikt beginnt mit der Aufforderung »Ausculta« – »Höre«. Im Alten Testament wird das Reden Gott zugestanden. Am Beginn des Schöpfungsberichts heißt es:

»Gott sprach: Es werde ...« (Genesis 1,3). Durch das Sprechen Gottes entsteht die Welt. Das Johannesevangelium beginnt mit dem Hinweis: »Im Anfang war das Wort, und das Wort war bei Gott, und das Wort war Gott. Im Anfang war es bei Gott. Alles ist durch das Wort geworden ...« (Johannesevangelium 1,1–3).

Wenn Gott sich sprechender Weise mitteilt, dann können wir durch Zuhören ihn und seine Botschaft vernehmen. Beten ist somit weniger das Reden mit Gott als das Hören auf ihn. Die Sprache Gottes ist kein Reden im Sinne menschlicher Sprache, sie ist umfassend in allem zu finden, was ist. Denn alles ist durch das Wort Gottes geworden. Dem Beten und den verschiedenen Meditationswegen ist das Still-Werden und Lauschen eigen. Und Still-Werden meint mehr als Nicht-Reden. Es ist das Still-Werden auch im Geist, wenn unsere Gedanken zur Ruhe kommen – eine wichtige Erfahrung in der Meditation, die sich mit zunehmender Übung einstellt.

In der alltäglichen Kommunikation haben wir viele Gelegenheiten das Horchen und Hinhören zu üben. Wer Zugang zum anderen Menschen finden will, muss ihn wahrnehmen, hören auf das, was er mitteilt. Die Voraussetzung dazu ist immer: Ich selbst muss still werden, damit der andere reden kann. Ich darf nicht nur Nicht-Reden, sondern muss auch in Gedanken still sein, meine Gedanken und meine Meinungen zurückstellen. Erst dann bin ich ganz offen für den anderen und kann ihn und sein Anliegen ernst nehmen.

Viele Gespräche leiden vor allem darunter, dass wir nicht zuhören. Wie oft wird dem Ehepartner vorgeworfen, dass er nicht zuhört? In Führungsgesprächen ist es nicht besser. Manche Menschen sprechen nicht zu oder mit den Menschen, sondern **anlässlich** der Anwesenheit eines anderen. Es kommt kein Gespräch zustande, weil wir uns mit dem Zuhören schwer tun.

Das größte Problem beim Zuhören sind die eigenen Gedanken. Nach wenigen Worten unseres Gesprächspartners schaltet sich unser eigenes Denken ein. Wir verarbeiten bereits das Gesagte, setzen es in Beziehung zu vorhandenem Wissen und überlegen eine Antwort. Besonders intensiv ist dieser Prozess, wenn wir uns angegriffen oder kritisiert fühlen. »Ganz Ohr sein« ist ein geistiger Zustand, in dem während des Zuhörens auf eigene Gedanken verzichtet wird. Gespräche gewinnen sofort an Tiefe, wenn ein Gesprächspartner gut zuhört. Diese Fähigkeit zeichnet viele erfolgreiche Führungskräfte aus.

Aktiv zuhören

ÜBUNG

Sie können sich in jedem Gespräch – oder auch zu besonderen Anlässen – das Zuhören zur Aufgabe machen. Sie wiederholen in Gedanken oder notieren sich, was der andere gerade gesagt hat. Sie können das auch laut machen. Ein solcher Satz beginnt beispielsweise mit: »Sie meinen also ...« oder mit: »Habe ich Sie richtig verstanden ...«

Sie werden entdecken, dass Sie gar nicht soviel behalten und verarbeiten können, wie Ihnen der andere auf einmal erzählt oder »an den Kopf wirft«. Sie werden erleben, wie schnell Sie dabei sind, Antworten im Kopf vorzubereiten oder wie schnell Denkprozesse in Ihrem Kopf ausgelöst werden und das Zuhören nach wenigen Augenblicken bereits unterbrochen ist.

Konzentrieren Sie sich auf die Fragen: Was sagt der andere? Was meint der andere?

Die tiefere Erfahrung bei dieser Übung ist, dass Sie lernen, Ihre Meinung und Ihre Reaktionsimpulse zu kontrollieren und zurückzustellen, um vorübergehend »ganz Ohr« zu sein.

Eine sinnvolle Konsequenz: Verpacken Sie selbst – als Folge der Erfahrungen bei dieser Übung – Ihre Botschaften in so kleine Portionen, dass der andere sie auch aufnehmen und verarbeiten kann. Die meisten Menschen können nicht länger als maximal zehn Minuten – bei Kritikgesprächen nicht länger als drei Minuten – Informationen aufnehmen. Dann brauchen sie Zeit, das Gehörte zuzuordnen und zu verarbeiten.

2.3 | Fragetechnik

FA »Wer fragt, führt!« Diese alte Formel bringt die Bedeutung guter Fragestellung beim Führen auf den Punkt. Wie leicht Sie andere Menschen durch einfache Fragen führen können, belegt ein kleines Experiment. Fragen Sie einen Bekannten: »Was haben Sie letzten Samstagabend gemacht?« Er wird mit den Augen nach oben links oder oben rechts gehen, das heißt die inneren Bilder zu Ihrer Frage suchen, und dann antworten. Sie haben ihn geistig zum Samstagabend zurückgeführt. Er war in Gedanken dort. Das lässt sich genauso mit der Zukunft machen, zum Beispiel mit der Frage: »Was haben Sie am Wochenende vor?«

Im Führungsalltag können Sie durch Fragen jeden Mitarbeiter zu seinen eigenen Ideen führen. Sie können ihn dazu bringen, Zusammenhänge selbst zu erkennen und Einsichten zu gewinnen. Vor allem aber bekommen Sie Informationen über den Mitarbeiter und über das, was er denkt, empfindet, plant ... Fragen signalisieren Interesse an dem Menschen und sind eine Art der Wertschätzung. Auf der Beziehungsebene sagt eine Frage: »Deine Meinung ist mir wichtig, du bist mir wichtig«.

Fragen sind spirituelle Übungen. Beim Fragen nehme ich mich und meine Ansichten zurück und wende mich dem anderen zu. Ich öffne mich und nehme etwas auf. Gleichzeitig kann ich dabei beobachten und spüren, was die Frage mit mir macht, wie es mir dabei geht.

Fragen haben für die Gesprächs-Führung eine Schlüsselfunktion: Durch **offene Fragen**, den so genannten »W-Fragen« (beginnend beispielsweise mit »Was ... ?«, »Welche ... ?«, »Wie ... ?«, »Wo ... ?«) erhalten Sie Informationen. Die zugehörige innere Haltung ist eine Haltung des Lernens, Aufnehmens, des Sich-selbst-Zurücknehmens. Auf **geschlossene Fragen** kann man nur mit »Ja« oder »Nein« antworten. Geschlossene Fragen führen zu Entscheidungen, legen fest und schließen ab. Geschlossene Fragen sind beispielsweise: »Ist das so richtig?«, »Werden Sie kommen?«.

Gute Führung, die den Menschen und der Aufgabe gerecht wird, zeigt sich in einer guten Fragekultur. Behauptungen, Statements, Positionsbeschreibungen lösen leicht Widerstände oder Abwehr aus. Fragen führen in den Austausch und schaffen

Beziehung. Auch ein Vorschlag oder ein guter Rat lässt sich leicht annehmen, wenn wir ihn als Frage verpacken: »Was halten Sie von ... ?«

Wenn wir immer weniger Zeit füreinander haben, dann kommt es darauf an, **rasch wesentliche Informationen zu den Sachthemen und über den Menschen** zu bekommen. Das geht am leichtesten **mit guten Fragen, einem guten Zuhören und mit Empathie**, die auch die Beziehungssignale und emotionalen Botschaften wahrnimmt.

Fragetechnik

ÜBUNG

Machen Sie es sich zur Gewohnheit, bei jedem Gespräch **mindestens drei Fragen** zu stellen, am besten gleich zu Beginn des Gesprächs. Dann kommt der Mitarbeiter sofort zu Wort, das hilft auch Stress abzubauen.

Sie können für sich eine **Sammlung von guten Fragen** anlegen und diese immer wieder ergänzen. Sie können auch gute Fragen auswendig lernen.

Für wichtige Gespräche sollten Sie **geeignete Fragen vorbereiten** und diese schriftlich parat haben.

Fragen helfen Ihnen, sich selbst zurückzunehmen. Sie trainieren, in die Rolle des Coaches oder des Beobachters zu kommen. Trainieren Sie für sich die **Grundhaltung**:

Ich will hören, lernen, verstehen.

Der nachfolgende Fragenkatalog ist eine Einladung, nach und nach das ganze Spektrum der Interventionsmöglichkeiten mittels Fragen zu erlernen und zu nutzen, um Gespräche zielorientiert und effizient zu steuern.

Wer fragt führt! – Wer gut fragt, führt gut!

1. **Einladende Fragen** helfen eine innere Beziehung herzustellen, Atmosphäre zu schaffen.

- Was führt Sie zu mir?
- Was kann ich für Sie tun?
- Wie kann ich Ihnen helfen?

Die beiden wichtigsten und häufigsten Fragearten sind offene und vertiefende Fragen, die Führungskräfte immer parat haben sollten:

2. **Offene Fragen**, W-Fragen (Wer, welche, wo, wie, weshalb, ...)

Sie laden den Mitarbeiter ein, zu berichten. Sie helfen, rasch Informationen zu bekommen. Und sie lenken das Gespräch in die erwünschte Richtung. Zum Beispiel:

- Was ist passiert?
- Um was geht es?
- Wie wollen Sie vorgehen?
- Was erwarten Sie von mir?
- Woher haben Sie diese Informationen?
- Was sollte ich noch über die Angelegenheit wissen?

3. **Vertiefende Fragen** beziehen sich auf die Informationen, die Sie erhalten haben. Sie signalisieren, ich höre dir zu, deine Ausführungen sind wichtig, ich will noch mehr darüber wissen. Vertiefende Fragen lenken das Gespräch auf das Wesentliche. Sie sind ein ideales Instrument, um Gespräche in die Tiefe zu führen.

- Wie meinen Sie das?
- Was meinen Sie mit ... ?
- Können Sie mir das näher erläutern?
- Was meinen Sie konkret?
- Das verstehe ich nicht!

Spezielle Frageformen, um gezielt innere Prozesse und Erkenntnisse beim Gegenüber auszulösen sind:

4. **Meta- oder Kontrollfragen**, sie hinterfragen die Hintergründe und Quellen von Aussagen und können Sachverhalte klären und relativieren. Oft ist die Unterscheidung hilfreich:

- Ist das eine **Tatsache**, eine **Meinung** oder eine **Bewertung**?
- Woher wissen Sie das?
- Woher haben Sie diese Information?
- Was wollen Sie mir damit sagen?
- Wie sicher sind Sie sich da?
- Ist das Ihre private Meinung?
- Wer weiß von dieser Angelegenheit?

5. **Geschlossene Fragen** führen zu Entscheidungen. Sie können aber auch als Verhör oder als Knebelung empfunden werden.
Zum Beispiel:

- Schaffen Sie das bis zu diesem Termin?
- Kann ich den Auftrag so wegschicken?
- Soll ich mich um diese Angelegenheit kümmern?
- Können Sie das heute noch klären?
- Werden Sie pünktlich sein?

6. Oft führen **relativ geschlossene Fragen** eleganter zum Ziel.
Das Antwortspektrum ist eingegrenzt, beinhaltet jedoch auch eine Entscheidung, bei der der Mitarbeiter einige Freiheiten hat.

- Bis wann können Sie das fertig machen?
- Wie/wann werden Sie mich informieren?
- Wer kann sich um diese Angelegenheit kümmern?

Daneben gibt es eine Reihe von **speziellen Frageformen**, wie sie in der Psychotherapie genutzt werden, um das Bewusstsein des Klienten zu lenken, um ihn anzuleiten, selbst die Lösung zu finden:

7. **Ressourcenorientierte Fragen**:

- Was könnte Ihnen dabei helfen?
- Was können Sie selbst dazu beitragen, dass die Situation besser wird?
- Haben Sie eine ähnliche Situation schon einmal erlebt? Wie sind Sie dabei vorgegangen? Was hat damals zu einer Lösung geführt?

8. **Zielorientierte Fragen:**

- Was wollen Sie erreichen?
- Was sind Ihre Lösungsvorschläge?
- Woran erkennen Sie, dass Sie das Ziel erreicht haben?
- Was verändert sich, wenn Sie das Ziel erreicht haben?
- Was ist jetzt zu tun?
- Was ist jetzt das Wichtigste aus Ihrer Sicht?

9. **Skalierungsfragen:**

- Wie bewerten Sie, auf einer Skala von 0 bis 10, den bisherigen Projektverlauf?
- Auf einer Skala von 0 bis 10: Wie groß ist die Begeisterung im Team für das Projekt?
- Was müsste geschehen, dass sich das Arbeitsklima von der Schulnote 5 auf 3 verbessert?
- Was kann ich tun (können Sie tun), dass die Kooperationsbereitschaft auf die Note 2 steigt?

10. Dissoziierende Fragen:

- Wie sehen die Kollegen aus der Fachabteilung XY das Problem?
- Was würde ihr alter Chef in dieser Situation tun?
- Wenn Sie der Berater von sich selbst (Herrn/ Frau Name) wären, was würden Sie sich selbst (Herrn/ Frau Name) in dieser Situation raten?

11. Hypothetische Fragen:

- Angenommen, das Problem wäre gelöst: Was ist dann anders?
- Angenommen, Sie wären an meiner Stelle: Was würden Sie tun?
- Nehmen wir an, das Projekt ist fertig und optimal verlaufen: Was alles hätte dazu beigetragen?
- Wenn wir vom erfolgreichen Abschluss des Projektes zurückblicken: Was würden wir von dort sehen, erkennen?

12. Paradoxe Fragen:

- Was müsste geschehen, damit das Projekt endgültig scheitert?
- Wenn unser Veranstaltung eine Blamage werden soll, wie müssten wir vorgehen?

2.4 ı Beziehungskultur

FA Die Technisierung der Kommunikation wird weiterwachsen. Das erfordert als Ausgleich zwingend eine gute Pflege **der menschlichen Seite der Kommunikation** mit **direkten und erfüllenden Begegnungen**. Neben der Frage, was Mitarbeiter sachlich brauchen, um ihre Arbeit gut zu machen, ist nun eine zweite Frage wesentlich: Was benötigen Menschen zwischenmenschlich, um sich wohlzufühlen und sich zu entwickeln.

Auch aus rein kommerzieller Betrachtung gilt, **das Wohlbefinden der Mitarbeiter erhöht deren Produktivität**. Traditionell waren Betriebsfeste, auch Jubiläen von Mitarbeitern, ein Mittel, um die Stimmung anzuheben, auch um Menschen an das Unternehmen zu binden. Es waren Gelegenheiten, jenseits des Arbeitsalltags miteinander ins Gespräch zu kommen, um menschliche Beziehungen zu vertiefen. Ein Blumenstrauß und ein paar nette Worte haben eine andere Wirkung als eine elektronische Geburtstagskarte. Wenn wir uns nur noch selten sehen, darf das nicht auf der Strecke bleiben.

AG Rituale in der Firma sind ein wichtiger Ort, an dem die Beziehungen zwischen den Mitarbeitern und den Führungskräften positiv erlebt werden können. Denn Rituale sind der Ort, an dem Gefühle geäußert werden, die sonst nie zum Ausdruck kommen. Natürlich darf das Ritual dann nicht zu einem leeren Ritual werden. Wenn wir den Geburtstag eines Mitarbeiters feiern, dann sollten wir eben ganz persönlich unsere Gefühle ausdrücken, zum Beispiel mit den Worten: »Ich bin dankbar, dass Sie bei uns sind. Sie haben eine gute Ausstrahlung. Sie verbreiten jeden Morgen, wenn Sie in die Firma kommen, immer eine Atmosphäre von Fröhlichkeit und guter Laune. Das tut uns gut.« Dann fühlt sich der Mitarbeiter wirklich gesehen und gewürdigt. Ein anderer Grund, warum Rituale für die Mitarbeiter gut sind. In der Familie schaffen die Rituale eine Familienidentität. Wir leben nicht einfach wie alle anderen. Wir haben unsere Rituale, weil wir unser Miteinander für wertvoll halten. Ähnliches gilt für die Firmenrituale. Sie schaffen eine Firmenidentität. Die Mitarbeiter werden stolz auf die Firma, weil sie in den Ritualen zeigt, dass sie eine gute Kultur hat, dass die Menschen als Menschen einen Wert haben.

Manche Firmen haben die Rituale abgeschafft, weil sie denken, das sei Zeitverschwendung: Es fällt Arbeitszeit weg, wenn zum Beispiel alle Mitarbeiter zu einem Geburtstag gemeinsam Kaffee trinken. Aber die Erfahrung zeigt das Gegenteil: dass eine Firma, die keine Rituale mehr hat, in der Arbeitsleistung nachlässt. Die Zeit, die wir bewusst füreinander aufbringen, schafft so viel Energie in den Mitarbeitern, dass der Zeitverlust leicht kompensiert wird. Diese Energie wird über den Tag des Rituals hinausgehen. Denn die Rituale schaffen eine Atmosphäre der Zugehörigkeit, der eigenen Wertigkeit und auch der Geborgenheit. In so einer Atmosphäre arbeitet man lieber und letztlich auch effektiver.

FA Durch technisierte Kommunikation wird das direkte, oft auch **spontane Gespräch seltener**. Was bisher so nebenbei auf den Fluren, in den Kantinen, im Arbeitsablauf durch Austausch und Kontakt zu einer sozialen Einbindung führte, fehlt oder wird weniger und braucht jetzt eine bewusste, organisierte Gestaltung, wenn **Gemeinschaft erlebt und Identität aufrechterhalten** werden sollen.

Rockefeller wird der Satz zugeschrieben: »Wenn es eine Maschine gäbe, mit der man das Betriebsklima verbessern könnte, ich würde jeden Preis dafür bezahlen«. Diese wesentliche Aufgabe, **das Klima zu verbessern**, also das menschliche Miteinander harmonischer zu gestalten, ist ein wesentlicher Teil von Führung, vielleicht **sogar der Wichtigste**. Das passiert auch im Video-Call durch wertschätzenden Umgang, aber erst in der direkten Begegnung, im realen Erleben von Ehrung, von Sich-in-die-Augen-Schauen, Betroffenheit spüren, Händeschütteln und ähnlichem bekommt es die erforderliche Tiefe und Wirkung. Unternehmen, die das erkannt haben, engagieren zur Unterstützung Berater oder bilden intern Mediatoren aus, um zum Beispiel Konflikte zu lösen oder um Teambildung anzustoßen.

Manche Unternehmen delegieren diese Aufgabe dauerhaft an Menschen mit einem Gespür für Stimmungen und Schwingungen, sogenannte **Feel Good Manager**, im englischen Sprachraum auch **Chief Happiness Officer**. Sie haben die Aufgabe, »die Bedürfnisse aller Mitarbeitenden aufzufangen und eine konstruktive Zusammenarbeit zu fördern« (Wikipedia). Wenn Führungskräfte selbst in ihrer Kommunikation auf das »Feel-Good« achten, dann ist die Wirkung ähnlich der auf der körperlichen Ebene: Es ist besser gesund zu bleiben, als Krankheiten zu kurieren.

Das Sozialgebilde »Organisation« unterliegt einer starken Veränderung durch die alles durchdringende Digitalisierung seiner Bestandteile. Dokumente, Gegenstände, Maschinen, Prozesse, Beziehungen, definitiv alles wird per Chip

gespeichert und gesteuert und damit auch entmaterialisiert. Die Welt besteht immer mehr aus »Daten«, die irgendwo gespeichert sind und über Rechner die verbliebene reale Welt steuern. Digitalisierung ist im Kern das Umwandeln von ganzheitlich erlebten Einheiten, wie ein Bild oder Musik, aber auch des zwischenmenschlichen Austausches, in ein Zahlenformat, das von Rechnern verarbeitet wird, einschließlich der Entwicklung von sprechenden Computern wie Alexa und anderen.

Ein Konzert im Konzertsaal oder ein Ölgemälde an der Wand führen zu einem umfassenderen, tieferen Erleben als Musik aus einem Lautsprecher oder ein Bild auf dem Handy. Digitalisierung macht vieles schnell, einfach und nahezu unbegrenzt verfügbar, aber zum Preis des Verlustes von Erlebensqualitäten und von Realität. Es **geht die Einmaligkeit und das Besondere** verloren. Einen wirklichen Apfel können wir essen, nicht aber einen Apfel auf dem Bildschirm. Im Video-Call geht diese wirkliche Wirklichkeit zum großen Teil verloren. Stattdessen bekommen wir eine virtuelle Kopie. Das ist Kopfnahrung, aber keine Herznahrung.

Wir können, besonders bei jungen Menschen, eine **fehlende Wertschätzung** gegenüber allem beobachten. Sie erleben, alles ist immer und **unbegrenzt verfügbar**. Dadurch wird scheinbar alles wieder leicht beschaffbar und dadurch **wertlos**.

AG Was ist wertvoll? Und wozu brauchen wir Wertvolles? Werte machen das Leben wertvoll. Werte haben mit Würde zu tun. Sie schützen die Würde des Menschen. In einer Firma, in der Werte missachtet werden, wird der Mensch in seiner Würde missachtet. Und letztlich verachten die Menschen, die keine Werte haben, sich selbst. In einer Atmosphäre, in der Menschen verachtet werden, will auf Dauer niemand mehr arbeiten.

Jeder Mensch hat in sich Werte. Man kann Werte nicht moralisch einfordern. Es geht darum, die Menschen daran zu erinnern, was ihnen wertvoll erscheint. Dann kann man sich darüber unterhalten, was für die Einzelnen wertvoll ist. Lassen sich daraus gemeinsame Werte erarbeiten, die die Mitarbeiter in einer Firma verbinden? Werte schaffen auch Gemeinschaft. Aber Werte dürfen nicht von oben aufgezwungen werden. Zugleich sollten wir wissen, dass wir nicht immer die Werte leben. Wir lassen uns oft auch von unseren Bedürfnissen und Emotionen leiten. Manchmal spürt man dann die Werte nicht, die dieser Mensch trotzdem in sich trägt. Daher sollte es unser gemeinsames Bestreben sein, uns immer wieder um die Werte zu bemühen, auf die wir uns geeinigt haben. Da könnte es eine Hilfe sein, sich bei Sitzungen am Schluss immer wieder zu fragen: »Entspricht das, was wir gesprochen haben und wie wir gesprochen haben, unseren Werten?« Das sollte keine Anklage an die sein, die gesprochen haben, sondern ein Spiegel, in den wir alle schauen sollen.

Fatal ist es, wenn eine Firma in ihrem Prospekt hohe Werte schreibt, diese Werte aber nicht sichtbar werden in der Firma, in der Art, wie wir miteinander umgehen und wie wir mit den Mitarbeitern, aber auch mit den Kunden sprechen. Daher braucht es immer wieder die Gewissenserforschung, wie es bei mir selbst und in unserem Miteinander mit den Werten steht.

Werte machen nicht nur das Leben und die Firma wertvoll. Werte schaffen auch Gemeinschaft. Sie verbinden uns miteinander. Sie sind wie ein Kitt, der die verschiedenen Menschen einer Firma zusammenhält. Sie schaffen eine gemeinsame Grundlage. Natürlich gibt es in jeder Firma auch Konflikte oder Mitarbeiter, die sich nicht verstehen. Über diese Konflikte sollte man nicht hinwegsehen.

Aber es ist hilfreich, wenn sich die Mitarbeiter einer Firma immer wieder bewusstwerden: Es gibt etwas Gemeinsames, das uns verbindet. Von der Spiritualität her können wir sagen: In der Tiefe unserer Seele sind wir miteinander eins. Wenn wir uns dieser inneren Einheit bewusstwerden, relativieren sich die Konflikte. Emotional und sachlich gibt es viele Konflikte. Aber darunter ist eine Schicht, die uns miteinander verbindet. Auf dem Grund unserer Seele sind wir miteinander eins.

FA Was verlieren Online-Meetings gegenüber Präsenzveranstaltungen?

Sie zeigen nur einen **Ausschnitt des realen Ganzen** und führen zu einem erheblichen Informationsverlust. Weder die ganze Person mit den entsprechenden Körpersignalen ist sichtbar, noch die oft wesentlichen emotionalen Momente, zum Beispiel wenn sich jemand ärgert. Es fehlt auch das, was zwischen Menschen in der Realität so nebenbei passiert, der Platz in der Reihe, die Unterlagen auf dem Tisch, die kleinen Zweiergespräche vor und nach dem Treffen, die **als ganzheitliches Erleben für die Beziehung so wichtig** sind, und vieles mehr. Das unmittelbare **Reagieren auf subtile Signale** ist nicht möglich, auch schon deswegen nicht, da Menschen sich vor der Kamera anders verhalten als in einer direkten Begegnung. Schon die Erfahrung, dass sich bei Online-Meetings jeder auch selbst sieht, löst Veränderungen im Verhalten und im Bewusstsein aus, auch wenn die meisten Menschen sich dessen nicht bewusst sind.

Neu und auch belastend ist die Erfahrung, dass jeder in einer Online-Konferenz zwar von jedem **angeschaut, aber nicht gesehen** wird. Jeder schaut in gleichem Maße zu jedem. Offen bleibt, wer von den vielen Gesichtern mich anschaut, **mich persönlich meint**. Es ist bilaterales, meist multilaterales Fernsehen mit einem ähnlichen Gefühl des Unwirklichen. Auch sehe und höre ich nur das, was der andere mir zeigt und zeigen will. Keiner kann, zum Beispiel bei einer bestimmten Frage, bewusst jemanden anschauen. Das emotional wesentliche Element, **»angesehen« zu sein**, kritisch wie wohlwollend, die **Wirkung eines Blickes** fehlt.

AG Im Kloster ist jeder viel für sich allein. Wie wichtig sind persönliche Begegnungen? Wie wird das organisiert? Jede Gemeinschaft lebt von einem ausgeglichenen Verhältnis von Nähe und Distanz. Als Mönche leben wir bewusst allein, ohne Familie. Aber wir leben nicht einsam. Wir sind getragen von der Gemeinschaft. Und es gibt Raum für persönliche Begegnungen. Da sind die gemeinsamen Gespräche in den verschiedenen Gremien, die ein Kloster hat. Da gibt es die Feiern von Geburtstagen und Namenstagen im kleinen Kreis. Wir haben den großen Konvent von 80 Mönchen auch eingeteilt in Dekanien, kleine Gruppen von 6 bis 10 Mönchen, die sich öfter treffen, um über die persönliche Befindlichkeit zu sprechen, aber auch über Themen, die die Gemeinschaft und unsere Zukunft angehen.

Und dann gibt es die geistliche Begleitung. Man geht zu einem – meist älteren – Mönch und bespricht mit ihm die persönliche Situation, den spirituellen Weg, den man geht, aber auch den Umgang mit Emotionen, mit Konflikten, und auch über Träume. Und dann gibt es auch freundschaftliche Beziehungen zu Einzelnen, in denen man nicht nur über sich spricht, sondern auch gemeinsam etwas Schönes erlebt, etwa einen gemeinsamen Spaziergang oder einen gemeinsamen Urlaub.

Es genügt nicht, wenn Menschen nach außen viel tun, aber eigentlich nebeneinander her leben. Denn dann wird die Kraft einer Gemeinschaft immer schwächer. Es braucht das Miteinander und es braucht die persönlichen Begegnungen, dass ich mit all meinen Bedürfnissen und mit meinen Fähigkeiten gesehen und wertgeschätzt werde.

FA In realen Gruppen kann Begeisterung entstehen oder »dicke Luft«, als Folge von gruppendynamischen Prozessen, die für die Entwicklung von Teams, für Kreativität und Identität wesentlich sind. Das, was sensible Menschen als »Schwingung« wahrnehmen, die beispielsweise Akzeptanz oder Vorsicht signalisiert, ist etwas, das sich nicht digitalisieren lässt, für Gruppen- oder Kreativprozesse aber oft richtungsgebend ist. Auf diese **Verarmung**, auf diese »blutleeren Begegnungen« reagieren Menschen mit **Stress und innerer Distanz**. So klagen Führungskräfte, dass Mitarbeiter Online-Vereinbarungen nicht einhalten oder diese nicht als verbindlich empfinden.

Mitarbeiter erleben sich nicht als »Wir«, nicht als Gruppe. Der **starre Blick auf den Bildschirm** und das unbewegliche Sitzen über längere Zeit ist anstrengend, und viele fühlen sich nach einigen Stunden erschöpft. »Mir brummt danach der Schädel« wird das kommentiert. Viele leiden auch darunter, dass der informelle, persönliche Austausch und vor allem die **körperliche Nähe fehlt**. Menschen brauchen die ganzheitliche Begegnung von Mensch zu Mensch, um sich wohl zu fühlen.

Die Entwicklung der **künstlichen Intelligenz** treibt die Digitalisierung in neue Dimensionen, das heißt immer mehr betriebliche Prozesse und persönliche Bereiche, wie zum Beispiel Autofahren, werden auf Rechner ausgelagert, automatisiert. Ziel und Folge sind die weitere Steigerung von Produktivität. Es werden mehr, auch qualifiziertere Güter erzeugt.

Was geschieht aber mit den Menschen? Wird ihre Rolle, wenn sie in der Produktion nicht mehr gebraucht werden, auf Verbraucher oder Konsument reduziert? Was gibt meinem Leben Sinn, wenn sich die Arbeit und die sozialen Bezüge ständig ändern, ggf. sogar Arbeitslosigkeit auf mich zukommt? Das sind Fragen, die zunehmend häufiger gestellt werden, insbesondere, wenn Menschen spüren, dass ihre spezifischen Fähigkeiten nicht mehr gefragt sind, weil Maschinen das besser können.

Diese Ängste sind altbekannt. **Mitte des vorletzten Jahrhunderts** zerstörten aufgebrachte Arbeiter die Webstühle in den Fabriken, aus Angst massenhaft Arbeitsplätze zu verlieren und selbst in ihrer Qualifikation bedeutungslos zu werden. Entgegen ihrer **Ängste** brachten die Maschinen einen vorher nie dagewesenen Wohlstand.

Aus dem historischen Beispiel sollten wir aber lernen, Ängste ernst zu nehmen und neben der Technikbegeisterung und der Gewinnorientierung d**ie sozialen Folgen des technischen Wandels** und die Auswirkungen auf die Menschen ernst zu nehmen. Menschliches Er-Leben ergibt sich als Beziehungserleben zwischen Menschen, wenn Denken, Handeln und Fühlen aufeinander bezogen sind. Das kann nicht durch das neueste Handy oder einen selbstfahrenden SUV ersetzt werden.

Die Annahme, die **Digitalisierung** bringe eine **vergleichbare Entwicklung** des Wohlstandes, wie der Maschinenbau, ist eher unwahrscheinlich, denn die derzeitigen wirklichen Probleme sind nicht die fehlenden Güter, sondern liegen ganz woanders, zum Beispiel in der ungleichen Verteilung des Wohlstandes. Für die Behebung dieses drängenden Problems brauchen wir aber keine Rechner, sondern eine Wirtschaftsordnung, die nicht die Gier der Reichen bedient, sondern von einem globalen Gemeinwohldenken geprägt ist. Das hat jenseits aller Digitalisierung etwas mit Bewusstsein, Mitgefühl und Verantwortung zu tun.

Wenig im Bewusstsein und in den Folgen schwer abschätzbar ist ein anderer Aspekt der Digitalisierung. In der materiellen Welt sehen wir immer deutlicher, dass die künstlich geschaffenen Produkte die natürliche Welt immer mehr belasten und zerstören, Kunststoffe als Plastikmüll, Kunstdünger, der die Böden auslaugt, Pestizide, die das Grundwasser belasten, eine sehr lange Liste. Was im Kleinen kein Problem war, wird durch die Masse höchst zerstörerisch. Wird nun die Digitalisierung das Gleiche mit unserem Bewusstsein, mit der geistigen Welt und mit unseren zwischenmenschlichen Beziehungen machen?

Wir müllen uns schon lange mit Informationen zu, in immer größerem Tempo und Umfang, wir schaffen autonome Systeme, die eigenständig in die reale Welt eingreifen. Die jungen Generationen verbringen sehr viel Zeit, manchmal fast ihre ganze Zeit, in der virtuellen Welt, und verlieren den Bezug zur realen Welt mit bereits bekannten, fatalen physischen und psychischen Folgen. Die Digitalisierung erfordert von jedem Begrenzung auf das rechte Maß, wenn der mögliche Segen nicht zum Fluch werden soll.

»Ein Teil der Arbeit ernährt, und der andere formt: Die Hingabe an die Arbeit ist es, was uns formt«, schrieb Antoine de Saint-Exupéry. »Der Mensch wächst mit seinen Aufgaben« sagt ein analoges Sprichwort. Arbeit ist damit weit mehr als ein Beitrag zum Sozialprodukt, sondern ein Akt der **Selbstbestätigung und der Potenzialentfaltung**, der in einem sozialen Kontext vollzogen wird. Diesen gilt es aufrechtzuerhalten, auch wenn die soziale Distanz zunimmt. Menschen sind, besonders in ihrer beruflichen Einbindung, Potenzialgemeinschaften, die nur im Miteinander die in ihnen angelegten Fähigkeiten entfalten können, wenn diese Gemeinschaften ein wertschätzendes und förderndes Klima entwickeln.

Analog zur reinen Zahlen-Kommunikation zwischen Rechnern laufen wir Gefahr, auch die menschliche **Kommunikation auf Fakten und Daten zu reduzieren**. Das **eigentlich Zwischenmenschliche**, nämlich Gefühle, Befindlichkeiten, Humor, Empathie gehen immer mehr verloren, wenn wir dafür nicht bewusst neue Kanäle schaffen, beziehungsweise die vorhandenen gut nutzen. Veränderung von Gewohntem ist per se Stress, aber unvermeidbar und in richtigem Maße auch ein Katalysator für Entwicklung. Der Blick auf die Optimierung der Abläufe braucht jedoch ergänzend und zwingend den **Blick auf die menschliche Seite** der Veränderungen.

Wie entsteht eine gute **Beziehungskultur**, die die zwischenmenschlichen Verluste durch die Digitalisierung kompensiert?

Im Grunde müssen wir nur das, was längst für ein **gutes Miteinander von Menschen** bekannt ist, wie es auch in diesem Buch beschrieben ist, konsequent anwenden. Das wird nur immer dringender und offensichtlicher, wenn die **Herrschaft seelenloser Maschinen** nicht das Menschliche zerstören soll. Es genügt nun nicht mehr, dass sich Einzelne gelegentlich um menschliche Belange kümmern. Es bedarf einer **Institutionalisierung** mit geeigneten Systemen und Strukturen, um in den Unternehmen **durchgehend eine gute Beziehungskultur** zu erschaffen.

Der **Begriff Kultur**, aus dem Lateinischen »bebauen, pflegen,« im weiteren Sinn auch »veredeln, verehren«, ist uns aus Biologie und Landwirtschaft bekannt, aber auch aus den Bereichen von Kunst und Tradition. Bei Wikipedia wird definiert: »Kultur bezeichnet im weitesten Sinne alles, was der Mensch selbstgestaltend hervorbringt«. Wie können nun gute zwischenmenschliche Beziehungen dauerhaft und selbstgestaltend als Kultur etabliert werden?

Innerhalb der sich weiter ausbreitenden **Video-Calls** ist ein konsequent **wertschätzender Umgang** miteinander und ein **Raum für Persönliches** äußerst wertvoll. Menschen wollen sich mitteilen, manchmal sich etwas von der Seele reden. In kleinen Teams, die sich regelmäßig treffen, kann es hilfreich sein, mit einer **persönlichen Rückmelderunde** zu beginnen.

ÜBUNG

Regelmäßige Treffen

Beginnen Sie die regelmäßigen Treffen in festen Gruppen mit einer Gesprächsrunde, bei der jeder zu Wort kommt. Jeder hat die Chance, gleich zu Beginn etwas für ihn Wesentliches einzubringen. Gute Fragen für diese Runde sind:

- Was hast du seit unserem letzten Treffen Schönes erlebt?
- Was gibt es Neues, Interessantes bei dir?
- Was ist dir für heute wichtig?

Der Fokus liegt auf Erfolgen und auf schönen Erlebnissen und erzeugt eine positive Stimmung.

Von einem verletzenden und kränkenden Umgang miteinander, wie er leider noch vielfach vorkommt, berichten Mitarbeiter immer wieder. Die Süddeutsche Zeitung schreibt: »Da werde in Besprechungen mit den Augen gerollt und unterbrochen, während jemand spricht. Zynische Kommentare seien normal« (SZ, 31.10.2020, S. 26) Mit dem Wiederentdecken der großen **Bedeutung des Zwischenmenschlichen** entsteht die Chance, solchen Umgang aufzudecken und abzustellen. Wenn **Beziehungskultur zur Chefsache** gemacht wird, dann können Fehlentwicklungen benannt und beendet werden.

Ich kenne **Respektlosigkeit** aller Art, vor allem in Besprechungen, zum Beispiel dass jemand am Rechner E-Mails bearbeitet oder am Handy scrollt und tippt, während ein Kollege etwas vorträgt, oder auch, dass Kollegen einfach abgekanzelt werden. Das kränkt, das heißt: Es macht krank. Krankenkassen wissen, dass psychische Erkrankungen derzeit die Hauptursache für Fehltage im Unternehmen sind. Die »Täter« sind sich aber ihrer Wirkung nicht bewusst, da ihnen das niemand zurückspiegelt. Wenn wir uns nur noch selten persönlich sehen und dann Menschen mit **Angst vor dieser Art von Verletzungen** in den realen Begegnungen sitzen, wird das Klima noch schneller als bisher in den Keller rutschen. Online-Meetings werden dann genutzt, um abzutauchen und sich mit innerer Kündigung zu trösten. Für alle Beteiligten ist das kein guter Weg. Die **Entwicklung einer guten Beziehungskultur** mit einem ehrlichen Austausch über das Erleben in den Beziehungen, mit dem Praktizieren eines wertschätzenden Umgangs miteinander, ist die einzig mögliche Lösung.

Präsenztermine, die persönlichen Begegnungen, brauchen, wenn sie selten werden, **Struktur, Regelmäßigkeit und Rituale**. Entscheidend dabei ist, dass diese nicht als Gelegenheit zur Selbstdarstellung von Einzelnen genutzt werden, sondern dass Partizipation, das Einbinden und Mitgestalten durch gute Moderation und Gestaltung ermöglicht werden. Die **Erlebensmomente**, wie die Freude sich wiederzusehen, oder der Stolz gemeinsam etwas vorangebracht zu haben, sind die **Seelennahrung**, die der Verarmung in den Bildschirm-Besprechungen entgegenwirkt.

In seinem Modell der **Neuen Autorität** hat Prof. Haim Omer (Universität Tel Aviv) **Wesentliches für ein konstruktives Miteinander** zusammengetragen: Ein erfolgreicher Entwicklungsprozess erfordert die **persönliche Präsenz**, die physisch und psychisch verstanden wird, und die **»wachsame Sorge«**, ein ständiges Beobachten von Beziehungssignalen, was im Video-Call nur begrenzt möglich ist. Eine **wertschätzende Grundhaltung** gegenüber jeder einzelnen Person gilt als die wichtigste Ressource (www.neueautoritaet.at).

Eine **Beziehungskultur** wird nicht gemacht, sie entwickelt sich durch Ideen und **gemeinsame Gestaltung** des Miteinanders. Entscheidend ist eine vertrauensvolle Atmosphäre ohne Vorurteile, in der nährende und harmonische Beziehungen möglich sind. Wenn Aufmerksamkeit und damit Energie in das **Projekt Beziehungskultur** fließen und die Menschen eingeladen werden, diese mit zu entwickeln und sich einzubringen, entsteht die Lebendigkeit, die jede Kultur kennzeichnet. Dazu zwei Beispiele:

In einigen Unternehmen gibt es **»Dankeskarten«**. Am Ende eines Meetings oder regelmäßig im Laufe einer Woche schreiben Mitarbeiter auf ein vorgedrucktes Kärtchen »Von ... An ... Danke für ...«. Das wird dann persönlich überreicht oder in der Gruppe vorgelesen. In den Gesichtern der Empfänger ist die **Freude für das Lob** deutlich sichtbar und als direkte Folge entsteht eine herzliche Verbindung zwischen diesen Menschen. Die **Dankbarkeit** ist im Miteinander von Menschen von zentraler Bedeutung und ist auf diese oder ähnliche Weise Bestandteil jeder guten Beziehungskultur.

In einer **»Zukunftskonferenz«** mit 70 Mitarbeitern eines Verlages ging die Frage an alle: »Was kann ich zur Entwicklung des Unternehmens beitragen?« Eine Karte dazu, von einer Frau, lautete: »Ich werde für **schönen Blumenschmuck** in unserem Eingangsbereich sorgen, wenn ich dafür ein Budget von 50 Euro monatlich bekomme«. Allen wurde klar, was das mit Mitarbeitern und Kunden machen wird, wenn in der Eingangshalle statt einiger Stechpalmen wie bisher, die in Hydrokulturen vor sich hin darben, etwas Frisches, Einladendes die Menschen begrüßt.

Eine **Kultur gibt Orientierung,** weil sie erlebbar macht, was die Identität des Unternehmens ausmacht. **Beziehungskultur** ist dabei der Umgang miteinander, der Regeln braucht und Werte, die in konkretes Verhalten einfließen. Der alte Fehler liegt in den altbekannten Sätzen: »Die anderen müssten ...«, oder: »Erst wenn...«. Als positive Alternative dazu definiert die Stiftung Beziehungskultur (www.hans-joachim-maaz-stiftung.de): »Beziehungskultur beginnt wesentlich mit dem Eingeständnis und der Suche nach den eigenen Schwächen, Fehlern, Behinderungen und Begrenzungen«. Der Blick auf die eigene Unvollkommenheit macht toleranter gegenüber den Defiziten bei anderen und lenkt den Blick auf das eigene wie fremde Entwicklungspotenzial.

Wenn sich Menschen als eine **Potenzialgemeinschaft** verstehen, ob im Verein, im Unternehmen oder als Familie, kann Entwicklung stattfinden, eine Entwicklung des Menschen und zugleich der Gemeinschaft. Wesentliches Merkmal einer Potenzialgemeinschaft ist, dass die anderen **nicht als Objekte** gesehen werden für Bewertungen, Maßnahmen, quasi als Menschen, mit denen man etwas macht, **sondern als Subjekte**, die genau wie ich selbst von Gefühlen, Sehnsüchten und Ängsten geleitet werden. Jeder ist wertvoll und wird in seiner Einzigartigkeit gesehen und anerkannt. Der andere darf und soll eigene Ideen entwickeln und einbringen und seine Talente und Begabungen entfalten. Dafür ist eine **Kultur der Begegnung** erforderlich mit Einladung, Inspiration und Ermutigung.

Ein wesentliches Element einer guten Beziehungskultur ist die **Qualität persönlicher Gespräche**. Viele gute Gesprächstechniken, wie sie unter anderem die Psychotherapie entwickelt hat, kommen auch in Unternehmen bei gut geschulten Führungskräften zum Einsatz. Große Verbreitung hat die 1980 von Marshall Rosenberg entwickelte **»gewaltfreie Kommunikation«** auch in Deutschland erfahren. Eine Technik, bei der Menschen lernen, zwischen Sachverhalt/Geschehen und dem eigenen Erleben/Interpretieren zu unterscheiden. Das bedarf einiger Übung, um zum Beispiel zwischen Beobachten und Beurteilen zu unterscheiden, oder um zu lernen, Kritisches so zu formulieren, dass es nicht als Angriff aufgefasst wird und dann Abwehr, statt Entwicklung auslöst. Diese Technik hat inzwischen eine lange Erfolgsgeschichte.

Eine weitere Idee für Führungsgespräche ist eine in der Familientherapie zigtausendfach bewährte Gesprächsform, das »Zwiegespräch«, das von Michael Moeller und seiner Frau Celia entwickelt wurde. Im Internet gibt es viele Tipps und genaue Anleitungen dazu. Das Wesentliche dabei ist, dass jeder gleich viel Gesprächszeit hat, bei der jeweils nur einer, ohne unterbrochen zu werden, redet und der andere nur zuhört. Der Redner spricht von sich selbst, von seinem Erleben, seinen Bildern, von seinen Erfahrungen und Ansichten. In Unternehmen kann das Fragen beinhalten über das Betriebsklima, Projekte und ähnliches.

Zwiegespräch in Unternehmen

ÜBUNG

Das Gespräch wird ohne Störungen zu zweit geführt. Es sollte ein geeigneter Ort, evtl. ein Spaziergang sein.

Die Dauer und die Anzahl der Sequenzen, zwei bis drei, werden vereinbart. Die Reihenfolge, wer spricht zuerst, wird festgelegt. Meist ist es vorteilhaft, wenn der Mitarbeiter zuerst spricht.

Die Dauer jeder Redesequenz ist idealerweise 15, mindestens jedoch 10 Minuten. Das heißt bei 15 Minuten je Beitrag und 3 Runden ergibt sich eine Gesamtgesprächsdauer von 1,5 Stunden.

Der Sprechende spricht über sich, er wird nicht unterbrochen, ggf. können Verständnisfragen gestellt werden.

Ratschläge, Vorwürfe, Interpretationen, Allgemeinheiten gehören nicht in ein Zwiegespräch.

Der Zuhörer hört nur zu, vermeidet auch Mimik oder Kopfschütteln und ähnliches.

Schweige-Pausen sind erlaubt und erwünscht. Sie ermöglichen innere Vorgänge wahrzunehmen.

Am Ende gibt es keine Kommentare, auch kein Nachgespräch.

Gut ist es, diese Art von Gesprächen regelmäßig zu führen.

Für jede Runde gibt es eine Frage oder ein Thema, zu dem beide nacheinander etwas sagen. Es geht dabei immer um das eigene Erleben.

Fragen können sein:

- Was bewegt Sie im Moment am stärksten?
- Wie erleben Sie unsere Zusammenarbeit?
- Wie erleben Sie mich?
- Was ist für Sie wesentlich für ... den guten Fortgang des Projektes?
- Wo sehen Sie Ihre wichtigsten Aufgaben?
- Wie möchten Sie sich weiterentwickeln?

AG Die Beziehungskultur im Kloster wird wesentlich von der Regel Benedikts beeinflusst. Da ist ganz entscheidend der Gedanke, dass wir in jedem Bruder und in jeder Schwester Christus sehen sollen. Das heißt, dass wir trotz aller Fehler, die wir am anderen wahrnehmen, an den guten Kern in ihm glauben. Dieser Glaube schafft eine Beziehungskultur, in der wir dem anderen mit Ehrfurcht und Respekt begegnen. Wir wollen den anderen nicht analysieren, nicht in ihn eindringen. Es gehört auch dazu, ihn erst einmal so sein zu lassen. Und es gehört dazu, dass wir alle Vorurteile, die unbewusst immer in uns auftauchen, loslassen. Nur dann sind wir offen für den anderen, nur dann trauen wir ihm zu, dass er in seiner Art einmalig ist. Wir interessieren uns für ihn und wir glauben, dass er mit seiner Eigenart eine Bereicherung ist für die Gemeinschaft.

Insofern ist unsere Beziehungskultur durchaus vom Glauben geprägt. Aber der Glaube an Gott, an den gemeinsamen Grund, auf dem wir stehen, muss sich immer auch ausdrücken im Glauben an den Menschen. Der Glaube hilft uns noch in anderer Hinsicht. Wir überfordern ja oft eine Gemeinschaft, eine Firma, eine Familie mit unseren Erwartungen. Wir wollen absolutes Verständnis, ein gutes Miteinander, eine ständige gute Atmosphäre. Doch in jeder Gemeinschaft, in jeder Firma gibt es auch Enttäuschung. Die Enttäuschung sollte uns nicht bitter machen, sondern uns zeigen, dass unser letztes Ziel nicht das Sich-wohl-Fühlen in einer Gemeinschaft ist, sondern letztlich Gott. So können wir trotz der Enttäuschungen durch die Gemeinschaft es miteinander aushalten, weil wir wissen, dass wir auf ein größeres Ziel hin unterwegs sind, auf den Gott, von dem Jesus sagt: »Er lässt seine Sonne aufgehen über Bösen und Guten, und er lässt regnen über Gerechte und Ungerechte« (Matthäusevangelium 5,45). Diesen Gott, der seine Güte allen Menschen anbietet, sollen wir nachahmen.

TEXT ZUR VERTIEFUNG

Über gute Kommunikation gemeinsam an Aufgaben arbeiten

AG Führen kann zur Last werden. Ein Blick auf Mose – einen der großen Führenden des Alten Testaments kann da wörtlich verstanden »ent-lasten«. Mose lernt (zunächst) in der Erfahrung seiner eigenen Ohnmacht behutsam zu leiten und (später im Text) Verantwortung auf mehrere Schultern zu verteilen. Gerade eine Kommunikation, die alle Ebenen des Kommunikationsvorgangs im Blick hat und ernst nimmt ist bereits ein erster Schritt, sich gegenseitig zu motivieren und damit gemeinsam an den Aufgaben des Unternehmens zu tragen:

Mose ist der typische Führer. Er führt sein Volk aus der Gefangenschaft Ägyptens in die Freiheit des Gelobten Landes. Mose ist der, der andere Menschen zu führen versteht. Doch das Volk ist auch ein Bild für Anteile seiner eigenen Seele. Mose ist der, der sich selbst zu führen vermag. Die Bibel beschreibt uns den Weg, wie Mose es lernt, sich selbst und das Volk zu leiten. (...)

Als Mose die Schafe und Ziegen seines Schwiegervaters weidet, »erschien ihm der Engel des Herrn in einer Flamme, die aus einem Dornbusch emporschlug« (Exodus 3,2). Aus dem brennenden Dornbusch spricht ihn Gott an: »Ich habe das Elend meines Volkes in Ägypten gesehen ... Ich sende dich zum Pharao. Führe mein Volk, die Israeliten, aus Ägypten heraus!« (Exodus 3,7.10). Mose wehrt sich. Er fragt erst nach dem Namen Gottes. Da offenbart sich Gott als Jahwe, als »Ich bin der Ich-bin-da« (Exodus 3,14). Dann kommen die Selbstzweifel. Wie soll er das Volk überzeugen? Jahwe zeigt ihm Zauberkunststücke, mit denen er das Volk überzeugen könne. Doch zuletzt verweist Mose auf sein mangelndes Redetalent. Gott wird zornig über Mose. Und er befiehlt ihm, seinen Bruder Aaron als sein Sprachrohr zu nehmen.

Mose ist nicht der geborene Führer, der aus einem großen Selbstbewusstsein heraus eine Führungsaufgabe übernimmt. Er muss erst seiner eigenen Ohnmacht und Unbrauchbarkeit begegnen, die er im Bild des Dornbusches erkennt. Mose zweifelt daran, dass die Menschen auf ihn hören. Und er leidet daran, dass seine Zunge schwerfällig ist. Gott muss ihn zu seiner Aufgabe drängen. Gott sendet ihn zu seinem Volk. Und er lässt sich von den Selbstzweifeln des Mose nicht davon abhalten, gerade ihn zur Führungsaufgabe zu bestellen. Viele Männer, die in Firmen eine führende Position inne haben, meinen, sie wären die geborenen Führer. Doch solche Männer gehen in ihrer Führung oft über ihre Mitarbeiter hinweg. Wenn Männer wie Mose einmal ihrer eigenen Ohnmacht begegnet sind, dann führen sie behutsamer. Dann haben sie einen Blick für die Belange ihrer Mitarbeiter. Und dann erkennen sie eher, worauf es bei der Führung ankommt. (...)

Am Sinai bekommt Mose noch eine neue Aufgabe. Er wird für das Volk zum Gesetzgeber und zum Führer in die Erfahrung Gottes. Mose steigt allein auf den Berg und begegnet dort Gott. Er erzählt dem Volk, was Gott ihm gesagt hat. (...)

Weil Mose einer ist, der Gott erfahren hat und der durch seine Begegnung mit Gott innerlich verwandelt worden ist, nimmt ihm das Volk ab, was er sagt. Allerdings regt sich auch nach der tiefen Gotteserfahrung am Berg Sinai immer wieder Widerstand gegen Gott und gegen Mose. Das Volk verfällt in Selbstmitleid: »Wenn uns doch jemand Fleisch zu essen gäbe! Wir denken an die Fische, die wir in Ägypten umsonst zu essen bekamen, an die Gurken und Melonen, an den Lauch, an die Zwiebeln und an den Knoblauch. Doch jetzt vertrocknet uns die Kehle, nichts bekommen wir zu sehen als immer nur Manna« (Numeri 11,4–6). Mose beklagt sich bei Gott: »Warum habe ich nicht deine Gnade gefunden, dass du mir die Last mit diesem ganzen Volk auferlegst? ... Ich kann dieses Volk nicht allein tragen, es ist mir zu schwer« (Numeri 11,11.14). Männer in Führungspositionen verstehen diese Klage. Es geht ihnen manchmal wie Mose. Sie erfahren ihre Aufgabe als Last. Die Mitarbeiter scheinen nicht zu verstehen, was sie ihnen vermitteln möchten. Dem Mose befiehlt Gott, er solle siebzig Männer nehmen. Ihnen wird Gott etwas von dem Geist geben, der auf Mose ruht, so dass dieser nicht mehr allein die Verantwortung tragen muss. Manche Männer zerbrechen lieber unter ihrer Last, als dass sie die Last auf mehrere Schultern verteilen und gemeinsam die Probleme lösen.

Aus: Anselm Grün, Kämpfen und lieben. Wie Männer zu sich selbst finden, Münsterschwarzach 2003, S. 61–67.

Führen mit Zielen | 3

Alle sollen in allem der Regel
als Lehrmeisterin folgen,
und niemand darf leichtfertig
von ihrer Weisung
abweichen.

Regel Benedikts 3,7

Ich bin der Weg
und die Wahrheit
und das Leben.

Johannesevangelium 14,6

FA Wer keine Ziele hat, ist ein Spielball von Zufall und fremden Interessen. Erfolgserlebnisse bleiben aus, denn alles, was erreicht wird, ist letztlich Zufall, über den man sich zwar freuen kann, der aber nicht »erkämpft« und »errungen« ist. Für wertvolle Ziele lohnt es sich zu arbeiten, sie haben eine zentrale Bedeutung für Zufriedenheit und Wohlbefinden. Ziele richten die Kräfte – insbesondere auch das Unterbewusstsein – aus und geben Richtung und Kraft.

Sich selbst führen beginnt damit, sich selbst Ziele zu setzen. In dem Maße wie ein Vorgesetzter selbst Erfahrung auf diesem Weg zum Ziel sammelt, kann er diese auch weitergeben. Die Mitarbeiter werden spüren, dass ihr Vorgesetzter das, was er fordert, selbst lebt und damit eine Art Vorbild ist.

Man kann sich aber auch zum Sklaven seiner Ziele machen. Wenn der Blick nur noch auf Ziele und zukünftige Ergebnisse gerichtet ist, und die Gegenwart nicht mehr gesehen wird, dann geht das Wesentliche, nämlich das Leben selbst, verloren. Ziele sind wie Wegweiser, sie zeigen die Richtung, gehen aber selbst nicht den Weg. Gerade deshalb ist es wichtig, mit Blick auf das Ziel, den Weg hier und jetzt zu gehen.

3.1 | Praxis der Zielbeschreibung

FA Für die Zielsetzung und Zielformulierung müssen nachfolgende Kriterien erfüllt sein, damit Ziele motivierend sind:

- **Konkret:** Allgemeine Formulierungen – wie zum Beispiel »Ich möchte mehr für meine Gesundheit tun« oder »Ich will ein guter Chef werden« – werden keine Aktivitäten auslösen. »Konkret« meint konkretes Tun, das benannt werden muss – zum Beispiel »Ich werde jede Woche dreimal eine halbe Stunde schwimmen« oder »Ich stelle in jedem Gespräch mindestens drei Fragen«.
- **Messbar:** Ein wichtiges Kriterium für eine gute Zielformulierung ist die Messbarkeit. Geschieht dies nicht, kann niemand feststellen, ob das Ziel erreicht worden ist, und es stellt sich kein Erfolgserlebnis ein.
- **Positiv formuliert:** Das, was erreicht werden soll – nicht das Negative, das vermieden werden soll –, ist der Inhalt der Zielbeschreibung. Ein attraktives Bild der erwünschten Situation oder des erwünschten Verhaltens steuert das Unterbewusstsein und trägt damit positiv zur Verwirklichung bei.
- **Anspruchsvoll:** Das Ziel sollte eine echte Herausforderung sein, es soll stolz machen, wenn man es erreicht hat. Das Ziel soll wertvoll und wichtig sein, es soll etwas darstellen, wofür es sich lohnt, sich anzustrengen.
- **Realistisch:** Die Chance, das Ziel zu erreichen, muss gegeben sein. Sie muss nicht unbedingt hoch sein. Manchmal muss man auch etwas Anspruchsvolles oder »Unmögliches« probieren, wenn das Ziel lohnend ist.
- **Schriftlich:** Wer täglich seine Liste mit – den wenigen wichtigen – Zielen nachliest, wird regelmäßig davon inspiriert. Das schriftliche Formulieren führt in der Regel auch zu präzisen Formulierungen und beugt dem Vergessen vor.
- **Beginn innerhalb von 48 Stunden:** Die Energie, etwas zu beginnen, ist mit Anfangsbegeisterung am größten. Das sollte genutzt werden. Gleichzeitig macht der rasche Beginn bescheiden: Lieber weniges konsequent anstreben, als viele Ideen produzieren, die im Stadium des Wunsches stecken bleiben.

- **Durchhalten für 28 Tage:** Nach 28 Tagen bildet sich eine Gewohnheit, so dass ein gewisser Automatismus entsteht. Die notwendige Überwindung, etwas zu tun, die Willenskraft, die erforderlich ist, wird innerhalb dieser vier Wochen immer kleiner. Sie wird damit frei und kann dann für neue Ziele zur Verfügung stehen. Nach 28 Tagen kann man auch Bilanz ziehen: Hat es sich gelohnt? Was habe ich erreicht? – Innerhalb von 28 Tagen wird sich eine Freude am Tun und am Erfolg einstellen. Psychologen nennen das »intrinsische Belohnung«: Im Tun selbst liegt die Befriedigung. Auch wenn es im ersten Moment schwer ist und einer Überwindung bedarf, macht die Anstrengung auch letztendlich Spaß. Wenn sich umgekehrt diese Freude nicht einstellt, kann das Tun allein über Wille und Disziplin kaum aufrecht erhalten werden.

Ein guter Katalog von lohnenden Zielen sollte kurz sein – vier bis zehn Ziele umfassen – und sowohl Ergebnisziele, als auch Verhaltensziele enthalten. Ergebnisziele legen fest, was ich bis wann erreicht haben will. Verhaltensziele definieren, was ich tun, üben oder beachten will.

3.2 ı Wunsch, Absicht, Ziel, Vision

FA Nach aktuellen Untersuchungen setzen sich nur drei Prozent der Menschen in unserem Kulturkreis bewusst und kontinuierlich klare schriftliche Ziele. Für alle anderen Menschen haben »Ziele« – falls sie überhaupt über diese nachdenken – nur die Qualität einer Absicht: Sie möchten etwas erreichen, weil es ihnen gerade zweckmäßig erscheint. Solche Absichten haben wenig Energie und meist verdecken sie nur ein dahinter stehendes Ziel. Dies lässt sich aufdecken, wenn Sie sich bei jeder Absicht fragen: »Was will ich damit im Letzten erreichen?«

Andere lassen sich von Wünschen und Träumen leiten. Wünsche haben durchaus ihren Sinn, bei ihrer Erfüllung sind wir jedoch von anderen abhängig. Als Kinder haben wir unsere Wunschliste an das Christkind aufs Fensterbrett gelegt und manche Menschen sind über dieses Stadium nicht hinausgekommen. Sie formulieren das heute nur anders: »Wenn ich das und das bekomme, dann ...« Oder: »Erst müssen die anderen, anschließend werde ich ...« Wünsche sind jedoch eine sichere Quelle für Enttäuschungen, denn die Welt ist nicht so, wie wir sie gerne hätten.

Visionen sind Ziele, die über die eigene Person hinausweisen. Visionen sind Bilder von einer Zukunft, die Menschen leiten und zu außergewöhnlichen Leistungen befähigen. Alle sehr erfolgreichen Menschen wurden und werden von Visionen geleitet. Visionen erzeugen ein Gefühl von Bestimmung und tiefster innerer Überzeugung. Sie sind eine Quelle der Energie, sie setzen immer wieder neue Kräfte frei.

Visionäre Menschen treten als Fanatiker und als Idealisten auf. Auch Selbstmordattentäter und Politiker, die mit Bomben für das Gute kämpfen, haben eine Vision. Der Fanatiker richtet jedoch sein Tun gegen etwas, das er für Böse oder für Unrecht hält. Der Idealist engagiert sich für etwas, das den Betroffenen, in der Regel den sozial Schwachen, hilft. Das Gebot der Nächstenliebe und das Gleichnis vom barmherzigen Samariter (Lukasevangelium 10,29–37) zeigen klar den christlichen Anspruch. Den Fanatikern empfiehlt Jesus: »Ich aber sage euch: Leistet dem, der euch etwas Böses antut, keinen Widerstand, sondern wenn dich einer auf die rechte Wange schlägt, dann halt ihm auch die andere hin« (Matthäusevangelium 5,39).

Der Weg zu Visionen führt über ein bewusstes Leben mit präzise formulierten Zielsetzungen:

ÜBUNG

Sich selbst Ziele setzen

- Legen Sie – auf dem Computer oder im Terminkalender – eine Liste mit Ihren wichtigen Zielen an.
- Widmen Sie jeden Tag mindestens ein paar Minuten dem Durchlesen und dem Nachdenken über Ihre Ziele.
- Legen Sie jeden Tag fest, was Sie heute konkret für die Umsetzung der Ziele tun wollen. Gehen Sie dabei den Weg der kleinen Schritte – auch eine lange Reise besteht aus vielen kleinen Schritten.
- Seien Sie realistisch und bescheiden. Ziele sollen zu Erfolgen führen.
- Überarbeiten Sie von Zeit zu Zeit die Liste Ihrer Ziele.
- Akzeptieren Sie Unsicherheit und Angst, die immer entstehen, wenn Sie etwas verändern.
- Beobachten Sie Ihre Reaktionen und Gefühle bei Erfolg wie bei Misserfolg.

Es ist unvermeidbar, dass Sie bei einem solchen Weg zu bestimmten Zielen in kleinere und größere seelische Krisen geraten. Jede Krise ist aber ein entscheidender Hinweis auf Veränderungsprozesse und damit immer auch eine Chance. Die Chinesen haben für Krise ein zusammengesetztes Schriftzeichen: Gefahr und Chance.

Wenn Sie Ihre bisherige Einstellung zu Zielen überprüfen wollen, dann kann Ihnen nachfolgender Test helfen.

Selbsttest zu meinen Zielen

ÜBUNG

Bitte kreuzen Sie das jeweils Zutreffende an.

Die Aussage trifft zu:	voll	überwiegend	teilweise	wenig	gar nicht
1. Es ist bequem ohne Ziele vor sich hinzuarbeiten.	O	O	O	O	O
2. Ich lasse die Verantwortung lieber bei anderen.	O	O	O	O	O
3. Ich habe Schuldgefühle, wenn ich etwas nicht erreiche.	O	O	O	O	O
4. Mir fehlt es an Selbstvertrauen.	O	O	O	O	O
5. Ich habe nicht genug Zeit, um mich mit meinen Zielen auseinanderzusetzen.	O	O	O	O	O
6. Ich habe nie über die Bedeutung von Zielen nachgedacht.	O	O	O	O	O
7. Es fällt mir schwer, mich festzulegen.	O	O	O	O	O
8. Ich habe Angst vor Misserfolg und Kritik.	O	O	O	O	O
9. Ich habe die Verantwortung für mein Leben noch nicht voll übernommen.	O	O	O	O	O
10. In meiner Position bekommt man die Ziele vorgegeben.	O	O	O	O	O

Markieren Sie, welche Ihrer Antworten auf die oben genannten Fragen Sie am meisten stören und treffen Sie jetzt die Entscheidung das zu ändern.

Schreiben Sie Ihren Vorsatz auf und das, was Sie tun wollen, um das Ziel zu erreichen.

3.3 ı Vom Opfer zum Gestalter

FA Ziele und das Hinarbeiten auf Ziele verändern unser Erleben. Wir gestalten dadurch bewusst unser Leben selbst und reduzieren so die Gefahr, uns als Opfer zu fühlen. Wir alle spielen gerne Opfer, viel öfter als wir das selbst bemerken – äußeres Zeichen ist: Jammern!

Als Opfer sind wir »unschuldig«, die anderen sind die Bösen und wir selbst brauchen und können gar nichts tun. Wir meinen dann, der Chef, der Mitarbeiter, der Staat, der Kunde, die Konjunktur ... müssten sich verändern. Im konkreten Augenblick ist das Gefühl der »Unschuld« etwas Angenehmes und Leichtes. Doch schon nach kurzer Zeit kommen die Unlustgefühle als Ärger über »die anderen« zurück.

Mit dieser Einstellung und Opferhaltung behindern wir uns selbst. Wer sich als Opfer fühlt, ist handlungsunfähig. Wir müssen den Schritt auf die andere Seite wagen: vom Opfer zum Täter, vom Unterlasser zum Unternehmer. Das geht in jeder Position, ist jedoch mit Risiken behaftet. Wenn wir handeln, werden wir Fehler machen und neben Erfolgen auch Misserfolge erleben. Wir stoßen nicht nur auf Begeisterung, sondern auch auf Widerstand. Wir setzen uns der Kritik durch andere aus.

Wir müssen als »Täter« unsere »Komfortzone« immer wieder verlassen, den Bereich, in dem wir uns sicher fühlen, uns auskennen und der bequem ist. Genau das ist die psychologische Voraussetzung für Zufriedenheit und Glücksgefühle, wie die »Glücksforscher« Mihaly Csikszentmihalyi, Ed Diener und andere nachhaltig belegen. Erst wenn wir uns anstrengen und Risiken eingehen, erleben wir mit dem Erfolg auch das Glücksgefühl. Von daher eine simple, aber wirkungsvolle Strategie: Handeln statt Jammern!

Eine gute Fehlerkultur und ein angstfreies Betriebsklima begünstigen den unternehmerischen Mut der Mitarbeiter. Misserfolge sind die natürliche Begleiterscheinung von Erfolgen, wir sollten sie genauso willkommen heißen wie die Erfolge.

Selbstbeobachtung meiner »Jammerstrategien«

ÜBUNG

Setzen Sie sich als Tages-oder Wochenziel die konsequente Beobachtung der eigenen Jammerstrategien:

- Wo verfalle ich in Selbstmitleid?
- Wann schimpfe ich über die Unfähigkeiten der anderen?
- Wie gut gehe ich bei Fehlern und Misserfolgen mit mir selbst um?
- Wie lange lasse ich mich von Misserfolgen im Handeln blockieren?
- Suche ich die Fehler gerne bei anderen? – Meiden Sie Menschen, die ständig jammern!

Jammern erzeugt ein negatives Klima und schwächt auch den Zuhörer. Suchen Sie besser die Nähe von »Unternehmern« und Optimisten. Ein positives Klima steckt an und gibt Ihnen Energie und Zuversicht.

TEXT ZUR VERTIEFUNG

Entscheidungen treffen

AG Der Weg vom »Opfer« zum »Gestalter« – vom der Entwicklung Ausgelieferten zum selbst Handelnden – hat mit Entscheidungen zu tun. Diese sind einerseits grundsätzlich – beim Planen der großen Ziele –, andererseits aber auch im Alltagsgeschäft immer wieder notwendig. Entscheidungen zu treffen bedeutet immer auch, das Risiko einer unter Umständen »falschen« Planung zu tragen. Bei der wichtigen Frage, wie sinnvoll entschieden werden kann, will der folgende Text helfen:

Jeder, der andere führt, hat immer wieder Entscheidungen zu treffen. Er muss zwischen verschiedenen Möglichkeiten entscheiden. Und oft weiß er nicht, welcher Weg jetzt der richtige ist. Man kann es ja nicht vorhersehen, wie die Rahmenbedingungen in zehn Jahren sein werden. Wer sich bei der Einstellung für einen Mitarbeiter entscheidet, ist gezwungen, die Mitbewerber abzulehnen. Und letzte Sicherheit gibt es nie, ob man sich für den fähigsten Mitarbeiter entschieden hat.

Ein Unternehmer sieht sich oft vor Entscheidungen gestellt, ob er investieren oder den Betrieb verkleinern, ob er Leute einstellen oder entlassen soll. Er muss entscheiden, welche Produkte er schaffen und wie er auf die Situation des Marktes reagieren soll. Der Finanzchef muss entscheiden, wie er das Geld anlegt, ob er die Wechselkurse absichert, auf welche Währung und auf welche Aktien er setzt. Auch er hat keine Garantie, die richtige Entscheidung zu treffen.

Manche Menschen tun sich schwer mit solchen Entscheidungen. Sie haben Angst, eine falsche Entscheidung zu treffen. Sie können dann oft nicht abschalten, wenn sie zu Hause sind. Ihr Kopf ist ständig voll von Grübeleien, ob die Entscheidung wohl richtig war und welche Folgen sie zeitigen können. Wer diese innere Last mit sich herumschleppt, der ist unfähig zu einem wirklichen Gespräch und kann sich nicht auf das private Umfeld, seine Freunde, Partner, Familie, einlassen. Die eigenen Gedanken halten ihn vollkommen besetzt.

Es gibt keine Patentrezepte, wie man die richtigen Entscheidungen trifft, aber ich möchte doch ein paar Hilfen angeben, mit diesem Thema besser umzugehen: (...) Viele haben Angst davor, jemand könne ihre Entscheidung angreifen. Doch damit muss sich jeder aussöhnen. Sobald man Entscheidungen trifft, ist man angreifbar. Es gibt immer Menschen, die im nachhinein alles besser wissen. Wir müssen mit der Relativität unserer Entscheidungen leben. Und wir müssen damit leben, dass man uns kritisieren und Fehler nachweisen kann. Wer unter keinen Umständen Fehler machen will, der macht letztlich alles verkehrt. Denn er hat keinen Mut, etwas Neues zu wagen. Er kreist nur um seine eigene Sicherheit. Aber er ist nicht frei, Mitarbeiter in ein neues Land zu führen. Mit jeder Entscheidung begebe ich mich auf unsicheren Boden. Daher braucht es das Vertrauen, dass es gut ausgehen wird. Für mich ist dieses Vertrauen nicht nur eine menschliche Veranlagung. Sie Gründet letztlich in Gott. Ich vertraue auf Gott, dass er die Entscheidung segnet und den Weg, den sie eröffnet, mit seinem Segen begleitet.

Es gibt die Entscheidungen, die aus dem Bauch heraus getroffen werden. Dies sind oft schnelle Entscheidungen. Mitarbeiter lieben Vorgesetzte, die sich schnell und klar entscheiden können. Das fördert ihre Mitarbeit. Doch es gibt auch Entscheidungen, die einen langsamen Prozess verlangen. Als wir im Kloster bei einem Führungskurs über die Entscheidungsstrukturen in der Mönchsgemeinschaft diskutierten, erzählte der Abt, dass er nie Kampfabstimmungen zulasse. Wenn er merkt, dass sehr viele Stimmen gegen das Projekt sind, dann verschiebt er die Entscheidung. Er lässt die strittigen Fragen in kleinen Gruppen diskutieren. Zwei Wochen später kann man dann oft mit größerer Gelassenheit die Entscheidung treffen. Eine Kampfabstimmung kennt immer Verlierer und wenn deren Frustration zu groß ist, dann weckt das Aggressionen, die sich als Sabotage für das Projekt erweisen können. Für die Firmenvertreter war das ganz neu. Sie meinten, sie müssten ihre Entscheidungen meistens unter Druck treffen. Aber genau das führt oft zu teuren Rückrufaktionen. Und letztlich kostet das dann viel Geld.

Eigentlich geht es immer um das rechte Maß. Perfektionisten können ihre Mitarbeiter oft zur Weißglut bringen, weil sie sich nicht entscheiden können. Auch durch aufgeschobene Entscheidungen verliert man viel Geld. Umgekehrt sind zu schnelle Entscheidungen auch nicht immer hilfreich, vor allem dann, wenn sie ständig revidiert werden. Es braucht ein gesundes Maß, um zu sehen, wobei man schnell aus dem Bauch heraus entscheiden und wobei man sich mehr Zeit lassen sollte. Manchmal hilft es, über eine Entscheidung nochmals zu schlafen. Träume antworten manchmal auf die Frage nach der richtigen Entscheidung. Manche Menschen haben so deutliche Träume, dass sie am nächsten Morgen genau wissen, wie sie sich entscheiden sollen. Andere erinnern sich zwar nicht mehr an ihre Träume, sehen aber am Morgen doch klarer und haben auf einmal den Mut, sich zu entscheiden.

Wer sich für etwas entscheidet, entscheidet sich zugleich gegen etwas oder gegen jemanden. Das fällt vielen schwer. Aber auch hier gilt: Wir können es nicht allen recht machen. Wir können nicht alles zu gleicher Zeit tun und nicht jeden berücksichtigen. Mit einer Entscheidung öffne ich eine Tür, schließe aber eine andere. Es hat dann keinen Zweck, die Entscheidung nachher ständig in Frage zu stellen, gleichsam immer zurückzuschauen und zu überlegen, ob der Raum hinter der geschlossenen Tür doch nicht besser wäre. Solche Überlegungen verbieten sich. Ständig im Nachhinein zu grübeln, was man hätte anders oder besser sagen beziehungsweise entscheiden können, ist Energieverschwendung. Man hat sich schließlich nach bestem Wissen und Gewissen entschieden. Was aus der Entscheidung wird, liegt nicht mehr in der eigenen Hand. Wenn sie sich als falsch erweist, dann steht man im Feuer der Kritik. Aber vielleicht ist gerade das für das eigene Image gar nicht so schlecht. Es ist nicht gut, wenn man immer nur als erfolgreich gilt. Immer wieder einmal durch Unzulänglichkeiten die eigene Menschlichkeit und Durchschnittlichkeit zu erkennen tut einem selbst und den anderen gut. Jeder kann genauso Fehler machen wie die anderen.

Ebenfalls sollte man es vermeiden, nach einer Entscheidung nachzukarten. Vielmehr sollte alle Energie in die Richtung der Entscheidung gelenkt werden. Wenn dann wirklich starker Widerstand aufkommt, kann man immer noch anders entscheiden. Solcher Widerstand kann einen herausfordern, die Entscheidungen um so konsequenter durchzusetzen, oder aber zu einer Revision drängen.

Es gibt Entscheidungen, die nur für kurze Zeit richtig sind. Dann müssen sie modifiziert werden. Das gehört dazu und ist völlig normal. Wer Verantwortung trägt, vergibt sich nichts, wenn er sich später anders entscheidet. Doch darf die Entscheidung nicht umgestoßen werden, nur weil jemand auf einmal eine negative Stimmung verbreitet und andere Mitarbeiter in diesen Sog mit hineinzieht. Es braucht immer auch die Klarheit der Entscheidung, damit die Arbeit fließen kann.

Aus: Anselm Grün, Leben und Beruf. *Eine spirituelle Herausforderung* (Edition Anselm Grün, Band 2), Münsterschwarzach, 2. Aufl. 2019, S. 73–78.

Akzeptanz und Gefolgschaft | 4

Der Abt hasse die Fehler,
er liebe die Brüder.

Regel Benedikts 64,11

Wer mein Jünger sein will,
der verleugne sich selbst,
nehme sein Kreuz auf sich
und folge mir nach.

Markusevangelium 9,34

FA Führungserfolg hängt entscheidend davon ab, welche Akzeptanz der Führende hat. Ausstrahlung und Persönlichkeitseigenschaften wie Intelligenz, Durchsetzungsvermögen, Glaubwürdigkeit, Zielstrebigkeit sind gute Voraussetzungen, um Gefolgschaft zu erzielen, sie sind aber im Einzelnen ersetzbar. Die Versuche, die Eigenschaften einer idealen Führungskraft zu beschreiben, sind zahllos und für jede einzelne Eigenschaft lassen sich Beispiele nennen, bei denen Erfolg mit der Ausprägung der jeweiligen Eigenschaft zusammenhängt. Es lassen sich auch genauso viele Beispiele anführen, bei denen Führungskräfte erfolgreich sind, obwohl ihnen bestimmte Fähigkeiten fehlen.

Viel wesentlicher für Führungserfolg als das »Haben« von Fähigkeiten oder Eigenschaften ist die Bereitschaft, ständig zu lernen und die eigene Persönlichkeit weiter zu entwickeln. Zeugnisse und Diplome suggerieren, dass wir etwas erreicht haben, am Ziel sind. Beim Führen von Menschen sind wir niemals am Ziel, sondern nur auf dem Weg, wir lernen ständig dazu – und oft erst aus den Fehlern, die wir machen.

Führen setzt Lernbereitschaft voraus und damit das Eingeständnis, dass wir unvollkommen sind. Die Tugend der Demut ist eine gute Begleiterin auf diesem Weg. Narzisstische Selbstgefälligkeit lädt ein, sich hinter Erfolgen und Fähigkeiten zu verstecken und blockiert damit die notwendige Lernbereitschaft. Unsere Egozentrik, das ängstliche Kreisen um uns selbst, blockiert die Öffnung für den anderen. Dieses falsche Lernen möchte unser »Ego« – unser kleines Ich – vergrößern. Dieses Ich zu relativieren ist das Ziel aller spirituellen Schulungen. Wenn wir entdecken, dass wir viel mehr sind als dieses Ich, dann verliert es seine Macht über uns.

Von dem Eindruck, den eine Führungskraft auf andere macht, hängt es ab, ob Menschen bereit sind, zu folgen, Ideen anzunehmen oder Erwartungen zu erfüllen. Menschen haben ein Gespür dafür, ob es jemandem um sich selbst geht – um das eigene Ego, die eigene Karriere, den eigenen Ruhm – oder ob die Führungskraft an den Menschen und der Sache interessiert ist.

Gefolgschaft ergibt sich in der Praxis aus vielerlei Motiven: Menschen folgen gerne dem Mächtigen, weil sie sich von ihm Schutz und Sicherheit versprechen. Reichtum zieht Menschen an, die hoffen, am Reichtum selbst zu partizipieren. Alle diese egoistischen Motive tragen nur begrenzt Früchte. Eine Gefolgschaft, die vorrangig auf die eigenen materiellen oder sozialen Vorteile gerichtet ist, führt zu keinem echten

Engagement und auch nicht zur Identifizierung mit der Aufgabe und dem Unternehmen. Sie endet, wenn der erwartete Nutzen nicht mehr gegeben ist, oder reduziert sich auf jenes Maß an Leistung, das erforderlich ist um die Kündigung zu verhindern.

Viele Probleme des Führungsalltags – wie Konflikte, Widerstände oder Rivalitäten – sind reduziert oder werden als Lernchance erlebt, wenn der Vorgesetzte in seiner Führungsrolle von den Geführten akzeptiert wird. Im Wesentlichen schöpft eine solche Akzeptanz aus den Bereichen:

- Wissen
- Können
- Soziale Kompetenz
- Glaubwürdigkeit und Zuverlässigkeit
- Persönlichkeit und Authentizität

Die Erfahrung von Führungserfolg hat aber auch Gefahrenseiten. Starke und erfolgreiche Persönlichkeiten werden schnell unkritisch gegenüber sich selbst. Wenn alles leicht geht und Akzeptanz zur ständigen Erfahrung wird, dann werden oft Kritik oder Probleme übersehen. Auch die Geführten sind dann gefährdet, sich unkritisch zu unterwerfen und die eigene Verantwortung an den Vorgesetzten abzugeben.

Diese Problematik ist besonders häufig bei spirituellen Lehrern und ihren Schülern zu beobachten. Das ursprünglich wertfreie indische Wort »Guru« für einen Meister hat inzwischen im Westen einen negativen Beigeschmack. In unserem Kulturkreis gibt es eine Tendenz, Menschen in exponierten Positionen zu idealisieren oder sich einem »Guru« zu unterwerfen. Der »Führerkult« in der deutschen Geschichte ist sicherlich ein Extrembeispiel, zeigt jedoch deutlich die Mechanismen und die Gefahren.

AG Jesus hat die Menschen zur Selbstverleugnung aufgerufen: »Wer mein Jünger sein will, der verleugne sich selbst, nehme sein Kreuz auf sich und folge mir nach« (Markusevangelium 9,34). Dieses Wort Jesu wird oft missverstanden. Viele meinen, Selbstverleugnung sei Selbstverbiegung oder Selbstaufgabe. Doch es meint die innere Freiheit vom Ego. Das griechische Wort für »Selbstverleugnung« bedeutet eigentlich: Widerstand leisten gegen die Tendenzen des Ego, alles für sich zu vereinnahmen. Nein sagen zu dem, was das Ego immer möchte: sich durchsetzen, seine eigenen Bedürfnisse erfüllen, immer im Mittelpunkt stehen, alles für sich benutzen. Wenn ich zum Ego nein sage, dann komme ich zu meinem wahren Selbst.

Carl Gustav Jung unterscheidet zwischen »Ich« und »Selbst«. Das Ich ist der bewusste Personkern, das Selbst ist jedoch die Mitte der Persönlichkeit. Im Selbst bin ich ganz bei mir, ganz authentisch, im Selbst bin ich auch offen für Gott. Dieses Selbst darf ich nicht verleugnen. Denn darin bin ich durchlässig für mein wahres Wesen und durchlässig für Gott. Doch das Ego müssen wir relativieren. Sonst mischt es sich in all unser Tun. Wenn die Führungskraft egozentrisch um sich kreist, wird sie von den Mitarbeitern nicht anerkannt. Im Gegenteil: Sie spotten beispielsweise über den Abteilungsleiter, der ständig Lob braucht oder in allem nur um sich kreist. Und die Mitarbeiter spüren, ob es dem Chef bei allem nur um sich – um sein Beliebtsein und um seinen Erfolg – geht oder ob ihm die Sache und vor allem auch die Menschen ein Anliegen sind. Die Freiheit vom Ego ist die Voraussetzung, um gut führen zu können.

4.1 ı Wissen

FA Wissen – insbesondere relevantes Fachwissen – ist eine gute Basis für Führung. Fachliche Kompetenz verleiht innere Sicherheit und bewirkt Anerkennung im sozialen Umfeld. Als Voraussetzung für Führung hat Wissen jedoch nicht mehr die zentrale Bedeutung wie noch vor fünfzig oder hundert Jahren. Wissen veraltet schnell und kann bei Bedarf organisiert werden. So gibt es Branchen, die zwischen Fachkarriere und Führungskarriere unterscheiden: Dort führen hochbezahlte Spezialisten keinen oder nur wenige Mitarbeiter, sind aber in der Einkommenshierarchie gleichgestellt mit Führungskräften, die für viele Mitarbeiter verantwortlich sind. Fachkompetenz ist Ausdruck von intellektueller Überlegenheit. Die Fähigkeit, Neues rasch zu erfassen und zu behalten löst Akzeptanz aus. Sie ist ein Indiz für geistige Wachheit und Klarheit.

Bedeutsamer für Führung ist Führungswissen, das oft verbunden ist mit Methodenkompetenz, dem Können. Deutlich wird das zum Beispiel beim Namensgedächtnis. Mitarbeiter zollen den Vorgesetzten großen Respekt, die auch in Betrieben mit 300 und mehr Mitarbeitern alle Namen kennen. Darin zeigt sich bereits auch eine hohe soziale Kompetenz. Das Namensgedächtnis kann trainiert werden, es ist reine Übungssache und immer Ausdruck des Interesses an den Menschen.

In der Informationsgesellschaft wird die wachsende Informationsflut immer mehr zum täglichen Problem. Neben der explosionsartigen Vermehrung unseres Wissens – inzwischen gehen Experten davon aus, dass sich das Wissen der Menschheit alle fünf Jahre verdoppelt – sind es die Medien, die zur Verbreitung von Wissen beitragen. Immer schneller und kostengünstiger gelangen die Informationen zu den Menschen, auch solche Informationen, die diese gar nicht wünschen oder verarbeiten können. Techniken zur Bewältigung der Informationsmenge, wie das rasche Erfassen des Wesentlichen, gewinnen an Bedeutung.

4.2 ı Können

FA »Können« meint im Kontext dieses Buches Methodenkompetenz von der Selbstorganisation bis zum Projektmanagement. Menschen, die sich und ihre Arbeit gut organisiert haben, erfahren Anerkennung durch ihre Umgebung. Sie machen weniger Fehler und sind insgesamt effizienter. Die wachsende Komplexität des Berufslebens macht gute Organisation immer bedeutsamer.

Jedoch ist nicht jede Organisationsform für jeden geeignet. Menschen unterscheiden sich ganz erheblich in der Fähigkeit, sich Zukunft denken und gewissenhaft planen zu können. Die Lösung für den »notorischen Chaoten« besteht dann eben darin, sich die fehlenden Kompetenzen zu organisieren – und nicht in dem relativ vergeblichen Versuch, Fähigkeiten zu entwickeln, die in seiner Persönlichkeit nicht angelegt sind.

Ein Beispiel: Beim Coaching beklagt sich ein Chefarzt darüber, dass er bei den Teambesprechungen immer wieder wichtige Punkte übersieht oder Unterlagen vergisst. So sehr er sich auch bemüht und versucht, Systeme zu entwickeln, er kommt immer wieder zum gleichen unbefriedigenden Ergebnis. Die wirklich einfache Lösung in diesem Fall war, die Begrenztheit in diesem Sektor zu akzeptieren und die Vorbereitung der Teamsitzungen zu delegieren. Der Chefarzt hatte eine Sekretärin, die genau an dieser Stelle ihre Stärken hatte und nun ganz glücklich war, ihre Fähigkeiten entsprechend einsetzen zu können. Alle Informationen für die regelmäßigen Teambesprechungen liefen bei ihr zusammen und sie gab ihrem Chef nur die Liste der Tagungspunkte und die entsprechenden Unterlagen unmittelbar vor der Sitzung in die Hand.

Auch Menschen, die keine Sekretärin zur Verfügung haben, können ihre Defizite auf kollegialer Basis ausgleichen. Wenn sie sich ihre Schwächen eingestehen, können sie Arbeitsabläufe oft so organisieren, dass andere ihre Defizite kompensieren. So kann beispielsweise jemand, der chronisch zu spät kommt, andere bitten, ihn rechtzeitig an wichtige Termine zu erinnern. Teams können auf diese Weise hohe Synergieeffekte erzielen. Auch elektronische Organisationshilfen können vieles ausgleichen.

PRAXISTIPP

Organisation

Planen Sie jede Woche eine halbe Stunde für »Organisation« ein.

Oft wird »Organisation« nur aus Aufräumen, Wegräumen und Wegwerfen bestehen. Die Entsorgung von »Gerümpel« wird Ihre Lebensqualität deutlich verbessern. Unaufgeräumte Ecken, die Stapel im Regal ziehen Staub und Schmutz an und binden auch psychische Energie. Ordnung ist kein Luxus. Jeder Mensch fühlt sich in einer geordneten, sauberen Umgebung wohl.

Nehmen Sie sich in dieser halben Organisations-Stunde auch ein paar Minuten Zeit, um über Ihre Arbeitsabläufe nachzudenken. Neue Wege zu gehen erfordert etwas Kreativität – oder man schaut sie bei anderen ab – und vor allem Energie, um die Komfortzone, das Gewohnte zu verlassen.

4.3 | Soziale Kompetenz

FA Das Engagement von Mitarbeitern hängt in erheblichem Maße davon ab, wie sehr sie sich beachtet und geachtet fühlen. Die berühmten »Hawthorne-Experimente« – die nach 1920 in Illinois, USA durchgeführt wurden – zeigen, wie sehr Zuwendung und Wertschätzung die Motivation und die Leistung von Menschen beeinflussen. Die von Forschern beobachteten Arbeitsgruppen bekamen das Gefühl, wichtig zu sein. Sie wurden gesehen und waren im wörtlichen Sinn »angesehene Leute«. Dies löste eine ständige, für die Forscher zunächst unerklärliche Leistungssteigerung aus. Egal was man an den objektiven Arbeitsbedingungen änderte – Beleuchtung, Raumausstattung, Sitzkomfort unter anderem –, die beobachteten Mitarbeiter bemühten sich unaufhörlich um bessere Leistung. Erst allmählich erkannte man, dass die Leistungssteigerungen nicht von den äußeren Bedingungen abhingen, sondern von der Aufmerksamkeit, die man den Arbeitern aufgrund des Experiments entgegenbrachte.

Zuwendung und Wertschätzung sind die besten und billigsten Motivationsmittel. Wenn Vorgesetzte ihren Mitarbeitern vermitteln, dass sie wichtig sind und wenn sie deren Leistung sehen und würdigen, dann bringen sich diese Menschen auch gerne ein. Zu dieser motivationsfördernden Wirkung der Wertschätzung gibt es nur wenige Ausnahmen: Sie greift etwa dann nicht, wenn Menschen durch starke negative Erfahrungen nicht mehr glauben, dass sie selbst an ihrer Situation etwas verändern können, oder wenn Menschen ihr Selbstwertgefühl nur aus destruktivem Verhalten ableiten können.

Eine Schulungsmethode für soziale Kompetenz hat den Weg aus den USA auch nach Deutschland gefunden »Corporate Volunteering«. Angehende Manager werden für mehrere Monate in soziale Projekte – oft in Entwicklungsländern – geschickt. Sie betreuen Straßenkinder in Indien oder unterstützen ein Landminenprojekt in Eritrea. Einige Unternehmen ermuntern und unterstützen Mitarbeiter, die sich ehrenamtlich engagieren. Inzwischen gibt es auch in Deutschland Vermittlungsagenturen für solche Projekte (siehe Anhang).

Die Unternehmen haben entdeckt, dass Gemeinschaftserlebnisse – vor allem unter extremen Umständen – die Teamfähigkeit ihrer Mitarbeiter erhöhen. Erfahrungen in derartigen Projekten gehen über Outdoor-Übungen, wie Abseilen an einer Felswand, weit hinaus. Teilnehmer an solchen Programmen erleben, wie befriedigend es sein kann, sich für andere zu engagieren und etwas zutiefst Sinnvolles zu tun. Sie müssen sich in einer unbekannten Welt orientieren und schulen ihren Blick für größere Zusammenhänge. Angehende Manager erleben – oft zum ersten Mal in ihrem Leben – hautnah Armut. Eine solche Prägung verändert das Bewusstsein, diese Menschen lernen hinzuschauen, wie es den anderen geht: Dieses Anteilnehmen am Mitmenschen und damit auch Wertschätzen des anderen ist eine wichtige Voraussetzung für Führung.

Im Alltag lässt sich soziale Kompetenz einüben über Hinschauen und Sehen: Wie wird die Arbeit gemacht?, sowie über die Rückmeldungen: Den Mitarbeitern sagen, dass ihre Leistung gesehen wird und wichtig ist.

Regelmäßige Rückmeldungen PRAXISTIPP

Geben Sie jedem Mitarbeiter, den Sie führen, mindestens drei Mal pro Woche eine positive Rückmeldung für etwas, das er gut gemacht hat.

Sagen Sie jedem Mitarbeiter so zeitnah wie möglich, wie die Arbeit richtig zu machen ist, wenn die Arbeit nicht Ihren Erwartungen entspricht.

Beides, Bestätigungs- und Korrektur-Rückmeldungen, im richtigen Wechsel motivieren die Mitarbeiter. Jede qualifizierte Rückmeldung – auch die Kritik – gibt dem Mitarbeiter das Gefühl, gesehen zu werden und wichtig zu sein.

Ein wesentlicher Teil sozialer Kompetenz ist der Umgang mit Gefühlen. Erst wenn wir gelernt haben, die eigenen Gefühle wahrzunehmen und mit ihnen umzugehen, können wir die Gefühle anderer erkennen und uns auf sie einlassen. Gefühle – kaum das Wissen – bestimmen das Verhalten von Menschen. Begeisterung, Freude, aber auch Traurigkeit, Wut, alles, was uns selbst in der Seele bewegt, bewegt auch den anderen. Der Volksmund spricht davon, dass »der Funke überspringt«. Dies soll auch beim Führen geschehen.

4.4 ı Glaubwürdigkeit und Zuverlässigkeit

FA Ein Sprichwort sagt: »Wer einmal lügt, dem glaubt man nicht, auch wenn er dann die Wahrheit spricht«. Oft geht es im Leben nicht um echte Lügen – also um Falschaussagen –, sondern einfach um Beschönigung, Verharmlosung, Nicht-Information oder um einen fahrlässigen Umgang mit der Wahrheit.

Dieses Verhalten kann das für effektive Führung unerlässliche Kapital »Glaubwürdigkeit« schnell verspielen, danach ist es nur schwer wieder aufzubauen. Achtsame Kommunikation hat deshalb eine Schlüsselfunktion. Für sie können folgende Prinzipien hilfreich sein:

- Niemals über Abwesende schlecht reden, oder:
- Über Abwesende nur wertschätzend sprechen.

Mitarbeiter nehmen an, dass über sie, wenn sie abwesend sind, genauso negativ oder positiv gesprochen wird, wie sie das bei ihrem Vorgesetzten oder auch bei Kollegen erleben. Oft lässt sich beobachten, dass Menschen, die gerne über Abwesende »lästern«, in Anwesenheit der Betroffenen ganz anders reden. Dieses Verhalten ist ein sicherer Weg, Glaubwürdigkeit zu verspielen.

Der Mut, Kritik direkt auszusprechen, macht Menschen glaubwürdig. Der vermeintliche Nachteil, sich im Moment unbeliebt zu machen, wird sehr schnell und vielfach ausgeglichen. Kritik direkt aussprechende Menschen erscheinen zuverlässig. Die anderen wissen, dass Probleme und Unstimmigkeiten sofort mitgeteilt werden und sie nicht befürchten müssen, dass unerwartete Dinge plötzlich auf sie zukommen. Es schafft ein gutes Betriebsklima, wenn Kritik zeitnah und direkt ausgesprochen wird. Dabei meint die Kritik immer nur das Verhalten, das nicht in Ordnung ist, und nicht den Menschen.

Benedikt weist in seiner Regel den Abt an, wie er mit Fehlern umgehen soll: Er hasse die Fehler und liebe die Brüder (vgl. Regel Benedikts 64,11). Treffender lässt sich der Umgang mit Fehlern nicht beschreiben. Menschen, die sich als Mensch geachtet fühlen, können Hinweise auf Fehlverhalten auch gut annehmen.

Die Glaubwürdigkeit wächst in dem Maße, wie Vorgesetzte eigene Fehler auch eingestehen und ihre eigene Unzulänglichkeit nicht vertuschen. Gleichzeitig macht das Eingestehen der eigenen Defizite toleranter gegenüber den Schwächen der Mitarbeiter.

PRAXISTIPP

Zur Steigerung der eigenen Glaubwürdigkeit

Als Vorgesetzter sollten Sie jeden Tag großzügig von nachfolgenden Sätzen Gebrauch machen, selbst wenn die Sache nicht ganz klar oder anders darstellbar ist:

- »Das war mein Fehler«.
- »Das weiß ich nicht«.
- »Ich brauche Ihre Hilfe«.

Halten Sie sich an die Regeln:

- Fehler der Mitarbeiter sind Fehler des Chefs (er hat irgend etwas falsch gemacht).
- Fehler des Chefs sind Fehler des Chefs (es gibt da nichts zu beschönigen).
- Erfolge der Mitarbeiter gehören den Mitarbeitern.
- Erfolge des Chefs sind gemeinsame Erfolge.

Menschen, auf die man sich verlassen kann, sind ein Segen. Sie bringen Sicherheit und Ruhe auch in schwierige Prozesse. Kein Mensch möchte unzuverlässig erscheinen – und trotzdem scheint es schwierig, Zuverlässigkeit zu erreichen. Ehrgeizige Menschen, aber auch unerfahrene junge Menschen tendieren dazu, sich selbst zu überschätzen und scheitern in der Zuverlässigkeit, weil sie sich zu viel vorgenommen haben.

Die Lösung kann in der Bescheidenheit liegen. Weniger Zusagen, der Hinweis auf Zeitprobleme oder fehlende Erfahrung sind einfache und gute Wege zu mehr Zuverlässigkeit. Manchmal ist der Mut gefordert, einfach »Nein« zu sagen, oder die eigene Unsicherheit mitzuteilen.

4.5 | Persönlichkeit und Authentizität

FA »Erkenne dich selbst!« Diese berühmte Inschrift auf dem Apollotempel in Delphi ist ein Lernauftrag für das ganze Leben. Die moderne Psychologie setzt diese Selbsterkenntnis voraus, wenn sie fordert: »Werde, der du bist!« Um diese beiden Aspekte oder Aufträge – Selbsterkenntnis und Selbstwerdung – geht es, wenn wir uns zu einer starken Persönlichkeit entwickeln wollen. Das heißt wir sollten immer mehr das, was in uns angelegt ist, entwickeln.

Das biblische Gleichnis vom Wuchern mit den Talenten besagt Ähnliches: Wir müssen am Ende Rechenschaft ablegen, was wir aus unseren Begabungen gemacht haben. Die Knechte, die das Anvertraute vermehrt haben, werden gelobt. »Sehr gut, du bist ein tüchtiger und treuer Diener. Du bist im Kleinen ein treuer Verwalter gewesen, ich will dir eine große Aufgabe übertragen« (Matthäusevangelium 25,23). Und der, der seine Talente nicht entwickelt hat, wird schwer bestraft. »Werft den nichtsnutzigen Diener hinaus in die äußerste Finsternis!« (Matthäusevangelium 25,30).

Starke Persönlichkeiten zeichnen sich vor allem dadurch aus, dass sie die in ihnen steckenden Potenziale entwickelt haben und immer weiter entwickeln. Sie lernen ständig dazu – auf allen Ebenen: Fachkompetenz, Methodenkompetenz und soziale Kompetenz. Vor allem bauen sie durch ethisches Verhalten Glaubwürdigkeit und Vertrauen auf. Führungspersönlichkeiten haben klare Ziele und eine gute Selbstdisziplin, sie lassen sich von Werten und Grundsätzen leiten.

Genau die gleichen Verhaltensmerkmale finden sich in den Listen jener Psychologen, die aus Tausenden von Persönlichkeitsprofilen und in vielen Verhaltensuntersuchungen herausgefunden haben, was Menschen glücklich macht: Zufriedenheit und Glück hängen nicht davon ab, was Menschen haben oder erreicht haben, sondern davon, wie sinnvoll sie ihr Tun erleben und wie sehr sie durch ihre eigene Anstrengung die Welt zum Guten verändern können.

Authentisch sind Menschen, die aufgehört haben, Rollen zu spielen und sich an den Erwartungen ihrer Umwelt zu orientieren, die sich immer mehr selbst erkennen und sich treu bleiben. Unser Gesicht sehen wir in einem Spiegel. Unser Wesen erkennen wir im Spiegel unserer Umwelt. Dieser »Umwelt-Spiegel« wird uns vorgehalten, wenn wir Kritik erfahren, wenn etwas anders verläuft als geplant, oder wenn negative Gefühle wie Ärger oder Enttäuschung auftauchen. Das Außen und die vermeintlich »Schuldigen« zeigen uns etwas von uns selbst. Wir haben in diesen Momenten die Wahl, ob wir in diesem Spiegel uns selbst sehen, oder ob wir lieber das »Böse« draußen bekämpfen. Letzteres ist viel bequemer und wird deswegen auch von den meisten Menschen bevorzugt. Jedoch die Chance, zu lernen und zu reifen, wird dann vertan.

Viele Märchen und Mythen beschreiben den Weg zu sich selbst als »Kampf mit dem Drachen«. Wenn wir ihn besiegt haben, werden wir fast so unverwundbar wie Siegfried oder wir bekommen den Schatz, den der Drache bewacht hat. Das Bild vom Kampf mit einem Wesen, das gefährlich ist und das uns Angst macht, symbolisiert den menschlichen Reifungsprozess, der von Krisen und Risiken geprägt ist. Der Drache ist in uns selbst. Wir können ausweichen, uns in Vertrautes und in unsere »Komfortzone« zurückziehen oder uns unseren Ängsten stellen. Letzteres ist in der Praxis oft schmerzhaft, es ist auch von Niederlagen oder Scheitern begleitet. Innerlich macht uns das jedoch reicher und stärker.

PRAXISTIPP

Für den Weg zur Persönlichkeit

- Lernen Sie, sich selbst anzunehmen mit allen Stärken und Schwächen,
- Fehlern und Fähigkeiten. Akzeptieren Sie mit ganzem Herzen Ihre eigene Unvollkommenheit.
- Ersetzen Sie den Anspruch, vollkommen zu sein, durch den Anspruch vollständig zu sein. Das schließt Ihre Fehler, Ihre Schattenseiten, Ihre »hässlichen« Seiten ein.
- Statt immer gut sein zu wollen, können Sie sich bemühen, täglich besser zu werden: Setzen Sie sich dazu konkrete, tägliche Ziele.
- Suchen Sie sich einen qualifizierten Begleiter, einen Freund, einen Coach, einen spirituellen Führer, der Sie ermutigt und Ihnen auch kritisch den Spiegel vorhält.
- Bleiben Sie bescheiden, vor allem sich selbst gegenüber. Setzen Sie sich kleine, erreichbare Ziele und seien Sie dabei konsequent und selbstkritisch.
- Nutzen Sie die alten Weisheitswege und die Erfahrungen, die darin enthalten sind.

4.6 ı Führen von jungen Leuten

FA Besonders ältere Führungskräfte erleben, dass die jungen Menschen anders sind. Sie stellen hohe Ansprüche und sind nur schwer zu führen. Die Klagen über »die Jugend von heute« lassen sich in der Geschichte 5000 Jahre zurückverfolgen.

- »Die Jugend achtet das Alter nicht mehr, zeigt bewusst ein ungepflegtes Aussehen, sinnt auf Umsturz, zeigt keine Lernbereitschaft und ist ablehnend gegen übernommene Werte« (ca. 3000 v. Chr., Tontafel der Sumerer).
- »Die Jugend von heute liebt den Luxus, hat schlechte Manieren und verachtet die Autorität. Sie widersprechen ihren Eltern, legen die Beine übereinander und tyrannisieren ihre Lehrer« (Sokrates, 470-399 v. Chr.).
- »... die Schüler achten Lehrer und Erzieher gering. Überhaupt, die Jüngeren stellen sich den Älteren gleich und treten gegen sie auf, in Wort und Tat« (Platon, 427-347 v. Chr.).

Diese Zitate und weitere derartige Beispiele finden sich unter https://bildungswissenschaftler.de/5000-jahre-kritik-an-jugendlichen-eine-sichere-konstante-in-der-gesellschaft-und-arbeitswelt/ (aufgerufen am 17.10.2020).

Wir sprechen heute von der **Generation X, Y und Z**, was bereits nahelegt, dass es einen differenzierten Wandel gibt. Alle zwanzig Jahre, und zunehmend in immer kürzeren Abständen, unterscheiden sich die Altersgruppen von den vorhergehenden signifikant.

Nach den »Babyboomern«, geboren vor 1964, vor der Erfindung »der Pille«, kam die **Generation X**, die bis 1980 Geborenen. Es waren die Wohlstandskinder, Individualisten, die im Arbeitsleben die Work-Life-Balance suchen, auch die Frage nach der Sinnhaftigkeit ihrer Arbeit stellen.

Die **Generation Y**, zwischen 1980 und 2000 geboren, sind in großer Freiheit und enormem Wohlstand groß geworden. Das Gefühl, dass Wohlstand, wie noch für die Nachkriegsgeneration, nur mit harter Arbeit erreicht wird, ist ihnen unbekannt. Sie wollen **vorrangig jetzt gut leben**.

Die **Generation Z**, 1995 bis 2010 geboren, auch »Smartphone-Natives« genannt, besitzen oft bereits im Kindesalter ein eigenes Smartphone, was höchste Priorität hat. Kontakte laufen **intensiv über Social-Media-Kanäle**. Bereits mit drei Jahren beherrschen viele Kleinkinder Grundfunktionen dieser Geräte. Die Diskussionen »Machen Smartphones Kinder dumm?« laufen auf vollen Touren.

Danach spricht man von der Generation Alpha, geboren nach 2010, den Kindern der Generationen X und Y.

Interessant ist an dieser Stelle die **Haltung der Erbauer der digitalen Welt** im Silicon Valley. Als Eltern begrenzen sie streng die Technologienutzung ihrer Kinder. **Steve Jobs**, der verstorbene Erfinder des Smartphones, sagte der »New York Times«, er erlaube seinen Kindern nicht, das neu erschienene iPad zu benutzen. **Bill Gates**, Begründer von Microsoft, erlaubte seinen Kindern bis zum Alter von 14 Jahren keine Mobiltelefone (aus: www.businessinsider.de/karriere/bewerbung/steve-jobs-bill-gates-kinder-erziehung-2017-10/; aufgerufen 27.10.2020). Ähnliches berichteten die FAZ, MacLife, tagblatt.ch und andere Medien.

Über die **Nutzung der neuen Medien von Kindern** ergaben Internetrecherchen Folgendes:

»Wenn junge Menschen bis zu zehn und mehr Stunden ›im Netz‹ sind, sich mit virtueller und digitalisierter Welt, statt mit der realen Welt auseinandersetzen, werden sie **die Fähigkeit zur Orientierung in dieser realen Welt und die Bewältigung der sozialen Prozesse verlernen beziehungsweise erst gar nicht erwerben**.

Koreanische Wissenschaftler haben 2007 den Begriff der **›digitalen Verblödung‹** eingeführt für die Beobachtung, dass sich junge Erwachsene immer weniger konzentrieren können, sich nichts mehr merken können, Probleme mit dem Lesen von Texten haben, müde, motivationslos und emotional abgestumpft sind. Diese Problematik wird mir zunehmend auch von Führungskräften in Deutschland geschildert, oft verbunden mit der Klage, dass diese Leute immense Ansprüche stellen, von sich selbst überzeugt, aber immer weniger belastbar und leistungsfähig sind.

Die Ursachen des Leistungsabfalls bei jungen Leuten sehen Schlafforscher und Psychologen in der **Nutzung von Smartphones am Abend**. ...« (Aus: A. Grün, F. Assländer: »Segen, die heilende Kraft«, J. Kamphausen, Bielefeld 2017. Der Abdruck erfolgt mit freundlicher Genehmigung).

Wie soll man diese Leute führen? Es gibt nicht »die junge Generation« und Pauschalurteile sind immer falsch. Es gibt aber Auffälligkeiten und Erkenntnisse, die den Umgang und auch die Führung dieser jungen Generationen erleichtern. Wenn wir auf die **Leistungsträger**, die Engagierten schauen, dann gibt es einen starken **Wunsch nach Weiterbildung**, etwas lernen wollen. Das zeigt sich zum Beispiel bei der Wahl eines Ausbildungsplatzes. Hier haben junge Menschen klare Vorstellungen, was sie an Lernmöglichkeiten und Unterstützung erwarten. Ich habe von einem jungen Mann gehört, als er einen Kontakt zu einem Top-Hotel in Tirol angeboten bekam, »meine Ausbildung als Koch mache ich in Deutschland, da ist die Ausbildung besser als in Österreich«.

Daneben gibt es eine große Gruppe der »Schwierigen«, der **Leistungsverweigerer und Leistungsschwachen**, Menschen, die sich oft nicht konzentrieren können. Die Klagen von Hochschullehrern wie von Führungskräften beziehen sich auf das mangelnde Leistungsniveau vieler junger Menschen. Sie hätten Schwierigkeiten mit Rechtschreibung und Grammatik, Probleme etwas klar zu artikulieren, und seien unfähig sich etwas merken zu können. Das sind große und teilweise unlösbare Herausforderungen für den Vorgesetzten und verweisen auf einen erschreckend großen **Bedarf an Therapie und heilpädagogischen Maßnahmen**. Kinder- und Jugendtherapeuten haben mit diesen Problemen zunehmend zu tun und sind völlig überlaufen.

Es ist seit vielen Jahren bekannt, dass sich bei Bewerbungen die Rollen verschoben haben. **Die Unternehmen sind in der Bewerberrolle**. Das rührt zum einen daher, dass die geburtenschwachen Jahrgänge ins Berufsleben eintreten, während die Babyboomergeneration in Rente geht. Viele Stellen können nicht mehr besetzt werden, weil es keine Bewerber gibt. Zum anderen haben die heutigen **Berufsanfänger klare Vorstellungen** von den Arbeitsbedingungen. Die Frage: »Was haben Sie zu bieten?« meint nicht das höchste Gehalt, sondern konkret Rahmenbedingungen wie Betriebsklima, gelebte Werte, Führungsstil, Weiterbildungsmöglichkeiten, auch Hilfe bei der Wohnungssuche und persönliche Unterstützung. Vom Gehalt wird erwartet, dass es sich im Rahmen des Üblichen bewegt. Ihre Vorstellungen tragen junge Leute mit großer Selbstverständlichkeit und großem Selbstbewusstsein vor.

Menschen mit einem **guten Hochschulabschluss** zum Beispiel als Informatiker oder Ingenieur haben **freie Berufswahl** weltweit. Das Selbstbewusstsein und die Erfahrung, ich werde gesucht, führen leicht in die Überheblichkeit und dann zu überzogenen Erwartungen. Personalchefs erleben eine **Mischung aus Unsicher-**

heit und Arroganz. Die Haltung ist oft, »wir sind die gesuchten Jungen und wollen jetzt interessante Aufgaben« - für die sie meist noch nicht qualifiziert sind.

Junge Menschen machen **klare Ansagen**. Sie wollen keine Überstunden machen, oder äußern den Wunsch nach einer 70 oder 80 Prozent-Stelle mit der Begründung, dass Ihnen **Freizeit oder Familie wichtig** sind. Sie erklären aber auch, dass sie etwas leisten und nicht die Zeit absitzen wollen. Schwierig wird es, wenn Ärzte bei der Bewerbung in einem Krankenhaus fordern, dass sie weder Nachtschicht noch Wochenenddienste machen wollen. Der Inhaber einer großen Klinik erzählte mir, auf eine ausgeschriebene Arztstelle war unter zehn Bewerbungen nicht eine einzige »normale Bewerbung«. Alle Bewerber stellten hohe Ansprüche mit teils abstrusen Bedingungen, wie: »Vor 10 Uhr kann ich nicht anfangen«.

Beim Wettbewerb um gute Leute gewinnen Unternehmen, wenn sie **flexible Arbeitszeitmodelle** entwickeln und den **ethischen Ansprüchen** genügen können. Der Inhaber eines Hightech-Unternehmens in einem unattraktiven kleinen Städtchen konnte seinen rasch wachsenden Bedarf an Fachkräften gut decken. Er erklärte mir, er mache für jeden Bewerber ein individuelles Arbeitszeitmodell. Der Inhaber eines Ingenieurbüros berichtete, dass er immer wieder Spontanbewerbungen habe. Er fragt die Bewerber, warum sie ihre jetzige gute Stelle aufgeben wollen. Die Antwort ist, wir haben von ihren Mitarbeitern erfahren, wie es bei Ihnen so zugeht und so etwas suchen wir. **Ein gutes Betriebsklima, eine gelebte Beziehungskultur und ein zeitgemäßer Führungsstil ziehen junge Leute an**.

Viele der jungen Menschen sind leistungsorientiert und wollen in kurzer Zeit etwas aufbauen. Das zeigen auch viele **Startups**, die ehrgeizige Pläne haben. Daneben hat Familie und Freizeit einen hohen Stellenwert. Niemand will sich kaputtschuften, die **Work-Life-Balance ist hoch angesehen**. Im Studium agieren die jungen Leute **pragmatisch**, erkundigen sich danach, was für die Klausur relevant sei, und mehr lernen sie nicht. Die alte Formel, »wir lernen nicht für die Schule, wir lernen für das Leben«, hat ausgedient. Junge Menschen folgen dann eher ihren eigenen Interessen und nicht dem, was andere vorgeben.

Bemerkenswert in den neuen Generationen ist deren **Vorstellung**, dass sie **nicht für ein Unternehmen**, sondern **mit einem Unternehmen arbeiten**. Das ist eine Art Partnerschaft, bei der, wie in jeder Partnerschaft, Geben und Nehmen in der Balance sein müssen, sonst geht diese Beziehung zu Ende. Die Bringschuld der Unternehmen ist in dieser Denk-Welt der Jungen **Partizipation, Dialog, Mentoring, of-**

fener Austausch, Räume für Ideen und Initiativen. Im doppelten Wortsinn wollen die Jungen **mit dem Unternehmen zusammen-wachsen**. Ein guter Weg für Führungskräfte ist eine ehrliche Lernbereitschaft mit der wechselseitigen Frage: **Was können Sie mir beibringen?**

Das Gemeinschaftserleben, auch eine Cokreativität hat sich in **»Communities«** verlagert. In den verschiedenen **Social-Media-Diensten** trifft man sich mit Gleichgesinnten, in verschiedenen Gruppen, denen man angehört. Per Mausklick haben alle auch immer den gleichen Informationsstand, oft mit banalen Inhalten. Es ist aber ein **Kontakt- und Zugehörigkeitserleben unabhängig vom Ort**, und gibt auch die Möglichkeit, sich sporadisch zu verabreden. Sich **schnell, kostenlos, mit Gleichdenkenden im virtuellen Raum** zu treffen, sind die Merkmale der Communities. Von daher verliert das klassische Team an Bedeutung, nicht aber die persönliche Begegnung mit den damit verbundenen Erlebensqualitäten.

Ältere Führungskräfte erleben das Selbstbewusstsein der Jungen als Herausforderung. Diese Generation **will sich niemandem unterwerfen** und sagt sehr direkt und angstfrei ihre Meinung. Eine **Autoritätsgläubigkeit gegenüber »Höhergestellten« ist ihnen fremd**, während Kompetenz und Wissen hoch angesehen sind. Erstaunlich ist der Mut und die Klarheit, mit der diese Generation oft schon im Teenageralter auftritt, auch in der Öffentlichkeit. Für Ältere ist es auch schwer nachvollziehbar, wie sich die Jungen vielseitig über Social Media informieren und vernetzen.

Der Umgang von Jung und Alt miteinander, »green to grey«, ist eine Herausforderung für beide Seiten. Die **Klagen über den fehlenden Respekt** und den Umgangston weisen auf die Problematik hin, sind aber keine Lösung. Hilfreich ist hier die Stärke der Jungen, sie wollen **offen reden und suchen Orientierung**. Wenn sich die Älteren hinterfragen lassen, auf Besserwisserei verzichten, wird das für beide Seiten fruchtbar. Daneben stehen bei den Jungen große **Bedürfnisse nach Anerkennung und der Wunsch, auch in sozialen Fähigkeiten zu lernen**. Wenn das respektvoll, nicht von oben herab erfolgt, dann wird die Vorstellung der Jungen von einer Partnerschaft bedient.

In einer **Kurzformel** kann man von den Generationen **Y und Z** sagen: **Sie wollen ernst genommen werden, auf Augenhöhe mitreden, an Prozessen und Entscheidungen beteiligt, und in ihren Werten geachtet und respektiert werden. Junge Menschen wollen etwas bewegen und sie handeln oft mit großem Mut**

und großer Weitsicht. Das schlägt sich auch nieder im großen ideellen Engagement vieler junger Leute, oft schon in sehr jungen Jahren. Die Motivation von Startups ist selten das große Geld oder der Ruhm, sie wollen einfach mit ihren Ideen die Welt verbessern. Dieser Idealismus und ein globales Verantwortungsbewusstsein erreichen manchmal, vorher unvorstellbare, politische Dimensionen, die uns nachdenklich machen sollten. Zwei Beispiele:

Greta Thunberg füllt die Titelseiten renommierter Zeitungen. Mit 15 Jahren begann sie alleine am 20.8.2018 den Schulstreik mit dem Slogan **»Friday for Future«**. Im Dezember 2018 hält sie bereits eine aufsehenerregende Rede auf der **UN-Klima-Konferenz in Katowice**. Im Frühjahr 2019 wird die Zahl der **streikenden Schüler auf 1,8 Millionen** geschätzt und dehnt sich weltweit weiter aus. Der Auslöser ist ein handbeschriebener Karton und ein kleines Mädchen, das auf den Stufen des schwedischen Parlaments sitzt. Wie kann so eine, auf den ersten Blick völlig lächerliche, Aktion eine so schnelle und große Wirkung entfalten?

Haben diese Kinder etwas initiiert, das auch im **Bewusstsein der Älteren** etwas verändert? – Zur Europawahl schreibt der Tagesspiegel am 26.5.2019: »Und es sind keineswegs nur die Jüngeren, bei denen die Grünen punkten können: Die Partei liegt sogar bei allen Wählern unter 60 Jahren mit 25 Prozent deutlich vor der Union, die in dieser Gruppe nur 22 Prozent erzielt«. – Wird das Wissen über die Umweltzerstörung, das seit über 30 Jahren wissenschaftlich bestens untermauert ist, durch die Aktivitäten von Kindern nun zum handlungsrelevanten Bewusstsein in der Politik, nur weil jemand einfach handelt?

Felix Finkbeiner gründete 2007 im Alter von neun Jahren die Initiative »Plant for the Planet«. Er will 10 Millionen Bäume pflanzen (lassen) und kann Prominente von seiner Idee überzeugen. Nach 3 Jahren wird in Deutschland der millionste Baum gepflanzt. Mit 13 Jahren spricht er vor den Vereinten Nationen in New York. Am 9. März 2018 unterzeichnen Prominente und viele Organisationen eine Deklaration, in der sie als Ziel das Pflanzen von 1 Billion (1000 Milliarden) Bäumen festschreiben. Stand heute (2020) sind bereits 13,6 Milliarden Bäume gepflanzt (www.plant-for-the-planet.org/de/informieren/idee-ziel/).

Gibt es eine Machtverschiebung, in der **kreative** und zugleich auf **das Wohl des Ganzen gerichtete Ideen** sofort in eine große Bewegung münden? Wird das Ende einer Gesellschaft eingeläutet, in der die Führer **als vorrangige Ziele Gewinn und Macht anstreben, ohne Rücksicht auf die langfristigen Folgen**? Dieses alte egozentrische Denken, »mein Gewinn, mein Erfolg, mein, mein ...«, entspricht der **Intelligenz einer Krebszelle**, die sich rücksichtslos vermehrt nach dem Motto: Hauptsache, mir geht es gut. Und anderen Zellen gibt sie den Tipp, es doch genauso zu machen – so entstehen dann Metastasen, **die dann noch schneller zum Tod des ganzen Organismus führen**. Sind wir mit unserer Gier der Krebs der »Mutter Erde«? Die jungen Menschen klagen an: Ihr Älteren zerstört unsere Lebensgrundlagen. Dabei wissen das die Älteren schon lange, aber sie handeln nicht wirksam. Mit diesem Wissen und dieser Haltung geht die junge Generation auch in die Betriebe.

Offensichtlich ist die durchdachte und konsequent **gelebte Werteorientierung junger Menschen ein Schlüssel in der Führung**, wenn sie ernst genommen und bedient wird. Die Jungen suchen Unternehmen, die ihrer Wertewelt entsprechen und in die sie sich mit ihren Idealen einbringen können. Gespräche mit diesen Menschen sind nur als Dialog möglich, aber sehr ergiebig. **Erfolgreiche »Idealisten«** in dieser Altersgruppe geben bereits **als Berater** ihre Erfahrung und ihre Ideen weiter, wie beispielsweise das Terra Institute in Bozen. Das Unternehmen unterstützt und berät, **wie soziale und ökologische Verantwortung und persönliche Sinnstiftung in einer Unternehmenskultur verankert** werden können. Die Philosophie und viele gute Ideen werden offen zugänglich gemacht (www.terra-institute.eu/ueber-uns/).

Es scheint, dass diese jungen Generationen in hohem Maße in der Arbeit das einfordern, was **Viktor Frankl**, der Begründer der Logotherapie, als **»den menschlichen Willen zum Sinn«** bezeichnete. Für Gesundheit und für ein gelingendes Leben ist es erforderlich in seinem Leben etwas Sinn-volles zu schaffen, dem Dasein im Tun einen Sinn geben. Genau das zeichnet die Engagierten unter den Jungen aus.

AG Ich bin nun 76 Jahre alt und halte mich für einen offenen Menschen. Ich war jahrelang auch in der Jugendarbeit tätig und habe die damalige Jugend in den 80er- und 90er-Jahren sehr offen und engagiert erlebt. Aber trotz meiner Offenheit entdecke ich manchmal Vorurteile gegenüber jüngeren Mitbrüdern. Ich habe den Eindruck, dass sie sich manchmal unterfordern, statt sich herausfordern zu lassen. Allerdings mache ich mit den Mitbrüdern, die in letzter Zeit eintreten, andere Erfahrungen. Die erlebe ich wieder als leistungsstark. Sie sind selbstbewusst, haben ihre Vorstellungen. Und sie wollen etwas bewegen in der Welt

Ähnlich erlebe ich junge Menschen in den Führungskursen. Sie sind manchmal erst 25 Jahre und haben gerade begonnen, Führungsverantwortung zu übernehmen. Sie sind bereit zu lernen. Und sie haben Ideen, die Welt menschlicher zu gestalten.

Das Thema Nachhaltigkeit ist für sie wichtig, und das Thema der Werte. Natürlich brauchen sie das Gefühl, dass sie in der Firma etwas bewegen können.

Die jungen Menschen sind für uns Ältere eine Herausforderung. Wir müssen uns erstmal von der Vorstellung verabschieden, dass wir sie belehren sollen. Sie wollen keine Belehrung. Sie wollen erst einmal gehört werden. Und das verlangt von uns die Demut, uns ihre Vorstellungen anzuhören und sie ernst zu nehmen. Das heißt nicht, dass wir alle ihre Ideen übernehmen. Wenn wir gut zugehört haben, geht es darum, den jungen Menschen Fragen zu stellen. Wir sollen sie mit unseren Fragen nicht in die Enge treiben. Vielmehr sollen wir so fragen, dass die jungen Menschen selbst nachdenken und die Konsequenzen ihrer Vorstellungen klarer sehen. Unsere Fragen sollen unser Interesse an ihren Ideen ausdrücken. Erst wenn wir genügend gehört und gefragt haben, können wir eigene Erfahrungen einbringen.

Ein weiterer Punkt ist, dass wir versuchen, vorurteilsfrei mit den jungen Menschen umzugehen. Gerade wenn manche jungen Menschen Defizite haben, wenn sie schwierig sind, dann geht es darum, sie zu verstehen und sich zu fragen: Was kann ihnen helfen? Oft verstecken junge Menschen mit ihren klaren Forderungen auch eigene Defizite und Minderwertigkeitskomplexe. Daher liegt es an uns, an den guten Kern in ihnen zu glauben und ihnen etwas zuzutrauen. Bodo Janssen stellt sich mit seinen jungen Auszubildenden großen Herausforderungen, wie der Besteigung des Kilimandscharo oder einem zweiwöchigen Aufenthalt im Eis im Norden Finnlands. Er traut den jungen Menschen etwas zu. Und wenn sie dann ein Erfolgserlebnis haben, stärkt das ihr Selbstvertrauen. Und sie werden sich dann gern für die Firma einsetzen.

Benediktinisch führen heißt: Leben wecken in den Menschen. Das gilt gerade auch für den Umgang mit jungen Menschen. Es geht darum, das Kostbare in den jungen Menschen zu sehen, ihre Ehrlichkeit und Offenheit, ihren Idealismus, diese Welt menschlicher zu gestalten. Und es geht darum, in den jungen Menschen, die sich wenig zutrauen, ihre Stärken zu wecken, ihnen Lust zu vermitteln an der Leistung. Leistung ist ja nichts Negatives, wie es manchmal dargestellt wird. Eine gute Leistung fördert auch ein gutes Selbstwertgefühl. Und wir haben den Eindruck, wir können etwas bewegen in dieser Welt. Für mich persönlich habe ich den Anspruch, dass ich jeden jungen Menschen erst einmal verstehen möchte. Ich bin neugierig, wie er denkt und fühlt und wie er sich selbst sieht. Wenn junge Menschen sich ernst genommen fühlen, dann sind sie auch offen für ältere Menschen. Sie werden dann neugierig, wie die älteren Menschen das Leben sehen und verstehen.

Junge Menschen haben ein feines Gespür, ob das Klima und die Kultur in einer Firma stimmen. Daher drängen sie uns zur ehrlichen Gewissenserforschung: Entsprechen wir unseren eigenen Idealen? Sind wir für junge Menschen attraktiv? Haben sie bei uns den Eindruck, etwas bewirken und bewegen zu können in der Welt? Spüren sie, dass sie ernst genommen werden?

Für mich sind die jungen Menschen eine Herausforderung, innerlich nicht stehen zu bleiben, sondern offen zu bleiben für neue Generationen und neue Ideen. Wenn die jungen Menschen diese Offenheit spüren, sind sie auch offen für die Gedanken älterer Menschen. Sie haben Vertrauen. Sie spüren, dass sie ihre Ideen einbringen können, ohne gleich abgewiesen zu werden: »Das geht bei uns nicht. Das haben wir schon probiert. Aber es hat sich als Irrweg erwiesen«. Solche Reaktionen treiben die jungen Menschen entweder in die Opposition oder aus der Firma heraus.

So ist es eine Frage an die ganze Firma, ob sie offen ist für die Vorstellungen junger Menschen. Und es geht um die Bereitschaft, sich ständig zu wandeln. Ich spreche lieber von Verwandlung als von Veränderung. Denn Veränderung entwertet oft das, was war. Es war nicht gut. Deshalb muss es anders werden. Verwandlung würdigt das, was gewesen ist. Aber wir sind noch nicht die Firma, die wir von unserem Wesen her sein könnten. Und wir geben noch nicht die Antwort auf die Fragen der heutigen Gesellschaft. Jeder Mensch und jede Firma muss sich wandeln, sonst erstarren sie. Der größte Feind der Verwandlung – so sagt C. G. Jung – ist ein erfolgreiches Leben. Das gilt für den erfolgreichen Manager genauso wie für die Firma. Wenn man sich auf dem Erfolg ausruht, hat man schon verloren, dann wird man starr und blind für das, was die heutige Zeit von uns verlangt.

TEXT ZUR VERTIEFUNG

Ehrfurcht vor den Menschen

AG Ein wesentlicher Faktor für Akzeptanz und Gefolgschaft ist die hohe soziale Kompetenz des Führenden. Diese hängt auch mit dem Wertschätzen der Mitarbeiter zusammen. Die Regel Benedikts, aus der im folgenden Text einzelne Abschnitte interpretiert werden, liefert dazu einen spirituellen Hintergrund: Im anderen Menschen begegnet uns Christus! Auch wenn man die eigene Haltung weniger explizit christlich interpretieren mag, so wird doch im Blick auf Benedikt klar: Es geht im Unternehmen um die Würde jedes einzelnen Menschen und darum, sowohl den Unternehmenszielen wie aber eben auch den Mitarbeitern gerecht zu werden. Das bedeutet auch, Mitarbeiter positiv herauszufordern:

Neben der Ehrfurcht im Gebet spricht Benedikt aber auch von der Ehrfurcht, die wir Menschen gegenüber zeigen sollen. Die Ehrfurcht gilt einmal den Oberen gegenüber: »Muss man also den Obern etwas fragen, so stelle man die Bitte mit Ehrfurcht« (Regel Benedikts 6,7). Aber mit der gleichen Ehrfurcht sollen die Mönche sich auch gegenseitig begegnen: »Die Jüngeren sollen also die Älteren ehren, die Älteren die Jüngeren lieben. Wenn man einen anderen beim Namen rufen will, darf man ihn nicht mit dem bloßen Namen anreden, sondern die Älteren sollen die Jüngeren mit dem ›Bruder‹-Namen, die Jüngeren einen Älteren ›Nonnus‹ rufen, was soviel heißt wie ›Ehrwürdiger Vater‹ (quod intelligitur paterna reverentia)« (Regel Benedikts 63,10–12).

Und Benedikt beschreibt in einer Zeit, in der alle menschlichen Umgangsformen zerfielen, wie die Ehrfurcht im Umgang miteinander konkret aussehen soll: »Wo immer sich Brüder begegnen, bitte der Jüngere um den Segen des Älteren. Wenn ein Oberer vorbeigeht, stehe der Jüngere auf und biete ihm den Platz zum Sitzen an. Der Jüngere nehme sich nicht heraus, sich hinzusetzen, ehe ihn der Ältere dazu auffordert. Es geschehe, was die Schrift sagt: ›Übertrefft euch in gegenseitiger Achtung!‹ (honore invicem praevenientes)« (Regel Benedikts 63,15–17) .

Es geht im alltäglichen Umgang miteinander um die Ehrfurcht vor dem Geheimnis des anderen und darum, dass einer für den anderen zum Segen werden soll. Jeder Mensch ist für den anderen eine Quelle des Segens. Wo wir uns das einander zugestehen, gehen wir anders miteinander um. Da gibt es keine Konkurrenz und kein misstrauisches Beobachten, ob die anderen nach den Normen leben. Da bestimmt eine positive Grundhaltung das Verhältnis der Menschen untereinander. Dieser Glaube, dass einer für den anderen zum Segen werden kann, entspricht zutiefst der Schöpfungsspiritualität.

Der Grund der Ehrfurcht vor den Menschen ist der Glaube, dass uns in jedem Menschen Christus begegnet. In den Gästen, in den Kranken, in den Armen und Pilgern, in jedem Fremden wird Christus selbst aufgenommen: »Gäste, die ankommen, empfange man alle wie Christus; weil er selbst sagen wird: Ich war fremd und ihr habt mich aufgenommen. Allen erweise man die Ehre, die ihnen zusteht, besonders denen, die mit uns im Glauben verbunden sind, und den Pilgern« (Regel Benedikts 53,1f).

Die benediktinische Gastfreundschaft ist im Laufe der Jahrhunderte sprichwörtlich geworden. Sie setzt die Gastfreundschaft fort, die in der frühen Kirche das Kennzeichen der Christen war und die sowohl den Griechen wie Römern heilig war. Denn im Fremden, den man aufnahm, so waren die Griechen überzeugt, kann uns Gott selbst begegnen. Der Grieche Lukas schildert Jesus als den göttlichen Wanderer, der immer wieder bei den Menschen als Gast einkehrt und ihnen Heil und Frieden als göttliche Gastgeschenke vermacht. Gott selbst sucht in Jesus sein Volk heim: »Durch die barmherzige Liebe unseres Gottes wird uns besuchen das aufstrahlende Licht aus der Höhe« (Lukas 1,78). Von diesem Glauben der frühen Christen her wird verständlich, wenn Benedikt schreibt: »Bei der Begrüßung begegne man allen Gästen, die ankommen oder fortgehen, in tiefer Demut: Man neigt den Kopf oder wirft sich ganz zur Erde nieder, um in den Gästen Christus zu verehren (adoretur = anbeten), der auch wirklich aufgenommen wird« (Regel Benedikts 53,6f).

Daher zählen nicht die sozialen Unterschiede, sondern allein die Würde des Menschen, die jeder hat, weil er ein Geschöpf des liebenden Vaters ist und weil in ihm Christus selbst als der innerste Grund ist. So zitiert Benedikt beim Abtskapitel Galater 3,28, wo Paulus die Erfahrung der frühen Christen von der gleichen Würde aller Menschen ausdrückt: »Denn ob Sklave oder freier Mann, in Christus sind wir alle eins« (Regel Benedikts 2,20). Dieser Glaube an Christus im Bruder und in der Schwester hat zu einer Kultur des menschlichen Miteinanders geführt, die uns heute großenteils abhanden gekommen ist. Es ist eine Kultur der Ehrfurcht, in der jeder sein darf, wer er ist, in der jeder das einmalige Bild, das Gott sich von ihm gemacht hat, leben kann. Die Ehrfurcht will nicht in das Geheimnis des Menschen eindringen, sie lässt ihm seinen persönlichen Raum. Heute gibt es eine schamlose Jagd nach den Intimitäten eines Menschen. Der Rufmord, zu dem diese Sensationslust oft führt, zeigt, wie lebensverneinend eine solche Kulturlosigkeit im Umgang miteinander letztlich ist. Die benediktinische Ehrfurcht und Achtung vor dem Geheimnis jedes Menschen täte uns da gut, damit eine neue Kultur im Umgang miteinander wachsen kann.

Die Ehrfurcht vor den Menschen hat für Benedikt ganz konkrete Auswirkungen für die Arbeit miteinander. Das wird vor allem deutlich in den Führungskapiteln, im Kapitel über den Abt und den Cellerar. Vom Cellerar verlangt Benedikt vor allem, dass er die Brüder nicht betrüben soll. Nicht der wirtschaftliche Gewinn steht im Mittelpunkt, sondern die Achtung vor dem Menschen. Was Benedikt vom Abt und Cellerar fordert, das ist heute genauso aktuell wie damals. Menschen werden heute nicht nur auf dem Altar des Profits geopfert, sondern oft genug auch auf dem Altar der eigenen Ideologie. Das kann eine spirituelle Ideologie sein oder eine politische. Auch die Ökologie kann zur Ideologie werden. Dann wird sie blind für den Wert des einzelnen Menschen. Wir müssen uns immer davor hüten, die Menschen in das Korsett unserer Ideologie zu zwängen. Es geht darum, den Wert des einzelnen zu sehen und dem konkreten Menschen gerecht zu werden. Die Ehrfurcht sprengt alle Ideologie. Sie neigt sich vor dem einzelnen Menschen und lässt ihn in seiner Einmaligkeit. Der Mensch wird nicht verbogen, sondern aufgerichtet.

Wie die Ehrfurcht vor dem Geheimnis jedes einzelnen konkret aussehen kann, beschreibt Benedikt in den beiden Kapiteln über den Abt. Das Ziel ist nicht die Disziplin, nicht das Durchsetzen aller Vorschriften und Befehle, sondern das Wachstum des einzelnen und der Gemeinschaft. Wachstum ist ein typischer Begriff der Schöpfungsspiritualität. Wir sollen nicht nur mit der Natur, sondern auch miteinander so umgehen, dass jeder einzelne mehr und mehr in die Gestalt wachsen kann, die ihm Gott zugedacht hat. Führen heißt für den Abt, dass er der Eigenart der einzelnen dient, dass er in ihnen Leben hervorlockt. »Dem Charakter und der Fassungskraft jedes einzelnen suche er zu entsprechen und sich allen so verständnisvoll anzupassen, dass er an der ihm anvertrauten Herde nicht nur keinen Schaden leidet, sondern sich am Gedeihen einer guten Herde freuen kann« (Regel Benedikts 2,32).

Die Ehrfurcht vor dem einzelnen zeigt sich gerade im Umgang mit schwachen Brüdern, die sich immer wieder über die Normen hinwegsetzen. Benedikt weiß, dass Obere oft nur die Ideale einer Gemeinschaft sehen und dabei den einzelnen überfordern. Vor lauter Eifer für den Willen Gottes übersehen sie die Fassungskraft des einzelnen. Daher fordert Benedikt vom Abt: »Muss er zurechtweisen, so gehe er klug vor und tue nicht zuviel des Guten, damit das Gefäß nicht zerbricht, wenn er den Rost allzu eifrig auskratzen will« (Regel Benedikts 64,12).

Die Kunst des Führens besteht für Benedikt darin, dass der Abt die Gabe der Unterscheidung besitzt, die sogenannte »discretio«, die Benedikt die Mutter aller Tugenden nennt: »So ordne er alles mit Maß, damit die Starken finden, was sie suchen, und die Schwachen nicht weglaufen« (Regel Benedikts 64,19). Beide müssen herausgefordert werden, sowohl die Starken als auch die Schwachen, aber keiner auf Kosten des anderen, sondern jeder so, wie es seiner Fassungskraft entspricht.

Die Ehrfurcht vor dem Geheimnis des Menschen, vor dem Geschöpf-Sein, vor der Würde jedes einzelnen und der Glaube an Christus in jedem Menschen haben zu einer eigenen Kultur des menschlichen Umgangs geführt. Wenn man in eine Familie oder in eine Klostergemeinschaft kommt, spürt man sofort, wie die Menschen dort miteinander umgehen. Für den benediktinischen Stil ist charakteristisch, dass man das Geheimnis des einzelnen stehen lässt, dass man nicht neugierig in alles eindringen will, wie das heute im Medienzeitalter modern ist. Der Umgang miteinander ist von Herzlichkeit geprägt, aber auch von einer vornehmen Distanz, die falsche Kumpanei oder verbürgerlichtes Miteinander ausschließt. Und er zeichnet sich aus durch Toleranz. In jedem wird Christus gesehen, auch in den Gästen, die keinen frommen Eindruck machen, die längst aus der Kirche ausgetreten sind und die skeptisch sind gegenüber jeder Religion. Auch sie haben in einem Benediktinerkloster Platz. Sie dürfen dort nach den Wurzeln ihres Geheimnisses suchen.

In manchen Schulen, aber auch in Firmen und Vereinen spürt man sofort am Umgang miteinander, dass da keine Achtung voreinander ist, sondern letztlich Verachtung. Manchmal lugt die Menschenverachtung hinter einer freundlichen Fassade hervor. In anderen Gruppierungen ist das Miteinander von Rivalität und Konkurrenz geprägt. Der andere ist grundsätzlich der Gegner, der bekämpft und besiegt werden muss, damit ich selbst gut herauskomme. Ein solches Miteinander widerspricht der Schöpfungsspiritualität. Da geht es nicht um das Wachsen des einzelnen, sondern nur um den Sieg des Stärkeren. So eine kriegerische Mentalität führt nicht nur zu einer Unmenge besiegter, gebeugter und verletzter Menschen, sondern letztlich auch zur Ausbeutung der Welt. Die Missachtung des Menschen spiegelt sich wider in der Missachtung der Schöpfung. Auch sie wird nur benutzt, um den eigenen Vorteil zu verfolgen. Es braucht für den achtsamen Umgang mit den Menschen und mit den Dingen eine neue Spiritualität, die den Wert des einzelnen erkennt, die das Geheimnis in jedem und in allem sieht und es bestaunt.

Aus: Anselm Grün/Alois Seuferling, Benediktinische Schöpfungsspiritualität (Münsterschwarzacher Kleinschriften, Band 100), Münsterschwarzach, 4. Auflage 2015, S. 36–43.

Führen mit Werten ı 5

Der Abt muss wissen, welch schwierige
und mühevolle Aufgabe er auf sich nimmt:
Menschen zu führen und der Eigenart vieler zu dienen.
Muss er doch dem einen mit gewinnenden,
dem anderen mit tadelnden,
dem dritten mit überzeugenden Worten begegnen.

Regel Benedikts 2,31

Wer diese meine Worte hört und danach handelt,
ist wie ein kluger Mann, der sein Haus auf Fels baute.

Matthäusevangelium 7,24

AG In unserer Zeit setzen viele Firmen auf Werte. Und viele Führungskräfte spüren, dass es ein Irrweg ist, nur auf die Leistungskennziffern zu schauen und sich von ihnen unter Druck setzen zu lassen: Sie sehnen sich nach Werten in ihrem Unternehmen.

Oft haben Unternehmen in ihren Leitlinien die Werte festgehalten, nach denen sie agieren möchten. Aber viele Führungskräfte beklagen, dass diese Werte zwar auf Hochglanzpapier stehen, sich aber im Unternehmensalltag nicht oder kaum auswirken. Sie möchten wissen, wie sie konkret die festgelegten Werte bei der Führung berücksichtigen können. Die Werte sollten für die Führungskräfte zum einen Leitbilder für ihr Verhalten sein, zum anderen aber auch Quellen, aus denen sie schöpfen können.

Entsprechende Werte geben nicht nur dem einzelnen Menschen eine unantastbare Würde, sondern auch einer Gemeinschaft. Ohne Werte fühlt sich der Mensch »wert-los«. Und die Wertlosigkeit drückt ihn nieder. Manche versuchen zwar, sich durch enorme Leistung den Wert bei den Menschen zu erkaufen. Aber das gelingt nicht. Wer aus Angst vor der eigenen Wertlosigkeit immer mehr leistet, damit er endlich gesehen wird und Ansehen bekommt, der wird immer enttäuscht sein. Und die Angst vor der eigenen Wertlosigkeit wird ihn dann bei seinen größten Erfolgen noch heimsuchen und beherrschen.

Wichtig ist deshalb: Wir können nur dann nach Werten führen, wenn wir um unseren eigenen Wert wissen. Wer seinen eigenen Wert und seine unantastbare Würde fühlt, der muss sich nicht ständig nach Zustimmungswerten richten. Er wird nicht mehr von den Umfragewerten bestimmt und lebt aus seinem eigenen Inneren. Er gewinnt seine Authentizität und muss sich nicht ständig den Meinungen anderer anpassen.

5.1 | Was sind Werte?

AG Die griechische Philosophie hat seit Platon immer von vier Grundwerten gesprochen, von Gerechtigkeit, Tapferkeit, Maß und Klugheit. Sie nennt die Werte »arete«, das meint Tüchtigkeit und Kraft. Ins Lateinische übersetzt man das mit »virtutes«. Das sind Kraftquellen. Werte geben dem Menschen innere Kraft und Stärke. Sie sind eine Quelle, aus der er schöpfen kann, ohne vorschnell erschöpft zu werden.

Im Deutschen sprechen wir von Tugenden. »Tugend« kommt von »taugen«. Sie ist nötig, damit mein Leben taugt, damit es gelingt. Im Englischen heißen Werte »values«. Das kommt vom lateinischen »valere«, das wiederum mit »stark sein«, »gesund sein« übersetzt werden kann. Werte sind also Bedingung dafür, dass der Mensch gesund leben kann.

Werte machen auch ein Unternehmen gesund und verleihen ihm auf Dauer Kraft. Das Unternehmen, das Werte schätzt, wird auch finanzielle Werte schöpfen. Es wird auf Dauer werthaltig sein (während ein Schielen auf kurzfristigen Erfolg oft den Wert eines Unternehmens auszehrt).

In der Philosophie hat man sich viele Gedanken über die Werte gemacht, angefangen von der (schon angesprochenen) griechischen Philosophie bis in unsere Zeit. Friedrich Nietzsche meint, der Mensch lege den Wert in die Dinge. Der Mensch sei von seinem Wesen her der Schätzende. Anfang des zwanzigsten Jahrhunderts entfaltet Max Scheler eine eigene Werteethik. Nach ihm sind Werte keine Eigenschaften der Dinge, sondern »klare, fühlbare Phänomene«. Werte existieren für Scheler an sich und sind unabhängig von menschlichen Wertungen. Scheler nimmt eine Rangordnung an: Am höchsten sind die Person-Werte, dann erst kommen die Sach- und Güterwerte.

Werte können nach Max Scheler nicht zugrunde gehen. Sie können sich auch nicht wandeln. Wenn wir heute vom Wertewandel sprechen, so meinen wir, dass die Menschen eine andere Beziehung zu Werten haben und dass sie den Maßstab der Werte anders sehen. Auch heute leben Menschen nach Werten. Man spricht davon, dass die Pflichtwerte – wie Disziplin, Gehorsam, Fleiß und Pflichterfüllung – weniger beachtet werden und dafür Selbstverwirklichungswerte und Engagementwerte – wie Emanzipation, Partizipation, Gleichbehandlung, Autonomie, Kreativität, Spontaneität, Emotionalität und Eigenständigkeit – in den Vordergrund treten.

In der Moraltheologie spricht man vor allem von sittlichen Werten und versteht darunter Zielsetzungen, an denen sich der Mensch in seinem Denken und Handeln ausrichtet. Werte betreffen die Verhaltensweisen des Menschen (wie etwa Gerechtigkeit, Treue, Mitmenschlichkeit, Toleranz) und zeigen uns die Bedingungen an, unter denen unser Leben gelingt (wie zum Beispiel Freiheit, Leben). Die Theologie übernimmt die Werte der griechischen Philosophie, ergänzt sie aber mit den typisch christlichen Werten wie Glaube, Hoffnung und Liebe – wobei letztere sich etwa in Dienstbereitschaft, Hilfsbereitschaft, Solidarität und Hinwendung zu den Schwachen und Kranken konkretisiert.

5.2 ı Führen nach den vier Kardinaltugenden

AG Auch wenn in der Zeit des Wertewandels andere Werte in den Vordergrund treten, so haben auch die modernen Werte mit den vier »Grundtugenden«, den Kardinaltugenden, zu tun, wie sie der griechische Philosoph Platon aufgestellt hat und wie sie in der christlichen Theologie vor allem von Thomas von Aquin weiter entfaltet wurden. Es kommt nur darauf an, wie wir diese vier Kardinaltugenden angesichts des Wertewandels heute deuten und welche Schwerpunkte wir bei dieser Interpretation setzen.

5.2.1. ı Gerechtigkeit

AG Gerechtigkeit ist für Platon nicht in erster Linie eine soziale Tugend. Sie betrifft vielmehr zunächst die Einstellung jedes Menschen zu sich selbst. Ich soll mir selbst gerecht werden. Ich soll den verschiedenen Seelenkräften gerecht werden, mit meinem Geist und meinem Leib richtig umgehen. Denn ich kann nur dann richtig leben, wenn ich meinem eigenen Wesen gerecht werde und nicht gegen mein innerstes Sein lebe.

Gerechtigkeit ist für Platon die Bedingung für die Gesundheit, die ja heute für die Menschen einen hohen Wert hat. Man möchte unter allen Umständen gesund sein. Aber oft genug führen die vielen Angebote, die der Gesundheit dienen sollen, nicht wirklich zu einem gesunden Leben. Oft entspringen sie einem zu starken Kreisen um sich selbst. Und wer nur um sich kreist, der wird seinem Wesen als Mensch – der immer auch ein soziales Wesen ist – nicht gerecht. Zum Menschsein gehört die Fruchtbarkeit. Wer nur um sich kreist, wird »unfruchtbar«, das heißt: von dem geht nichts aus. Und von wem kein Leben und keine Ideen ausströmen, der erstarrt und wird unzufrieden. Der Wert der Gesundheit, um den er kreist, verkehrt sich dann sehr schnell ins Gegenteil.

Gerechtigkeit mir selbst gegenüber setzt voraus, dass ich das Geheimnis des Menschseins bei mir selbst erforsche. Was gehört wirklich zu mir? Was macht mein Leben lebenswert? Und wie werde ich mir und meinem Wesen gerecht?

Gerechtigkeit ist immer auch eine soziale Tugend: Ich soll den Menschen um mich herum gerecht werden. Der mittelalterliche Theologe Thomas von Aquin definiert die Gerechtigkeit als »suum cuique«, jedem das Seine zu geben, jedem das zu gewähren, was ihm zusteht. Die soziale Gerechtigkeit ist heute Bedingung für den Frieden in der Welt. Wer Gerechtigkeit sät, wird Frieden ernten, heißt es in der Bibel. Ohne gerechte Güterverteilung wird es immer wieder zu kriegerischen Auseinandersetzungen kommen. Die Gerechtigkeit ist gerade im Zeitalter der Globalisierung eine ständige Herausforderung, nicht nur an die Politik, sondern auch an die Wirtschaft.

In der Firma ist Gerechtigkeit die Voraussetzung für ein gutes Geschäftsklima. Wenn sich Mitarbeiter ungerecht behandelt fühlen, werden sie ihre daraus resultierende Verletzung irgendwie ausagieren, entweder durch Arbeitsverweigerung, oder indem sie sich das nehmen, was sie für gerecht halten. Dann aber werden Intrigen, Lügen und das ständige Schielen auf den eigenen Vorteil gestärkt. Gerechtigkeit gegenüber den Mitarbeitern bedeutet aber nicht, dass alle gleich behandelt werden.

Der heilige Benedikt wehrt sich in seiner Regel, die schon 1500 Jahre alt ist, gegen diese nivellierende Gerechtigkeit. Die Kunst der Führung besteht für den Abt vielmehr darin, dass er sich nach der Eigenart und Fassungskraft jedes Einzelnen auf alle einstellen und auf sie eingehen soll. »Er muss wissen, welch schwierige und mühevolle Aufgabe er auf sich nimmt: Menschen zu führen und der Eigenart vieler zu dienen« (Regel Benedikts 2,31). Es ist also eine Kunst, gerecht zu führen und den einzelnen Mitarbeitern mit ihren Eigenarten und ihrer verschiedenen Herkunftsgeschichte gerecht zu werden. Es braucht viel Einfühlungsvermögen in die Mentalität des Einzelnen, um ihm gerecht zu werden. Und es braucht die Freiheit vom eigenen Ego, um die Mitarbeiter gerecht zu führen.

Allzu leicht schleichen sich in unser Führungsverhalten Vorlieben für bestimmte Mitarbeiter ein. Wir bevorzugen die, die uns bestätigen oder die uns unsere Führungsaufgabe erleichtern. Gerechtigkeit gegenüber den Mitarbeitern verlangt eine innere Klarheit und Freiheit. Der Gerechte ist frei von der Sucht, bei allen beliebt zu sein und von allen anerkannt zu werden. Gerade weil er gerecht ist, muss er es nicht allen recht machen, sondern ist fähig, das Richtige zu tun, das, was allen wirklich gerecht wird.

5.2.2 | Tapferkeit

AG Tapferkeit war zunächst die Tugend der Soldaten und Sportler. Die antiken Philosophen haben die Tapferkeit als innere Haltung gegenüber dem Leben verstanden. Sie meinen damit nicht eine Kühnheit im Kampf, sondern die Bereitschaft, für die als gut erkannten Werte einzutreten. Tapferkeit hat mit Stehvermögen zu tun und sie ist gepaart mit innerer Freiheit. Wer tapfer für die Werte kämpft, die er für richtig hält, der wird auch verletzt. Er wird Widerstand erfahren. Er wird auf den Widerstand hören und sich fragen, ob er allzu forsch Werte durchgesetzt hat. Aber wenn er bei aller Selbstprüfung erkannt hat, dass er seinen Weg weitergehen muss, dann wird er sich vom Widerstand nicht aufhalten lassen. Er wird sich nach wie vor für die Werte einsetzen. Er ist nicht beleidigt, wenn andere sich ihm widersetzen. Er nimmt die Herausforderung und den Konflikt an. Er lässt sich auf den Kampf ein und kämpft mit fairen Mitteln.

Von Tapferkeit ist heute wenig zu spüren. In der Politik gibt es viele Populisten, die sich nach der Zustimmung der Menschen richten und ihnen nach dem Mund reden. Und auch in der Wirtschaft sind tapfere Männer und Frauen eher rar. Die Führungskräfte richten sich zwar nicht nach den Umfrageergebnissen. Doch sie trauen sich oft nicht, sich der ihnen von oben oder von außen vorgegebenen Leitlinie zu widersetzen, auch wenn sie erkennen, dass sie dem Unternehmen nicht gut tut und die Mitarbeiter überfordert. Oder aber sie setzen ihre Leitlinien durch, ohne mit den Mitarbeitern zu sprechen. Sie verschanzen sich hinter »Sachzwängen«. Wenn sie jemanden kündigen müssen, dann tun sie das möglichst anonym und ohne mit dem Mitarbeiter zu sprechen. Oder sie verstecken sich beim Gespräch hinter einer Fassade von Kälte und Härte. Sie schauen dem anderen nicht in die Augen und sie versetzen sich nicht in seine Lage.

Das ist Mangel an Tapferkeit. Auch wenn ich jemandem etwas Schweres zumute, muss ich ihm später noch in die Augen schauen können. Ich muss mich mit ihm auseinandersetzen. Ich habe mich ihm zu stellen – auch mit meiner eigenen Ohnmacht und mit meinen Zweifeln und Bedenken.

5.2.3 | Das rechte Maß

AG Maß als Tugend meint keine Mittelmäßigkeit. In der Regel des heiligen Benedikt gibt es drei Worte, die das rechte Maß beschreiben. Das **erste** Wort »temperare« – »mäßigen, lenken, leiten« – kommt vom Wort »tempus« – »Zeit«. Das richtige Maß für mich und für die Mitmenschen zu finden, bedeutet also zuerst einmal, das eigene rechte Zeitmaß zu entdecken. Und Führen hängt nach der Regel Benedikts damit zusammen, dass ich die Zeit für meine Mitarbeiter gut ordne, dass ich sie zeitlich nicht überfordere, aber auch nicht unterfordere. Zur Führung gehört es, dass ich die Zeit der Arbeit gut strukturiere.

Ich hörte von einer Firma, in der der Chef stundenlange Diskussionsrunden durchführt. Er findet dabei kein Maß. Manchmal dauern die Diskussionen bis zu zehn Stunden. Das ist keine kompetente Führung, denn mit so einem Führungsverhalten wecke ich nur Aggressionen. Für Benedikt heißt führen, eine gute und gesunde Zeitstruktur zu schaffen und die Arbeit so zu strukturieren, dass sie auf Dauer Spaß macht. Das gilt sowohl für die eigene Arbeit als auch für die Arbeit der Mitarbeiter.

Zeit ist immer da, auch wenn viele Menschen heute klagen, dass sie keine Zeit hätten. Aber die Zeit ist begrenzt, es besteht die Gefahr, sie auszubeuten. Dann wäre die Zeit ein Gegner. Sie ist aber ein Freund. Friedrich Schiller spricht von der Zeit als des Menschen Engel. Die Zeit wird zum Freund, wenn ich sie wahrnehme und mit ihr lebe – anstatt gegen sie. Dazu gehört, dass ich mich auf den Rhythmus einlasse, der für mein Leben stimmig ist. Jeder von uns hat einen »Biorhythmus«. Wenn er gegen ihn lebt, wird er krank. Wenn er ihn berücksichtigt, wird er mehr und effektiver arbeiten, als derjenige, der gegen seine Zeit wütet. Die Führungskraft muss ihren eigenen Rhythmus ernst nehmen und sie soll dazu beitragen, dass die Mitarbeiter in einem gesunden Rhythmus arbeiten können.

Das **zweite** Wort für Maß ist »mensura«. Es ist das richtig Zugemessene. Ich muss das Maß meiner körperlichen und geistigen Kräfte berücksichtigen. Was mein Maß ist, erkenne ich allerdings erst, wenn ich einmal über dieses Maß hinausgegangen bin. Es gibt auch Mitarbeiter, die vor Angst, über ihr Maß gefordert zu werden, sich immer kleiner und enger machen. Sie kommen dann nie in ihre Kraft. Ihr Leben bleibt immer mittelmäßig. Ich kann auch eine Zeit lang über mein Maß hinaus arbeiten. Aber auf Dauer bin ich es mir schuldig, mein Maß einzuhalten. Tue ich das nicht, wird meine Kraft bald zu Ende sein. Die Kunst spricht vom »Ebenmaß«, mit dem etwa griechische Bildhauer den Menschen dargestellt haben. Das Maßvolle ist für die Griechen auch das Schöne.

Das Maß einzuhalten betrifft jedoch nicht nur mich persönlich. Ich muss auch sehen, welches das Maß der Mitarbeiter ist und das rechte Maß des Wirtschaftens. Wer im Umgang mit Geld maßlos ist, wird es schnell verlieren. Wer maßlos wachsen will, der steht vor einem Schuldenberg, den er nicht mehr bewältigen kann, wenn seine Pläne nicht alle aufgehen.

Augenmaß bei allen Investitionen zu bewahren ist für das Gedeihen einer Firma unbedingt nötig. Wir sprechen heute vom nachhaltigen Wirtschaften. Das bezieht sich nicht nur auf die Ressourcen der Schöpfung, sondern ebenso auch auf das Maß an Kraft der Mitarbeiter. Die Führungskraft, die ihre Mitarbeiter ständig überfordert, verstößt gegen die Grundsätze der Nachhaltigkeit. Sie muss die Mitarbeiter vielmehr so führen, dass sie auf lange Sicht ihre Arbeitskraft effektiv einsetzen können. Maßloses Führungsverhalten wird sich irgendwann rächen. Der Krankheitsstand wird immer höher und die Leistung schwächer. Nur wer mit Augenmaß führt, führt auf Dauer gut.

Das **dritte** Wort für das rechte Maß ist »discretio«. Es ist die Gabe der Unterscheidung. Benedikt fordert vom Abt: »Bei geistlichen wie bei weltlichen Aufträgen unterscheide er genau und halte Maß. Er denke an die maßvolle Unterscheidung (discretio) des heiligen Jakob, der sprach: ›Wenn ich meine Herden unterwegs überanstrenge, werden alle an einem Tage zugrunde-gehen.‹ Diese und andere Zeugnisse maßvoller Unterscheidung, der Mutter aller Tugenden, beherzige er. So halte er in allem Maß, damit die Starken finden, wonach sie verlangen, und die Schwachen nicht davonlaufen« (Regel Benedikts 64,18f). Der Abt muss also gut unterscheiden, was er dem einzelnen zumuten soll. »Discretio« meint nicht das gleiche Maß für alle. Vielmehr ist es die Kunst, alles so zu regeln, dass sowohl die Starken als auch die Schwachen etwas davon haben. Die Starken sollen herausgefordert und die Schwachen nicht entmutigt werden. In diesem Grundsatz steckt für mich eine große Weisheit. Die Führungskraft soll beiden dienen: den Starken und den Schwachen. Sie soll sich weder auf die Schwachen, noch auf die Starken fixieren. Beide wollen gefördert werden – und zwar je nach ihrer Fassungskraft und nach ihrem eigenen Maß.

Das richtige Zeitmaß, das rechte Maß bei den Ressourcen und die rechte Unterscheidung, das sind Werte, die einem Unternehmen eine klare Struktur und innere

Stabilität verleihen. Das rechte Maß bewahrt uns vor den Aufgeregtheiten, die heute viele Firmen beherrschen, vor einer zu großen Mobilität und Veränderungssucht, die langfristig oft wenig bringt. Das rechte Maß zu finden braucht die innere Ruhe, die Erfahrung der eigenen Mitte. Aus der Mitte heraus ist der Weg nicht zu weit zum Ziel. Wenn ich jedoch ständig mir selbst nachlaufen muss, dann vergeude ich meine Zeit. Ich bin zwar ständig beschäftigt, aber es kommt wenig dabei heraus. Ich laufe hin und her.

Das richtige Maß hängt auch mit Zucht und Disziplin zusammen. Der heilige Paulus spricht in seinem Ersten Brief an die Korinther davon: »Darum laufe ich nicht wie einer, der ziellos läuft, und kämpfe mit der Faust nicht wie einer, der in die Luft schlägt; vielmehr züchtige und unterwerfe ich meinen Leib, damit ich nicht anderen predige und selbst verworfen werde« (Erster Korintherbrief 9,26f). Wer aus der eigenen Mitte und Freiheit heraus handelt, der läuft auf das Ziel zu und bringt auch seine Mitarbeiter dazu, gemeinsam dieses Ziel anzupeilen.

5.2.4 | Klugheit und Weisheit

AG Klugheit ist eine praktische Tugend. Sie meint nicht Gerissenheit, sondern ein Gespür für das Rechte im richtigen Augenblick. Klugheit kann man nicht mit Wissen erreichen, sondern mit der Entwicklung der eigenen Intuition und der Sensibilität für den Augenblick. Wenn sich in einer Sitzung die Fronten verhärten, dann geht es nicht darum, noch mehr Argumente zu liefern, um die eigene Sicht durchzudrücken. Der Kluge wird hier spüren, was möglich ist. Er hat ein Gefühl für die richtige Entscheidung, die weder Sieger noch Verlierer hinterlässt.

Thomas von Aquin meint, »prudentia« – »Klugheit« – komme von »providentia« – »Voraussehen«. Um kluge Entscheidungen zu treffen, brauche ich also einen größeren Horizont. Ich muss über den Augenblick hinaus sehen. Es braucht eine Perspektive und eine Vision, damit ich mich nicht an einzelnen Entscheidungen festbeiße. In einem weiten Horizont kann ich besser beurteilen, was jetzt für diesen Augenblick richtig ist.

Der Kluge handelt mit Umsicht. Er sieht auch auf die Folgen seiner Entscheidung. Jesus spricht in der Bergpredigt von einem klugen Mann, der sein Haus auf den Felsen baut und nicht auf Sand (vgl. Matthäusevangelium 7,24–27). Der Kluge durchschaut also die Illusionen, auf die wir oft unser persönliches Lebenshaus und das Haus einer Firma bauen. Solche Illusionen sind maßlose Idealbilder von mir selbst und übertriebene Erwartungen, die ich in mein Wissen und Können setze oder in die Möglichkeiten der Firma.

Klugheit bedeutet also, die Illusionen zu entlarven, von denen wir uns oft in unseren Entscheidungen leiten lassen. Die kluge Führungskraft baut das Haus der Firma auf festen Grund. So wird es die Stürme, die das Wirtschaftsleben mit sich bringt, heil überdauern. Ein Haus, das auf den Sand unserer eigenen Vorstellungen gebaut ist, wird jedoch bei jeder Krise in sich zusammenstürzen.

Zur Klugheit gehört die Weisheit. Weisheit resultiert aus vielen Erfahrungen. Sie ist nicht Vielwissen, sondern ein tieferes Schauen, das die Zusammenhänge des Lebens erkennt. Die Lateiner sprechen von »sapientia«. Das kommt von »sapere« – »schmecken«: Der weise Mensch kann sich selbst schmecken, er ist mit sich selbst ausgesöhnt. Daher verbreitet er um sich herum auch einen guten und angenehmen Geschmack.

Es gibt Führungskräfte, die einen bitteren Nachgeschmack hinterlassen, wenn man mit ihnen spricht. Von ihnen geht eher Bitterkeit und Kälte aus. Sie haben eine unangenehme Ausstrahlung. So werden sie auch nicht viel erreichen.

Damit wir effektiv führen können, müssen wir uns selbst erst einmal gut führen. Wir müssen uns mit uns selbst aussöhnen, uns selbst schmecken. Nur so werden wir etwas Positives ausstrahlen. Und diese Ausstrahlung ist die Bedingung, dass wir mit unserer Zielen und Absichten auch bei den Mitarbeitern Erfolg haben.

5.3 | Führen nach den drei christlichen Tugenden

AG Die christliche Theologie hat den vier Kardinaltugenden, die für jeden Menschen gelten, drei spirituelle oder »übernatürliche« Tugenden zur Seite gestellt: Glaube, Hoffnung und Liebe. Auch diese drei Haltungen sollen unser Führungsverhalten prägen.

Die drei spirituellen Tugenden sind christliche Tugenden. Aber sie sind auch offen für andere Religionen. Sie sind spirituelle Werte, die eine andere Dimension in unser Wirtschaften bringen.

5.3.1 | Glaube

AG Der Glaube bezieht sich auf Gott und auf die Menschen. Wenn ich in meiner Aufgabe oder in einem Unternehmen an Gott glaube, dann bedeutet das nicht, dass ich immer fromme Worte von mir gebe. Vielmehr schenkt mir der Glaube in allem, was ich tue, das Gefühl des Getragenseins von Gott. Der Glaube schenkt mir innere Freiheit. Ich habe in Gott und nicht in der Anerkennung durch Menschen meinen Grund. So kann ich das tun, was ich vor Gott als richtig erkannt habe, ohne ständig auf Bestätigung und Zuwendung aus zu sein.

Der Glaube an Gott entlastet mich in meiner Arbeit als Führungskraft. Er befreit mich vom Grübeln über die Frage, ob alles, was ich tue, auch richtig ist. Ich kann bei Entscheidungen nicht alle Eventualitäten voraussehen. Wenn ich nach bestem Wissen und Gewissen meine Entscheidungen getroffen habe, dann kann ich darauf vertrauen, dass Gott seinen Segen dazu gibt. Es hilft mir nicht, ständig im Kopf zu haben, was alles geschehen könnte. Aber ich vertraue auf Gott, dass er das Richtige aus meiner Entscheidung macht. Ich fühle mich in meinem Führungsverhalten, in meinen Entscheidungen, in meinen Planungen und Arbeiten von Gott getragen. Das schenkt mir Ruhe und innere Freiheit. Der Glaube an Gott befreit mich von meinem Perfektionismus. Ich vertraue darauf, dass Gott selbst aus Entscheidungen, die nicht optimal sind, etwas Gutes wachsen lässt. Das entlastet mich und befreit von dem Druck, für alles und jedes verantwortlich zu sein. Ich übernehme Verantwortung für die Menschen. Aber ich weiß mich in meiner Verantwortung von Gott getragen. Das gibt mir Halt und Sicherheit.

Glauben heißt aber auch, an den Menschen zu glauben. Der heilige Benedikt fordert die Mönche dazu auf, dass sie in jedem Menschen Christus sehen sollen (vgl. Regel Benedikts 36,1; 53,1.7.15).

Was heißt das konkret? Es bedeutet für mich, dass ich den schwierigen Mitmenschen nicht auf die Schwierigkeiten festlege, die er macht. Ich trage keine »rosarote Brille«, um die Probleme der Mitmenschen nicht wahrnehmen zu müssen. Ich sehe die Menschen, wie sie sind, auch in ihrer Bosheit und mit ihren Intrigen. Glauben heißt für mich: tiefer sehen, hinter die Kulisse sehen. Und da sehe ich in jedem Menschen zumindest die Sehnsucht, gut zu sein. Ich glaube an den guten Kern in jedem Menschen. Denn wenn ein Mensch schwierig ist, ist er es nie aus Lust, sondern immer aus Verzweiflung oder aus irgendwelchen Gründen, die in seiner Lebensgeschichte liegen.

Der Glaube, der das Gute im Menschen sieht, hat die Kraft, das Gute in ihm auch zu wecken. Wenn ich an das Gute im anderen glaube, ermögliche ich ihm auch, dass er selbst an das Gute in sich glaubt, anstatt sich selbst ständig zu entwerten. Wer andere führt, muss an sie glauben. Sonst wird er nie etwas Gutes aus ihnen hervorlocken.

5.3.2 ı Hoffnung

AG Die Hoffnung ist in der Bibel die vertrauende Erwartung einer guten Zukunft. Hoffnung ist mehr als Optimismus. Die Hoffnung vertraut darauf, dass Gott aus jeder Situation etwas Gutes machen kann. Die Hoffnungsbilder schlechthin für Christen sind Kreuz und Auferstehung Jesu. Das Kreuz als Bild des Zerbrechens wird zum Bild der Hoffnung, dass Gott jede Dunkelheit in Licht, jede Erstarrung in Lebendigkeit und jedes Scheitern in den Beginn neuen Gelingens verwandeln kann. So ist es christlich, wider alle Hoffnung zu hoffen. Die Haltung, die zur Hoffnung gehört, ist das geduldige Ausharren. Paulus schreibt im Römerbrief: »Hoffnung aber, die man schon erfüllt sieht, ist keine Hoffnung. Wie kann man auf etwas hoffen, das man sieht? Hoffen wir aber auf das, was wir nicht sehen, dann harren wir aus in Geduld« (Römerbrief 8,24f).

Ohne Hoffnung kann man keine Führungskraft sein. Bei allen eventuellen Problemen, die das Unternehmen durchstehen muss, braucht es die Hoffnung, dass es eine Zukunft für diese Firma gibt. Ohne Hoffnung darf ich keine Menschen führen. Denn dann würde ich Menschen vorschnell aufgeben. Hoffnung heißt: ich traue jedem einzelnen Menschen etwas zu, auch wenn er momentan meine Erwartungen nicht erfüllt. Wenn ich Hoffnung habe, dann kann ich auch warten, bis das Potenzial, das im anderen steckt, sich entfaltet. Ich bin nicht ungeduldig, wenn er einen Fehler macht. Wenn ich mir innerlich vorsage »Das wird der nie können«, dann gebe ich einen Menschen auf. Ich lege ihn auf sein Unvermögen fest. Hoffnung verlangt, dass ich ihm immer noch eine Chance gebe.

Der französische Philosoph Gabriel Marcel hat eine Philosophie der Hoffnung entfaltet. Er meint, Hoffnung gelte nie nur irgendwelchen Erwartungen und Vorstellungen von der Zukunft. Hoffnung ist demnach etwas anderes, als auf das Eintreffen eines bestimmten Ereignisses zu warten. Denn dann würde ich enttäuscht sein, wenn es nicht so kommt, wie ich es mir vorgestellt habe.

Die Hoffnung – so kann man mit Blick auf Gabriel Marcel sagen – übersteigt immer das Konkrete. Sie eröffnet einen größeren Horizont. Letztlich zielt Hoffnung immer auf eine Person: Ich hoffe für dich und auf dich. Ich hoffe, dass das Leben für dich gut wird. Und ich hoffe, dass wir uns in neuer Weise begegnen.

In der Firma gibt es immer wieder Mitarbeiter, die gerade eine Krise durchmachen. Daher können sie nicht jene Leistung bringen, die sie selbst von sich erwarten. Eine gute Führungskraft wird so einen Mitarbeiter nicht aufgeben, sondern auf ihn hoffen. Und oft zahlt sich diese Hoffnung aus. Der Mitarbeiter wird durch die Krise gestärkt hindurchgehen und so »zum Segen« für die Firma werden. Aber die Hoffnung braucht Geduld. Ich muss warten können, bis sich in der Schwäche die Kraft wieder sammelt und bis die Krise sich zu neuen Möglichkeiten wandelt.

Das Wort Hoffnung kommt von »Hüpfen«. Hoffnung gibt dem Menschen also Frische, Lebendigkeit und Jugend. Thomas von Aquin bringt die Hoffnung mit der Jugend in Verbindung. Aber Hoffnung ist nicht auf die Jugend beschränkt. Vielmehr hält sie auch alte Menschen jung.

Der Hoffende hofft nicht auf irgendwelche Illusionen, die Wirklichkeit werden. Vielmehr hofft er letztlich auf das Heil und die Vollendung, die Gott bewirkt. Aber die christliche Hoffnung zielt nicht nur auf das Jenseitige, sondern auch auf eine bessere Zukunft in dieser Welt.

In den 70er-Jahren des letzten Jahrhunderts haben christliche Theologen im Dialog mit marxistischen Philosophen die Hoffnung als eine wichtige Haltung für die Gestaltung der Zukunft beschrieben. Die Hoffnung befreit mich von jener Bitterkeit, die eintritt, wenn meine Vorstellungen einer besseren Zukunft sich nicht so verwirklichen lassen, wie ich mir das gedacht habe. Die Hoffnung gibt einen langen Atem. Und diesen langen Atem brauchen wir bei der Führung. Wir können warten, bis der Samen, den wir in die Mitarbeiter legen, aufgeht und für das Unternehmen Frucht bringt.

5.3.3 ı Liebe

AG Das Wort Liebe reservieren wir heute entweder für die erotische Liebe zwischen Mann und Frau oder für die Liebe zu Gott. Aber Liebe als Haltung im wirtschaftlichen Umfeld kommt uns eher fremd vor. Und doch ist sie die Bedingung, dass wir mit unseren Mitarbeitern gut umgehen und sie gut führen können.

Wenn ich Mitarbeiter nicht mag, dann werden sie meine innere Ablehnung spüren. Ich kann sie dann nicht motivieren. Sie werden sich in acht nehmen, damit ich sie nicht ausbeute. Wenn die Mitarbeiter dagegen spüren, dass ich sie mag und achte, dass ich ihnen mit Wohlwollen begegne, dann werden sie sich eher auf meine Vorstellungen und Wünsche einlassen. Hingabe erzeugt Hingabe. Liebe bewirkt Gegenliebe. Rein sachliches Verhalten ist dem Menschen nicht angemessen. Auch die Arbeit in einem Unternehmen lebt von der Begegnung der Menschen und von ihren Beziehungen. Wenn die Beziehungen herzlos sind, dann wird nicht viel gelingen. Liebe dagegen erzeugt Wärme und Energie. Wärme bindet. Man ist gerne zusammen und motiviert sich gegenseitig.

Die Liebe fängt bei der Sprache an. Heute wird in Unternehmen oft eine sehr kalte Sprache gesprochen. Eine kalte Sprache treibt die Menschen auseinander. Sie schafft keinen Zusammenhalt, sondern spaltet. Wenn die Worte der Führungskraft Kälte vermitteln, verschließt sich jeder. Denn keiner will sich an der Kälte des Chefs »erkälten«. Die Sprache der Liebe dagegen wärmt. Sie kommt aus einem Herzen, das sich der Liebe öffnet.

Die Menschen spüren, ob meine Worte aus einem kalten oder warmen Herzen kommen, ob sie menschenverachtend oder wertschätzend sind. Nur Worte der

Liebe können in anderen etwas bewegen, so dass ein Funke überspringt. Worte, die Wärme erzeugen, stärken die Kraft, die in den Menschen steckt. Sie erzeugen ein Feuer. Der Evangelist Lukas schildert Pfingsten als Sprachereignis. Der Heilige Geist kommt in Feuerzungen auf die Jünger herab. Die Jünger und Jüngerinnen Jesu zeichnen sich dadurch aus, dass ihre Sprache voller Feuer ist, die auch in anderen ein Feuer zu entzünden vermag (vgl. Apostelgeschichte 2,1–13).

Liebe ist mehr als ein Gefühl. Das deutsche Wort Liebe kommt von der Wurzel »liob«, die »gut« bedeutet. In drei Worten steckt diese Wurzel: in Glauben, Loben und Lieben. Glauben heißt, das Gute zu sehen. Im Loben spreche ich das Gute an und aus. Lieben bedeutet, gut umgehen mit dem Menschen, den ich mit guten Augen anschaue und in dem ich an das Gute glaube. Dieser gute Umgang drückt sich aus in der Achtung dem anderen gegenüber. Es zeigt sich in einem Wohlwollen, das den anderen sein lässt, wie er ist, anstatt an ihm ständig herumzunörgeln. Wenn der andere spürt, dass ich ihn nur akzeptiere, wenn er anders wird, dann wird er sich kaum ändern. Denn er fühlt sich abgelehnt und muss sich vor mir schützen. Wenn er jedoch Liebe verspürt, ist er frei, sich zu ändern und zu entwickeln.

Die Liebe ist aber nicht nur ein gutes Führungsinstrument. Sie tut auch mir selbst gut. Wenn ich meine Mitarbeiter liebe, dann arbeite ich gerne mit ihnen zusammen. Ich freue mich morgens schon auf die Begegnung mit meinen Mitarbeitern. Es macht mir Freude, mit ihnen zusammen zu sein und gemeinsam die Probleme zu bewältigen, die täglich auf mich und die Firma zukommen.

Die Liebe ist also auch eine Quelle, die mich stärkt und nährt. Ohne diese Liebe wäre die Arbeit viel anstrengender. Dann würde ich morgens schon mit inneren Widerständen an die Arbeit gehen. Ich kenne Führungskräfte, die Angst vor einer Sitzung haben. Denn eigentlich möchten sie mit keinem der Kollegen wirklich etwas zu tun haben. Mit einer solchen Haltung tastet man sich nur vorsichtig ab und versucht, sich keine Blöße zu geben. Aber in einem solchen Klima kann nichts gedeihen und es werden keine neuen Ideen geboren.

Die Liebe ist wie eine Kraftquelle, aus der ich täglich schöpfen kann, ohne erschöpft zu werden. Denn – so sagt die Theologie – meine Liebe ist nicht nur Ergebnis meines Willens, sie hat vielmehr Anteil an der Liebe Gottes. Und die göttliche Liebe ist unerschöpflich. Aus ihr kann ich immer schöpfen, ohne dass sie je versiegt.

5.4 ı Abschließende Gedanken

AG Ich habe mich auf die vier Kardinaltugenden und die drei christlichen Tugenden beschränkt, um aufzuzeigen, wie wichtig diese Werte sind, damit wir unsere Mitarbeiter richtig und angemessen führen. Diese Werte sind nicht nur für unser Führungsverhalten wichtig. Sie helfen uns auch, dass wir selbst bei unserer Verantwortung für andere nicht zugrundegehen, sondern Mensch bleiben und unsere Arbeit mit innerer Freude verrichten.

Es gibt viele andere Werte, auf die es zu achten gilt, wie Solidarität, Hilfsbereitschaft, Toleranz, Freiheit und Gesundheit. Aber all diese Werte ergeben sich letztlich aus den vier Kardinaltugenden und den drei christlichen Tugenden. Es kommt nur darauf an, dass wir diese Grundwerte immer wieder neu auf unsere jeweilige Situation hin ausdeuten. Die Freiheit strömt aus der Tapferkeit und aus dem Glauben an Gott, der mich befreit von der Macht der Menschen. Gesundheit ist Folge des rechten Maßes und letztlich der Liebe, die ja nicht nur den Mitmenschen, sondern auch mir selbst gilt.

Wenn manche Werte – wie etwa Gesundheit und Freiheit – ohne die Grund-werte angestrebt werden, gelangen wir oft nicht wirklich zu jenem Wert, der unser Leben wertvoll macht. Wenn ich Freiheit in den Mittelpunkt stelle, dann fühle ich mich ständig von äußeren Gegebenheiten eingeengt, die ich in der Firma antreffe. Freiheit braucht die innere Erfahrung meiner selbst und meiner Einmaligkeit. Ähnlich ist es mit der Gesundheit. Heute wird Gesundheit oft zur Ersatzreligion. Doch dabei werden die Menschen immer kränker. Gesundheit braucht das rechte Maß und die Liebe zu mir selbst, so wie ich geworden bin. Viele Menschen werden krank, weil sie in ihren Illusionen gefangen bleiben. Oder aber sie werden krank, weil sie nirgends Halt finden. Depression ist heute der zweithäufigste Grund, warum Mitarbeiter von der Arbeit fern bleiben.

Daniel Hell, ein Schweizer Psychiater, meint, die Depression sei oft ein Hilfeschrei der Seele gegen zu große Mobilität und gegen die Haltlosigkeit. Wenn ich sie direkt bekämpfe, wird sie nicht verschwinden. Im Gegenteil, sie wird eine immer stärkere Gegenkraft entwickeln. Nur wenn ich Depression als Einladung sehe, Halt in Haltungen zu suchen – wie sie uns etwa die abendländische Kultur oder das Christentum anbietet –, meinen Wert in jenen Werten zu erleben, die mein Leben wertvoll machen, dann wandelt sie sich in eine Freundin der Seele.

Die Hochschätzung der Werte ist kein Luxus, den sich nur gut gestellte Unternehmen leisten können. Sie ist vielmehr die Voraussetzung, dass wir auf Dauer Werte schöpfen, die dem Unternehmen eine gute Zukunft ermöglichen.

Mir erzählte ein junger Software-Unternehmer, der sich absolute Ehrlichkeit auf die Fahne geschrieben hat, dass er damit bestens fährt. Die großen Firmen, mit denen er zusammenarbeitet, würden ihre Software-Anbieter genau unter die Lupe nehmen. Und bei vielen hätten sie bemerkt, wie sich anfängliche Ehrlichkeit in das Ertricksen von Vorteilen verwandelt habe. Dem jungen Software-Unternehmer würden die Firmen die Treue halten, weil sie erkannt hätten, dass er es wirklich ehrlich meint.

Ich könnte viele Beispiele dafür aufzählen, dass Werte ein Unternehmen wertvoll machen. Wer kurzfristig nur auf Gewinnmaximierung aus ist, zielt zu kurz. Der wahre Wert eines Unternehmens zeigt sich in der Kultur, die es entwickelt hat: sowohl in der Kultur innerhalb des Unternehmens als auch in der Kultur des Umgangs mit den Lieferanten und Kunden. Daher gilt für mich nach wie vor: Wer Werte hoch schätzt, der schöpft auch Werte – nicht nur den persönlichen Wert für sich oder den positiven Imagewert bei Kunden und Lieferanten, sondern letztlich auch finanzielle Werte.

Für eine menschlichere Welt

AG Es geht um »eine Kultur des Miteinanders, um eine Kultur der Arbeit und um eine Humanisierung dieser Welt« und damit um Menschlichkeit und um das Überleben der Menschen. Dies kann man plakativ festhalten, wenn man nach Zielen des Wirtschaftslebens fragt, die hinter den – kürzer greifenden – Erfolgsindizes von Effizienz und Gewinn stehen. Dabei geht es nicht darum, wirtschaftliche Ziele im engeren Sinn auszuklammern, sondern den Blick auch auf dahinterstehende Werte zu richten, die im umfassenderen Sinn dem Zusammenleben der Menschen dienen. Und eben diese können unter Umständen wieder dazu beitragen, dass das Unternehmen wirtschaftlich »Früchte trägt«:

Die Betriebswirtschaft hat die Werte neu entdeckt. Dabei denkt sie nicht nur an die ökonomischen Werte, an die Wertschöpfung durch Arbeit, sondern an die ethischen Werte, die unser Handeln wertvoll machen. Werte sind Leitbilder für unser Handeln. Man spricht heute vom Wertewandel: Nicht mehr die vier Kardinaltugenden, die seit Aristoteles unser Handeln bestimmten, stehen im Mittelpunkt, sondern Werte wie Freiheit, Selbstbestimmung, Selbstverantwortlichkeit und Glück. Dennoch haben die klassischen Werte wie Gerechtigkeit, Tapferkeit, Maß und Klugheit nach wie vor ihre Gültigkeit. Dazu treten Werte, die erst in den letzten Jahren in den Mittelpunkt der Wertediskussion getreten sind, wie Toleranz, Nachhaltigkeit und Solidarität. All diese Werte fördern die Menschlichkeit.

Viele Unternehmen setzen heute auf Werte und Wertbewusstsein. In ihren Leitlinien haben sie die Werte auf Hochglanzpapier festgehalten und nehmen für sich in Anspruch, sie zu verwirklichen. Doch die Realität sieht oft anders aus. Mitarbeiter, die sich wirklich an die Werte halten, die sich das Unternehmen auf seine Fahnen geschrieben hat, werden oft belächelt oder erleben den Widerstand der Geschäftsleitung.

Dass die Menschheit gemeinsame Werte braucht, um zu überleben, hat die Diskussion um ein Weltethos deutlich gezeigt, die Hans Küng angestoßen hat. Doch wir dürfen über Werte nicht mit erhobenem Zeigefinger sprechen. Wer moralisierend die Einhaltung der Werte einklagt, erzeugt oft nur ein schlechtes Gewissen und Abwehr. Für mich ist es wichtig, dass die Werte als Hilfen für mein berufliches Handeln gesehen werden. Werte machen ein Leben wertvoll. Das englische Wort für Wert »value« kommt vom lateinischen Wort »valere« = »kräftig sein, gesund sein«. Werte sind also Kraftquellen für mein Leben. Sie sind Voraussetzungen dafür, dass ich gesund leben kann – meinem Wesen entsprechend. Die objektiven Werte wie Gerechtigkeit, Freiheit, Wahrheit, Würde des Menschen, Tapferkeit, Maß, Klugheit, Treue, Mitmenschlichkeit, Lebensqualität können mir Orientierung schenken.

Daneben gibt es die subjektiven Werte, die für einen einzelnen besonders wichtig sind. Natürlich können wir nicht alle Werte auf einmal verwirklichen. Jeder hat seine Lieblingswerte, die ihn zum Handeln anspornen und die sein Leben wertvoll machen. Auch wenn sich heute alle Betriebswirtschaftler einig sind, dass wir ohne Werte nicht auskommen, ist es für den einzelnen nicht immer leicht, sich an die ihm wichtigen Werte zu halten. Oft genug stuft das Unternehmen die eigenen Erwartungen an die Mitarbeiter als wichtiger ein. Da braucht es ein starkes Rückgrat, um sich nicht von den Erwartungen des Unternehmens verbiegen zu lassen.

Werte geben meinem Leben Sinn, ohne Werte wird das Leben sinnlos. Und Sinnlosigkeit demotiviert. Wir brauchen Leitbilder, die uns motivieren, die in uns die Lust wecken, an dieser Welt zu arbeiten. Sie bieten uns eine Perspektive und lassen uns über den engen Horizont der täglichen Probleme hinausblicken auf das Ziel, das wir anstreben. Werte sind klare Kraftquellen, die mir nicht nur Orientierung, sondern auch Energie spenden. Werte erzeugen Lust am Handeln. Wenn ich etwa weiß, dass meine Firma nachhaltig arbeitet, werde ich mich gerne dafür engagieren. Ich sehe einen Sinn darin und arbeite nicht nur für mich und meinen unmittelbaren Erfolg, sondern für die nachkommende Generation. Ich schone die Ressourcen dieser Welt und leiste einen Beitrag für eine menschlichere Welt.

Neulich wurde ich zu einem Symposium eingeladen, das unter dem Thema stand »Wertschöpfung durch Wertschätzung«. Offensichtlich gingen die Veranstalter davon aus, dass der, der die ethischen Werte hochschätzt und befolgt, damit auch finanzielle Werte schöpft, dass sich letztlich also die Beachtung der Werte auch wirtschaftlich auszahlt. Das bedeutet nicht, dass die Werte zum ökonomischen Zweck werden. Werte stehen höher als der Gewinn. Wenn ich jedoch von der Fixierung auf den größtmöglichen Erfolg wegkomme und die Werte bei meinem Tun beachte, werde ich auf Dauer mehr Erfolg haben. Die Wertschöpfung wird größer sein. Allerdings muss man hierbei von allzu kurzfristigem Denken absehen. Kurzfristig nimmt man Nachteile in Kauf, wenn man sich an Werte wie Fairness und Ehrlichkeit hält. Auf Dauer aber wird es sich auszahlen, denn die Kunden spüren, ob sie es mit einem Unternehmen zu tun haben, das ihre Werte nur der Werbung wegen auf ihre Fahnen geschrieben hat, oder aber um ein Unternehmen, das hält, was es verspricht. Im Umgang mit den Mitarbeitern erleben die Kunden, dass hier der Mensch wirklich geachtet wird, dass es hier nicht nur um das kurze Geschäft geht, sondern um eine Kultur des Miteinanders, um eine Kultur der Arbeit und um eine Humanisierung dieser Welt.

Wenn eine Firma die menschlichen Werte befolgt, leistet sie einen wichtigen Beitrag, dass diese Welt menschlicher und freundlicher wird. Wenn die Mitarbeiter des Unternehmens eine Kultur der Menschlichkeit ausstrahlen, sind sie auf Dauer motivierter bei ihrer Arbeit.

Viele haben Angst, dass die zunehmende Globalisierung den Wettbewerb immer härter und unmenschlicher werden lässt. Wenn es bei der Globalisierung nur um den wirtschaftlichen Erfolg geht, ohne dass Werte berücksichtigt werden, wird diese Welt auch immer kälter und unmenschlicher. Benediktinische Schulen in aller Welt haben sich daher als Programm gesetzt, die Globalisierung zu humanisieren und die Humanität zu globalisieren. Das wäre durchaus ein gutes Programm für jedes Unternehmen, das heute weltweit tätig ist.

Aus: Anselm Grün, Leben und Beruf. Eine spirituelle Herausforderung (Edition Anselm Grün, Band 2), Münsterschwarzach, 2. Aufl. 2019, S. 135–138.

Feedback – Sachliche und emotionale Rückmeldungen | 6

Wenn der Abt lehrt, halte er sich immer
an das Beispiel des Apostels, der sagt:
»Tadle, ermutige, weise streng zurecht«.

Regel Benedikts 2,23

Alles, was ihr also von anderen erwartet,
das tut auch ihnen!

Matthäusevangelium 7,12

6.1 | Was ist Feedback?

FA Menschen brauchen eine Rückmeldung über ihr Verhalten, um sich orientieren zu können. Frauen, denen eine höhere soziale Kompetenz nachgesagt wird, fragen direkt: »Wie gefällt dir das?« »Wie findest du mein neues Kleid?« Männer tun sich da meist schwerer, sie schaffen es oft gerade noch, Rückmeldungen auf der Leistungsebene zu geben, vernachlässigen aber in der Regel Beziehungsqualitäten und Gefühle. Um durch Rückmeldungen – meist als Feedback bezeichnet – eine Wirkung auf der Verhaltensebene zu erreichen, muss jedoch auch die emotionale Ebene integriert sein.

Es ist so leicht, »gut«, »schön«, »prima«, oder eine andere Anerkennung der Leistung auszusprechen und ein solches Lob bewirkt sehr viel.

Warum haben so viele Vorgesetzte Angst davor? Das Problem beginnt meist damit, dass sie Leistung gar nicht sehen oder als Selbstverständlichkeit abwerten. Wir scheuen uns, Lob und Komplimente auszusprechen. Wir sind unsicher, wie der andere darauf reagieren wird. Machen Sie einen einfachen Test:

Wen kann ich loben?

ÜBUNG

Schreiben Sie drei Namen von Mitarbeitern oder Kollegen auf, mit denen Sie eng zusammenarbeiten. Schreiben Sie für jeden Namen drei Dinge auf, die die betreffende Person in den letzen sieben Tagen gut gemacht hat. Die lobenswerten Ereignisse müssen konkret – zeitlich genau – zugeordnet und objektiv, das heißt prinzipiell auch für andere beobachtbar sein.

- Wie schnell haben Sie konkrete Beobachtungen gefunden?
- Wem von den Betroffenen haben Sie schon gesagt, dass Sie das gut fanden?
- Welche Gefühle löst der Gedanke aus, möglichst schnell zu den Betroffenen zu gehen und ihnen zu sagen, dass Sie etwas gut fanden?

Menschen brauchen, um sich sicher zu fühlen, Informationen darüber, wie sie und ihre Leistung gesehen werden. Dieses Bedürfnis nach Sicherheit und Anerkennung, das durch Rückmeldungen befriedigt wird, steht in der Bedürfnispyramide von Abraham Maslow an zweiter Stelle. Ein qualifiziertes Feedback des Führenden gibt den Mitarbeitern diese Sicherheit und schafft ein hohes Maß an Bedürfnisbefriedigung.

Sportwettkämpfe, das Guinness-Buch der Rekorde, Schönheitswettbewerbe und ähnliche Dinge dienen alle der Befriedigung des gleichen Bedürfnisses: eine Bestätigung zu bekommen, wie gut und erfolgreich der Teilnehmer im Vergleich zu anderen ist. Feedback ist Grundvoraussetzung für Wachstum und Lernen. Stellen Sie sich eine Schule vor, in der kein Schüler gesagt bekommt, was er richtig und was er falsch macht. Es wäre kein Lernprozess möglich, die Schüler wären zutiefst verunsichert und in ihrer Persönlichkeitsentwicklung gestört.

ÜBUNG

Wie reagiere ich auf Lob?

- Erinnern Sie sich an eine konkrete Situation, in der Sie gelobt wurden (für eine schulische oder sportliche Leistung oder von Ihrem Chef ...).
- Schließen Sie die Augen und stellen Sie sich die Situation noch einmal genau vor. Und beobachten Sie dabei Ihre Körperhaltung, Ihre Körperspannung, Ihre Gefühle, Ihr Befinden.
- Bleiben Sie einige Minuten gedanklich bei den Bildern und bei der Vorstellung von dem Ereignis.
- Öffnen Sie die Augen wieder und vergleichen Sie Ihr Befinden und die Gefühle, die Sie jetzt haben, mit denen vor der Übung.
- Wiederholen Sie diese Übung mit zwei weiteren Erfolgserlebnissen, bei denen Sie gelobt wurden.

In aller Regel werden Sie nach der Übung entspannter sein und Ihre Stimmung wird besser sein. Die Übung lässt sich als Ressourcetechnik einsetzen, um sich aus Stimmungstiefs und Leistungsängsten herauszuholen.

Im Alltag trägt diese Übung gute Früchte, wenn Sie selbst Anerkennung und Lob bewusst annehmen und dabei beobachten, welche Gefühle das bei Ihnen auslöst. Sie lernen etwas über sich, über Ihre inneren Prozesse und über die Bedingungen, unter denen Lob bei Ihnen schöne Gefühle auslöst.

Sie können dann aus tiefster eigener Erfahrung und Überzeugung die bekannteste Verhaltensregel aus der Bergpredigt praktizieren, die als »goldene Regel« bekannt ist: »Alles, was ihr also von anderen erwartet, das tut auch ihnen!« Oder in der Luther-Übersetzung: »Alles nun, was ihr wollt, dass euch die Leute tun sollen, das tut ihnen auch!« (Matthäusevangelium 7,12). Wenn es Ihnen gut tut, gesehen, gelobt und anerkannt zu werden, dann sollten Sie Lob und Anerkennung auch anderen zukommen lassen.

Es gibt neben Loben und Anerkennen kaum ein menschliches Verhalten, das mit so wenig Aufwand so viel bewirkt. Die dafür notwendige Investition besteht aus Achtsamkeit und Aufmerksamkeit. Wenn wir die anderen mit ihrer Leistung und ihrem Bemühen sehen, dann ist der Schritt, das Gesehene auch gegenüber den Betroffenen zu kommunizieren, nicht mehr groß.

6.2 ı Feedback in der Praxis

FA Feedback ist – sachlich betrachtet – die Information über den Grad der Zielerreichung oder der Abweichung bei der Erledigung einer Aufgabe. Es ist ein wesentliches Element von Führung, denn gutes Feedback führt entweder zur Aufrechterhaltung der Leistung oder zu Änderungsmaßnahmen.

Entsprechend können zwei Arten von Feedback unterschieden werden:

- **Verstärkungs-Feedback** informiert über das, was gut gemacht wurde – mit dem Ziel, das Verhalten der betreffenden Person zu verstärken: »Mach weiter so!« Das Ziel des Verstärkungs-Feedback ist die Aufrechterhaltung oder Steigerung des Leistungsverhaltens.
- **Entwicklungs-Feedback** zeigt einen Entwicklungsbedarf auf: Was ist noch zu tun, um das gewünschte Ergebnis zu erreichen? Ziel ist es, durch Information einen Lernprozess einzuleiten, um entweder noch innerhalb des gegenwärtigen Arbeitsprozesses das gewünschte Ergebnis zu erreichen oder um beim nächsten Mal eine Leistungsverbesserung zu erzielen.

Es ist sehr wichtig, beide Formen des Feedbacks getrennt zu geben. Andernfalls vermischen sich Verstärkungs- und Entwicklungsimpulse. Der Mitarbeiter kann nicht mehr klar zuordnen, was wohin gehört.

Feedback dient auch immer dem sozialen Austausch. Beim Feedback findet eine Begegnung von zwei Menschen statt und damit Beziehung: Ich sehe dich, ich sehe deine Arbeit, du bist wichtig. Je stärker Gefühle – zum Beispiel Freude über den Erfolg des Mitarbeiters oder Enttäuschung über Misserfolge – beim Feedback gezeigt werden, desto tiefer sind der soziale Austausch und der Verhaltensimpuls. Gutes Feedback umfasst beide Ebenen der Kommunikation – die Sachebene und die Beziehungsebene – und verbindet diese.

Durch Verstärkungs-Feedback entwickelt der Mitarbeiter Zuversicht und innere Sicherheit. Er baut sein Selbstwertgefühl aus und schafft damit eine verstärkte Leistungsbasis.

Durch Entwicklungs-Feedback erhält der Mitarbeiter eine Orientierung, worauf es ankommt. So kann er beim nächsten Mal durch gesteigerte Kompetenz bessere Ergebnisse erzielen. Im Normalfall wird dies der Mitarbeiter selbst tun, da jeder Mensch nach Anerkennung strebt.

Feedback über die erbrachte Leistung erzeugt Leistungszufriedenheit. Häufiges Feedback – verstärkend und entwickelnd – führt bei erfolgsorientierten Menschen zu ständig neuen Anstrengungen, um Zufriedenheit auf dem Leistungssektor zu erreichen.

6.3 ı Das Verstärkungs-Feedback

FA Nur wenige Führungskräfte und Mitarbeiter stellen den Wert des Feedbacks in Frage. Dennoch klagen Mitarbeiter häufig, dass sie zu wenig Information darüber erhalten, wie ihre Arbeit und ihre Leistung eingeschätzt wird. Die Gründe liegen bei den Vorgesetzten und lassen sich auf wenige Hauptpunkte reduzieren:

- Vorgesetzte haben ein ungutes Gefühl, wenn sie andere »ständig loben«.
- Vorgesetzte haben keine entsprechende Ausbildung und fühlen sich von daher unsicher oder sind sich der Bedeutung des Feedback nicht voll bewusst.
- Vorgesetzte meiden Beziehungssituationen, in denen Gefühle offen gelegt werden, und möchten lieber »rein sachlich« die Dinge abhandeln.

Für das Verstärkungs-Feedback gelten folgende Regeln und Haltungen:

- **Zeitnahes Abgeben:** Je näher das positive Verhalten und die dazugehörige Anerkennung beieinander liegen, desto wirksamer ist das Verstärkungs-Feedback. Was würden Sportler sagen, wenn die Siegerehrung erst drei Monate nach dem Wettkampf stattfinden würde?
- **Benennen von konkretem Verhalten in einer konkreten Situation**: Die Verstärkung eines Verhaltens bezieht ihre Wirkung aus zwei Komponenten. Dies sind (1) das positive Gefühl, anerkannt zu sein, und (2) die genaue Definition des Verhaltens, das anerkennenswert ist. Deshalb sollte man beispielsweise nicht sagen: »Die Verhandlungen mit der Firma Bauer haben Sie ausgezeichnet geleitet!« Hier weiß der Mitarbeiter nicht, was er konkret gut gemacht hat. Besser wäre es, das konkrete lobenswerte Verhalten explizit zu nennen, etwa so: »Es war ein sehr geschickter Schachzug, dass Sie die Firma Bauer dazu gebracht haben, zuerst ihre Bedingungen auf den Tisch zu legen!«
- **Ichbezogene Bewertung:** Alle Wertungen beruhen auf Maßstäben, die individuell sehr unterschiedlich sein können. Es ist von daher ein Zeichen von Ehrlichkeit und gleichzeitig Ausdruck von Mut und Souveränität, ein eigenes individuelles Urteil zu fällen: »**Ich** finde, dass Sie sehr geschickt in der

Verhandlung mit der Firma Bauer vorgegangen sind«. Solche ichbezogenen Wertungen können als berechtigte Meinungsvielfalt neben den Sichtweisen anderer Personen stehen. Sie schaffen aber eine menschliche Beziehung zwischen den Beteiligten.

- **Ehrlichkeit:** Ein alter Spruch sagt: »Mit dem Mund kann der Mensch lügen, mit dem Körper nicht«. Wir senden unzählige Botschaften – über Mimik, Tonfall und so weiter –, die dem Gesprächspartner unser wirkliches Denken offenlegen. Der Mitarbeiter wird spüren, wenn eine Anerkennung nicht ehrlich gemeint ist. Die Verstärkungswirkung schlägt dann ins Gegenteil um. Es entsteht Verunsicherung, bei häufiger Wiederholung sogar Unglaubwürdigkeit des Vorgesetzten.

6.4 | Das Entwicklungs-Feedback

FA Für das Entwicklungs-Feedback gelten folgende Haltungen:

- **Zukunftorientierung:** Die Bereitschaft des Mitarbeiters, das eigene Verhalten in Frage zu stellen und zu ändern, ist am größten in der Vorbereitungsphase für einen erneuten Einsatz. Der in jedem Menschen vorhandene Wunsch, es gut zu machen, führt zu einer vertieften Lernbereitschaft. Dies ist der ideale Zeitpunkt für Entwicklungs-Feedbacks.
- **Orientierung an der positiven Absicht des Mitarbeiters:** Hinter jedem Verhalten steht eine Absicht und auch Gewohnheiten haben ihren Anfang in einer Absicht gehabt. Mit seinem Verhalten möchte der Mitarbeiter seine Situation verbessern, er hat also immer eine positive Absicht. Die erste Aufgabe eines Vorgesetzten beim Entwicklungs-Feedback besteht darin, diese positive Absicht zu erkennen und anzuerkennen. Stellen Sie sich beispielsweise vor, sie würden entdecken, dass ihr vierjähriger Sohn voll Begeisterung mit einem Messer die Schmutzflecken von Ihrem neuen Auto abkratzt. Wie würden Sie reagieren, wenn Ihr Sohn Sie anstrahlt und voller Begeisterung ausruft: »Papi, ich mache dein Auto wieder sauber!«? Entwicklungs-Feedback beginnt immer damit, dass der Vorgesetzte innerlich Verhalten und Absicht trennt. Erst das Erkennen und Anerkennen der guten Absicht ermöglicht wirkungsvolles Entwicklungs-Feedback.
- **Lernmöglichkeit für den Mitarbeiter und Erzeugen von Lernbereitschaft:** Jeder, der kritisiert wird oder der bemerkt, dass er einen Fehler gemacht hat, fühlt sich in diesem Moment unbehaglich. In diesem Zustand von Unlust ist Lernen nur möglich, wenn das neue Verhalten sofort umgesetzt werden kann und zum Erfolgserlebnis führt. Eine wichtige Aufgabe des Vorgesetzten beim Entwicklungs-Feedback besteht darin, den Mitarbeiter aus dem Problembewusstsein herauszuholen und Lernbereitschaft zu erzeugen. Einige Möglichkeiten dafür sind: die Anerkennung der positiven Absicht, der Verzicht auf Schuldzuweisung, die Minimierung der Problemdiskussion und Maximierung der Lösungssuche, positive Vergleiche (»Schon besser als das letzte Mal«; Hinweis auf Erfolge des Mitarbeiters in ähnlichen Situationen)

oder das Versetzen des Mitarbeiters in die Rolle des »Zuschauers« (»Wenn Sie Ihr Verhalten in dieser Situation mal aus der Ferne betrachten, welche Tipps könnten Sie sich dann selbst geben?«).

Für das Entwicklungs-Feedback haben sich unter anderem folgende Regeln bewährt:

- **Vermeiden von Abwertungen:** Alle kränkenden und verletzenden Bemerkungen führen dazu, dass sich der Mitarbeiter verschließt. Die Lernbereitschaft sinkt auf Null. Der Mensch ist immer in Ordnung und wird geachtet, sein Verhalten ist entwicklungsbedürftig.
- **Keine »Potenzialbeurteilungen«:** Killerphrasen wie »Von Ihnen habe ich auch nichts Besseres erwartet« sind hochgradig und dauerhaft demotivierend.
- **»Salami-Regel«:** Zerlegen Sie Ihr angestrebtes »Lehrprogramm« in kleine Schritte und vergewissern Sie sich nach jedem Schritt, ob der Mitarbeiter folgen kann. Der Mensch kann immer nur ein Verhalten ändern, sich nur auf eine Sache konzentrieren. Erst wenn das neue Verhalten zur Gewohnheit geworden ist, kann das Bewusstsein wieder auf einen neuen Aspekt gerichtet werden.
- **Wiederholung:** Auf die Häufigkeit kommt es an: Viele kleine Portionen von Feedback, auch Wiederholungen, haben eine größere Wirkung als umfangreiche Leistungsbesprechungen.
- **Klare Zielvorstellungen:** Das angestrebte Verhaltensziel sollte dem Vorgesetzten klar sein und dem Mitarbeiter möglichst konkret vermittelt werden. Es sollten auch Kriterien festgelegt werden, an denen Mitarbeiter und Vorgesetzte den Grad der Erreichung des angestrebten Zieles erkennen können.
- **Orientierung an Zielvereinbarungen:** Das Feedback muss sich an den jeweiligen Zielvereinbarungen orientieren und verhaltensbezogene, nicht nur ergebnisbezogene Elemente enthalten.
- **Berücksichtigung der individuellen Umstände:** Der Vorgesetzte ist dabei ein Teil der Umstände und sollte sich deshalb innerhalb eines Feedback-Gesprächs auch einer Vorgesetzten-Beurteilung stellen.
- **Abzielen auf das Verhalten:** Das Feedback muss auf das konkrete Verhalten abzielen und darf nicht zum Ziel haben, den Menschen zu verändern.

TEXT ZUR VERTIEFUNG

Trösten und ermutigen

AG Auch bei den Wüstenvätern, frühen christlichen München in den Wüsten Ägyptens und Syriens, kann man in gewisser Weise von einer »Feedback-Kultur« sprechen. Auch wenn es dort um die geistliche Führung und Begleitung geht, werden in der Beschreibung der Haltung der Wüstenväter doch einige Elemente deutlich, die auch für das Führen in Unternehmen wichtig sind. Dies sind beispielsweise das konstruktive Klima, in dem Feedback erfolgen soll, und die Angemessenheit der Rückmeldung, die die persönliche Situation des Betroffenen berücksichtigt …

Die wichtigste Regel der geistlichen Väter ist: Nicht verurteilen und nicht in Trauer stürzen, sondern aufrichten und trösten. Ja, der geistliche Vater wird gerade von seiner Aufgabe definiert, die Brüder zu ermutigen. Das kommt in vielen Vätersprüchen zum Ausdruck. So gibt Abbas Poimen den geistlichen Begleitern folgenden Rat:

»Wenn ein Mensch sündigt und es leugnet, indem er spricht: ›Ich habe nicht gesündigt‹, so verurteile ihn nicht. Andernfalls nimmst du ihm den Mut. Wenn du aber sagst: ›Sei nicht mutlos, Bruder, aber hüte dich in Zukunft!‹, dann erweckst du seine Seele zur Reue.«

Auf keinen Fall darf der Bruder traurig weggehen, denn damit hilft man ihm nicht weiter. Poimen verzichtet daher darauf, dem anderen seine Wahrheit aufzudecken. Er spürt, dass er sich der Wahrheit noch nicht stellen kann. So ermutigt er ihn, ohne ihn auf seine Sünde hinzuweisen. Aber indem er ihn aufrichtet, gibt er ihm auch den Mut, sich seiner Sünde zu stellen. Geistliche Begleitung muss erst einen Raum des Vertrauens schaffen, in dem der andere sich mehr und mehr der eigenen Wahrheit stellen kann. Das braucht Geduld beim geistlichen Begleiter und Akzeptanz, auch wenn der andere sich und seine Wahrheit noch nicht akzeptieren kann. Und es braucht den Glauben, dass Gott den Bruder nicht aufgibt, sondern ihn zu neuem Leben erwecken will.

Der geistliche Vater muss sich auf die Fassungskraft des anderen einlassen und darf ihn nicht mit zu hohen Maßstäben überfordern. So lobt Poimen einen, der seinen Acker bestellt und anderen Almosen davon gibt. Als Abbas Anub, ein strenger Mönch, davon hört, macht er Poimen Vorwürfe, Ackerbau gehöre sich doch nicht für einen Mönch. Als Poimen das dem Bruder erklärte, wurde er ganz traurig. Da tadelt Poimen Abbas Anub:

»Auch ich wusste von Anfang an, dass es kein Mönchswerk ist, aber ich sprach gemäß seiner Fassungskraft, und ich gab ihm auch Mut zur Vermehrung der Almosen. Nun aber ist er traurig weggegangen, und er tut das gleiche Werk«.

So muss der geistliche Vater spüren, was für den anderen angemessen ist. Es ist seine Verantwortung, wenn der andere überfordert und traurig wird. Die Gabe der Unterscheidung verlangt, dass er sich in den anderen hineinfühlt, dass er ihn versteht, dass er seine Sehnsucht und seine Veranlagung, seine Lebensgeschichte und seine Wunden berücksichtigt und ihm das rät, was ihm in seiner Situation weiterhilft. Poimen arbeitet hier nicht mit Idealen, die er dem Ratsuchenden überstülpt, sondern er geht vom konkreten Menschen aus und überlegt, wie dieser Mensch einen Weg zum Leben und zur Liebe finden kann.

Abbas Joseph berücksichtigt die Fassungskraft eines Bruders, der ihn fragt: »Was soll ich tun? Ich kann Übel nicht ertragen, kann nicht arbeiten und auch nicht Liebe geben«. Der Greis sprach zu ihm: »Wenn du davon nichts fertig bringst, dann bewahre dein Gewissen vor jeder Sünde gegen den Nächsten, und du wirst das Heil erlangen«. Der Altvater macht dem Bruder keine Vorwürfe, dass er so schwach ist, sondern er gibt ihm in seiner Schwäche einen Weg an, auf dem er zu Gott und zum Leben finden kann.

Trösten und Aufrichten, das sind die wichtigsten Kennzeichen einer guten geistlichen Begleitung. Wer den anderen traurig entlässt, ist seiner Verantwortung als geistlicher Vater nicht gerecht geworden. Die Mönche haben auf verschiedene Weise versucht, Mönche, die betrübt waren und sich selbst aufgaben, wieder aufzurichten. Oft hat der Altvater den Fehler, dessentwegen der andere sich anklagte, bei sich selbst beschrieben. Oft genug ist ein Mönch, der gesündigt hat, über sich enttäuscht. Er beschuldigt sich selbst und zieht so alle Energie nach unten. Und wenn er zum geistlichen Vater kommt, dann geniert er sich vor ihm, im Glauben, dass er nicht wert sei, mit ihm zu reden. Und oft genug idealisiert der Sünder dann den vermeintlich sündenfreien Altvater. In dieser Situation tröstet der Altvater, indem er dem enttäuschten Mönch zeigt, dass er selbst mit diesen Fehlern zu tun habe. (...)

Ein anderer Weg, den Ratsuchenden zu ermuntern und aufzurichten, besteht darin, ihm durch Bilder und Vergleiche zu zeigen, wo er steht und wie er weitergehen soll. So erzählt ein Altvater einem Bruder, der nach einem Fehltritt ganz verwirrt ist und den Mut verloren hat, das Beispiel von einem jungen Mann, der einen verwahrlosten Acker von Disteln und Dornen reinigen soll. Der junge Mann ist entmutigt, weil der Acker so voller Unkraut war. Da sagt ihm der Vater: »Mein Sohn, arbeite täglich nur so viel, als dein Körper, wenn du liegst, Raum einnimmt, und so wird deine Arbeit allmählich voranschreiten, und du wirst dabei nicht verzagt sein. Als der Jüngling das gehört hatte, handelte er danach, und in kurzem war der Acker gereinigt und urbar gemacht. Mach auch du, Bruder, es so, arbeite nach und nach, so wirst du den Mut nicht verlieren«. So geht der Bruder voll Hoffnung heim und findet Ruhe und Frieden. Das Bild hat ihn überzeugt.

Aus: Anselm Grün, Geistliche Begleitung bei den Wüstenvätern (Münsterschwarzacher Kleinschriften, Band 67), Münsterschwarzach, 10. Aufl. 2018, S. 41–47.

Die Organisation als System | 7

Außer denen also, die der Abt, wie gesagt,
nach reiflicher Überlegung voranstellt oder
aus bestimmten Gründen zurücksetzt, sollen alle übrigen
den Platz einnehmen, der ihrem Eintritt entspricht.

Regel Benedikts 63,7

Sehr gut, du bist ein tüchtiger und treuer Diener.
Du bist im Kleinen ein treuer Verwalter gewesen,
ich will dir eine große Aufgabe übertragen.

Matthäusevangelium 25,23

FA Als System versteht man ein Ganzes, das seine Existenz aus den Wechselwirkungen seiner Teile bezieht. Aristoteles stellte bereits vor rund 2400 Jahren fest: Das Ganze ist mehr als die Summe seiner Teile.

Zum System gehören Ordnung und Abhängigkeiten, die sich in der Struktur und in den Wechselbeziehungen zwischen den Elementen des Systems zeigen. Eine Organisation oder ein Unternehmen als System zu verstehen bedeutet, das Ganze zu sehen und sich damit der Komplexität von Unternehmen und Organisation zu stellen.

Sowohl in der neueren Managementliteratur als auch in der Praxis zeigt sich als wachsende Kernaufgabe für Führungskräfte das Beherrschen von Komplexität. Dabei liegt das Problem weniger in der quantitativen Erfassung der Vielfalt der Beziehungen zwischen den Elementen eines Systems. Viel mehr geht es um die Entwicklung eines Bewusstseins, das Betriebe als »lebende Systeme« erfasst. Die neue Kunst ist eine Geisteshaltung, die den Schritt von Ziel, Plan, Kontrolle und rationaler Durchdringung zu rational nicht fassbarer Komplexität, ständiger Veränderung, Ambivalenz, Prozesshaftigkeit und Vertrauen in die Menschen mit ihrer Fähigkeit zur Selbstorganisation schafft.

Zu den Schlüsselfähigkeiten für den Umgang mit komplexen, lebenden Systemen und für systemisches Führen gehören insbesondere:

- Die Fähigkeit, mit Unsicherheit umgehen zu können
- Die Offenheit für neue Erfahrungen
- Die Bereitschaft, ständig qualifiziertes Feedback zu geben und anzunehmen
- Der offene Umgang mit eigenen und fremden Gefühlen
- Die Fähigkeit, Unterschiede als Bereicherung statt als Bedrohung zu erfahren
- Die ständige Lernbereitschaft

Die in diesem Zusammenhang wichtige Forderung nach lernenden Organisationen ist zwingend verbunden mit der Frage, wie sich Lernbereitschaft bei den Mitgliedern einer Organisation erzeugen lässt. Die Antwort ist genau so alt wie einfach: Lernbereitschaft entsteht durch wertschätzenden Umgang miteinander, wenn die Würde des einzelnen geachtet und seine Bedürfnisse gesehen werden.

Der Blick auf das Ganze schließt insbesondere auch den Blick auf alle beteiligten Menschen ein. Jede Veränderung an einer Stelle im System hat Auswirkungen auf das Ganze und die Betroffenen. Damit bekommen Schlagworte wie »Jeder ist wichtig!« oder »Der richtige Mann am richtigen Platz« eine umfassende Bedeutung.

In der systemischen Beratungspraxis haben sich Methoden entwickelt, die als Großgruppeninterventionen und als sich-selbst-steuernde Prozesse ablaufen. Veranstaltungen mit mehreren hundert oder mehreren tausend Teilnehmern in der Form von »open space« erfüllen die Anforderungen systemischer Arbeit: Gruppen organisieren sich selbst mit selbst bestimmten Aufgaben und arbeiten parallel in einer von außen als chaotisch erscheinenden Form. Rahmenthema, Zeit- und Raumstruktur sowie die technische Organisation sind vorgegeben. Alles andere liegt allein in der Verantwortung der teilnehmenden Mitarbeiter. Ähnliches leisten Zukunftskonferenzen, das »world-cafe« oder Formen der gestalterischen Darstellung betrieblicher Prozesse wie Businesstheater, Improvisationstheater, Musik, Tanz und Malen.

Ziel solcher Veranstaltungen ist die Nutzung der »kollektiven Intelligenz« einer Organisation. Das Wissen und die Fähigkeiten aller werden so für das Unternehmen verfügbar. Die Veranstaltungen geben den Beteiligten die Möglichkeit, sich einzubringen und ihr Wissen zu speziellen Themen und ihr Können dem Ganzen zur Verfügung zu stellen. Unter Verzicht auf ein hierarchisches Oben-Unten-Denken wird die gleichzeitige Aktivität aller und der Informationsfluss untereinander angestoßen und intensiviert. Die Fähigkeit zur Selbstorganisation komplexer Systeme wird dabei genau so genutzt wie die hohe Motivation, die entsteht, wenn Menschen gefragt werden und sich in die Gestaltung ihrer eigenen Zukunft einbringen können.

Dabei werden notwendigerweise die Menschen als die wesentlichen Systemelemente der Betriebe und Organisationen wieder in den Mittelpunkt gerückt. Der gerne ausgesprochene und selten gelebte Satz »Bei uns steht der Mensch im Mittelpunkt« wird bei systemischen Methoden Realität. In Großgruppenveranstaltungen können sich alle wirksam einbringen und das Ganze gemäß ihrer Fähigkeiten mitgestalten. Die Menschen sind eingeladen mit ihren Talenten zu wuchern, wie es im Gleichnis vom anvertrauten Geld gefordert wird (Matthäusevangelium 25,14–30).

Eine weitere Möglichkeit systemischen Denkens sind System- und Organisationsaufstellungen, die sich aus den Familienaufstellungen entwickelt haben. Dort werden nicht Probleme analysiert, sondern das systemische Umfeld und die Prozesse im systemischen Kontext bearbeitet. Bei Systemaufstellungen geht es immer um solche Fragen: Wer ist wichtig? Wer wird nicht richtig gesehen? Wer steht am falschen Platz?

Kollektive Intelligenz – wie sie beispielsweise in einem Ameisenstaat beobachtet werden kann – ist am Werk, wenn alles gleichzeitig und scheinbar chaotisch abläuft und doch zu sinnvollen Ergebnissen führt, die das Ganze weiterentwickeln. In menschlichen Gemeinschaften und Gruppen sind solche Prozesse, die immer auch hohe Synergie mit sich bringen, an bestimmte Bedingungen geknüpft. Sie gelingen dann, wenn Vertrauen, Eigeninitiative der Mitarbeiter und eine verbindliche Wertewelt – also geistige Bedingungen – vorliegen.

Das Miteinander in Betrieben – der Nutzungsgrad der kollektiven Intelligenz – spiegelt die Bewusstseinsentwicklung der Beteiligten wider. Entwicklung muss oben, an der Spitze einer Organisation beginnen. Das alte Führungsprinzip »Die Treppe wird von oben nach unten gekehrt« gilt auch hier. Mitarbeiter folgen gerne ihren Vorgesetzten, wenn sie spüren, dass dieser ein Stück voraus ist und dass er seine Ideen auch vorlebt. Geistige Entwicklung kann man nicht verordnen. Hier muss jeder bei sich selbst anfangen.

Wege zur Bewusstseinsentwicklung sind in allen Kulturen und Religionen bekannt. Sie sind im Kern spirituelle Entwicklung. Sie erfordern Übung, geistiges Training, Disziplin, Entwicklung von Achtsamkeit, Zuhören, seelische Reinigung und die Fähigkeit, still zu werden. Die Orientierung an den eigenen religiösen Wurzeln und an kulturellen Werten kann dabei eine große Hilfe sein.

7.1 | Die Familie als erste Systemerfahrung

FA **Unsere zweite Muttersprache ist systemisch.** In diesem plakativen Satz lässt sich die Bedeutung systemischen Denkens zusammenfassen: Gemeint ist die Urerfahrung, die wir als Kind in unserer Familie – oder auch in einer Ersatzfamilie – machen. Wir erleben ein Familiensystem mit Über- und Unterordnungen, Gesetzmäßigkeiten und Abhängigkeiten. Die Psychologie weiß schon lange, wie sehr uns die Erfahrungen der ersten Lebensjahre prägen. Diese Erfahrungen sind keine losgelösten Einzelereignisse. Wir erleben sie in einem systemischen Kontext, als Wechselwirkung zwischen Systemelementen, in der Familie konkret zwischen den Familienmitgliedern.

Wir erfahren im Familiensystem Ordnungen wie zum Beispiel die Geschwisterreihenfolge. Der Kleinste/Jüngste von vier Geschwistern ist im System »der Letzte«. Der Erstgeborene ist immer »der Große«. Die Kinder dazwischen – in den »Sandwichpositionen« – erfahren sich als weder groß noch klein. Genauso prägend sind auch Erfahrungen als Einzelkind. Wir erleben als Kind, dass wir einen bestimmten, unveränderbaren Platz im Familiensystem einnehmen. Das trägt entscheidend zu unserer Identität bei und bestimmt Verhalten und Positionierung auch in anderen Systemen.

Wenn Kinder größer werden und Einbindungen in andere Systeme erfahren – zum Beispiel in Kindergarten, Schule, Gemeinde, Sportverein –, kommen weitere systemische Erfahrungen dazu. Die Suche nach dem eigenen Platz im neuen System wird entscheidend von den Erfahrungen im Ursystem geprägt. Wir suchen uns meist wieder den Platz im neuen System, der analog zu dem in unserer Herkunftsfamilie ist. Dort fühlen wir uns wohl, die Welt ist dann für uns in Ordnung.

Die Bedeutung von Ordnungen für unser Wohlbefinden zeigt in vielen Varianten der Sprachgebrauch. Wir finden ein Verhalten »nicht in Ordnung«. Oder wir fragen, ob »alles in Ordnung« ist. Wir stellen fest, dass jemand aus »geordneten Verhältnissen« kommt. Wir finden eine »schreckliche Unordnung« vor oder freuen uns, wenn jemand seine Sache »ordentlich macht«. Oder wir spüren das Bedürfnis, »die Sache in Ordnung zu bringen«. Offensichtlich haben wir einen »Sinn für Ordnung«.

Quasi wie auf einer inneren Landkarte prüfen wir, ob die konkrete Situation, die wir vorfinden, mit unserer oft unbewussten Vorstellung von der »richtigen Ordnung«

übereinstimmt. Dabei bewegen wir uns geistig in einer systemischen Vorstellung. Wir sehen ein Ganzes, in dem Teile am richtigen Platz sind oder nicht.

Soziale Systeme reagieren hoch sensibel auf gestörte Ordnungen: Menschen werden krank, Kinder versagen in der Schule oder die betriebliche Leistungserstellung ist ungenügend. Oft ermöglicht erst die Betrachtung der Wechselwirkungen in einem System eine Klärung oder Lösung. Nicht der Einzelne, sondern seine Einbindung und seine Position – inklusive der damit verbundenen Erwartungen, Ansprüche und Beziehungen – ist die entscheidende Wirklichkeit. An ihr ist konstruktiv zu arbeiten, will man sinnvoll auf die Störungen reagieren.

Die Erkenntnis, dass schicksalhafte Erfahrungen oft über Generationen hinweg in einer Familie wirken, ist in der Psychologie relativ neu. Ancelin Schützenberger hat in ihren genealogischen Forschungen in Frankreich viele Beispiele gefunden, wie in einer Familie über mehrere Generationen hinweg Menschen immer wieder das gleiche Schicksal erleiden. Bert Hellinger konnte zeigen – und inzwischen ist das vielfach bestätigt –, dass die Nachkommen unbewusst für schwere Schuld ihrer Eltern und Großeltern sühnen oder versuchen, erlittenes Unrecht ihrer Vorfahren zu rächen (aber an der falschen Person). Auf dieses Phänomen können wohl auch Aussagen des Alten Testaments bezogen werden – wie etwa: »Er verfolgt die Schuld der Väter an den Söhnen und Enkeln, an der dritten und vierten Generation« (Exodus 34,7). Oder: »Unsere Väter haben gesündigt; sie sind nicht mehr. Wir müssen ihre Sünden tragen« (Klagelieder 5,7).

In Systemen – Familien wie auch Organisationen – scheint es ein Bedürfnis nach Ausgleich zu geben. So konnte bei Familienaufstellungen in den USA immer wieder beobachtet werden, dass die Kinder, häufiger die Enkel mit schweren Krankheiten oder merkwürdigen Unfällen dafür leiden, dass ihre Vorfahren durch das Leid anderer Menschen, die sie ausgebeutet haben, reich geworden sind. Bei Kindern und Enkeln von Naziverbrechern finden wir oft die Sühne, dass diese einen sozialen Beruf wählen oder ihr Lebensglück nicht finden können. Es zeigt sich darin eine unbewusste Loyalität mit den Opfern.

In Familienaufstellungen können unerklärliche menschliche Schicksale in ihrem Zusammenhang mit früheren Ereignissen in der Familie aufgedeckt und bearbeitet werden. Es zeigt sich immer wieder, wie entscheidend das seelische Erbe – und gegebenenfalls seine Bearbeitung – für Erfolg und Wohlergehen im Leben ist.

7.2 | Organisations- und Systemaufstellungen

FA Die Technik der Systemaufstellung ermöglicht Ordnungen beziehungsweise fehlende Ordnung darzustellen und zu bearbeiten. Ihren Ursprung haben Systemaufstellungen in der systemischen Familientherapie von Bert Hellinger. Unter der Bezeichnung »Familienaufstellung« hat sich diese Methode inzwischen über die ganze Welt verbreitet. Ihre Anwendung bei beruflichen Fragestellungen findet immer mehr Anhänger, nicht zuletzt wegen der erstaunlichen Effizienz der Methode.

Indem jemand mit Hilfe von Stellvertretern die beteiligten Personen oder Elemente intuitiv im Raum aufstellt, werden Beziehungen räumlich abgebildet und in ihrer Funktionalität beziehungsweise Dysfunktionalität sichtbar. Aufstellungen zeigen, wie wir »zu etwas stehen« beziehungsweise wo wir und die anderen in einem System ihren Platz gemäß unserer Vorstellung haben. Position und Blickrichtung der im Raum stehenden Personen, sowie deren Rückmeldung über ihr Befinden zeigen schnell und unmittelbar wesentliche, oft nicht beachtete Zusammenhänge im Beziehungsgefüge einer Organisation oder eines Bereiches.

Aus diesen Informationen werden die erforderlichen Neupositionierungen und die nächsten Schritte abgeleitet – mit dem Ziel, Harmonie und Synergie im System zu erhöhen. Auch lassen sich Alternativen in ihrer Wirkung auf das Ganze durch Umstellen von Systemelementen testen. Es ist immer wieder überraschend, wie Stellvertreter Zusammenhänge sehen und spüren können, die beim Betroffenen selbst durch die eigene »Systemblindheit« verdeckt sind. So lassen sich Teamsituationen, Entscheidungen, aber auch Zielfindungs- und Strategieprozesse und andere betriebliche Prozesse in ihrer tieferen Dynamik erfassen und bearbeiten.

Inzwischen überprüfen Weltfirmen mittels Aufstellungen, wie sich geplante Strukturveränderungen auf die Mitarbeiter auswirken. Oder sie prüfen, ob jemand in ein Team passt beziehungsweise welchen Platz er dort einnimmt. Konflikte werden mit Hilfe von »Stellvertretern« aufgestellt, um das gesamte Beziehungsgefüge abzubilden und in den Wechselwirkungen zu sehen. Beispielsweise nutzt ein großer Handyhersteller Aufstellungen, um Umstrukturierungen vorzubereiten. So kann geprüft werden, wie sich die Mitarbeiter an neuen Positionen fühlen werden und wo Probleme auftreten könnten.

In einer Aufstellung wird nicht das Problem abgebildet, sondern das System, in dem das Problem entstanden ist. Menschen, die stellvertretend für die betroffenen Personen intuitiv im Raum platziert werden, berichten über ihre Gefühle und ihre Empfindungen gegenüber den anderen Beteiligten. So lässt sich überprüfen, wer wichtig ist, wer noch fehlt und welche Schritte erforderlich sind, um zu einer guten Lösung zu kommen, die alle Beteiligten zufrieden stellt.

Verbale Beschreibungen von Situationen – wie sie in Beratungssituationen üblich sind – haben zwei Schwachpunkte. Der Erzähler beschreibt nicht die Situation, sondern immer nur seine subjektive Sicht der Situation, die oft entscheidende Aspekte auslässt. Die verbale Beschreibung ist inhaltlich begrenzt und muss notwendigerweise viele Teilaspekte auslassen. Wenn ein Problem »aufgestellt« wird, greift die alte Weisheit: Ein Bild sagt mehr als tausend Worte. Es fließen Aspekte in die Aufstellung ein, die dem Aufsteller nicht bewusst sind, die aber von unbefangenen Betrachtern gesehen werden können.

Ein Beispiel: In einem Führungsseminar beklagt sich ein Teilnehmer – er ist Betreuer (B) von selbstständigen Vertriebseinheiten eines großen Unternehmens –, dass er von den drei Geschäftsführern (GF) einer Vertriebs-GmbH, die er betreut, vollständig abgeblockt wird. Er hat dafür keine Erklärung. Er wählt für die Aufstellung vier Personen der Seminargruppe als Stellvertreter für sich und für die drei Geschäftsführer aus und stellt diese – seinem inneren Bild folgend – im Raum auf. Er stellt das Bild einer »Wagenburg«: die drei Geschäftsführer mit dem Gesicht zueinander und sich selbst außerhalb dieses Kreises.

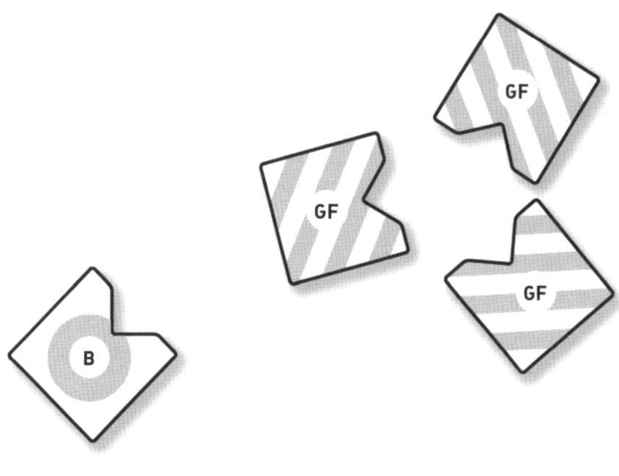

Dieser Betreuer hat das innere Bild – ein »Vor-Urteil« –, er stehe außen und werde abgelehnt. Dies führt dazu, dass er alle Gespräche von dieser »Außenposition« aus führt. Er sendet unbewusst Beziehungssignale, die den anderen sagen: »Ich stehe außerhalb«. Umgekehrt interpretiert er die Signale der anderen als Bestätigung seines Bildes von der Situation: »Ich werde abgelehnt«. Es ist jetzt – in der Aufstellung – nicht nur möglich, dem Betroffenen seinen Anteil an der Situation bewusst zu machen, sondern ihn auch auf einen anderen Platz zu stellen, von dem aus er mehr Einfluss nehmen kann. Im Lösungsbild stehen die drei Geschäftsführer im Halbkreis und der Betreuer mit Blickkontakt zu allen etwas seitlich versetzt.

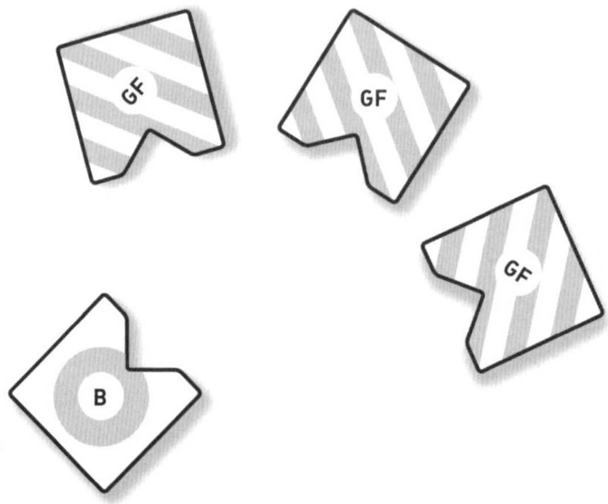

Unser inneres Bild von einer Situation ist immer die Basis für unsere Kommunikation und unsere Wahrnehmung. In einer Aufstellung kann der Betroffene im wahrsten Sinn des Wortes eine neue Position beziehen und dabei testen, wie sich die Beziehung zu den anderen Personen dadurch verändert. Er verändert sein inneres Bild und wird in der realen Situation nun gemäß diesem veränderten Bild andere Beziehungsbotschaften senden als bisher. Die Betroffenen sind oft selbst zutiefst über die heilsame Wirkung erstaunt, die entsteht, wenn der richtige Platz gefunden und eine gute Ordnung hergestellt ist.

Führung hat schon immer ihre Hilfe aus Erkenntnissen anderer gesellschaftlicher Systeme und Disziplinen bezogen. Die militärische Ordnung mit ihren klaren Hierarchien und Strukturen inspirierte die Organisation von Betrieben. Erkenntnisse der Motivationspsychologie und der Pädagogik flossen in viele Lehrbücher über Führung ein. Kybernetik und Erkenntnisse der Computerwissenschaften standen Pate bei der Entwicklung von Netzwerken, Matrixorganisationen und Systemtheorien.

Das relativ neue Wissen um die Gesetzmäßigkeiten und Dynamiken in Systemen wird Führungsverhalten noch einmal entscheidend verändern. Wer nachhaltige Entwicklung anstrebt, muss immer das Ganze in seinen Wechselwirkungen sehen und Ordnungen finden, die für alle Systemteile gut sind. Dies ist im Kern ein spiritueller Ansatz, denn er meint, dass Führung für alle gut sorgen muss. Empirische Untersuchungen belegen immer wieder, dass der Blick auf das Ganze – auf alle Beteiligten – die besten Früchte trägt.

Ein Hinweis zu Familien- und Systemaufstellungen: Ein scharfes Skalpell macht noch keinen guten Chirurgen! Die Technik der Familien- und Organisationsaufstellungen ist nicht geschützt und wird leider auch von unerfahrenen Kursleitern genutzt. Die Prozesse, die in einer Aufstellung in Gang gesetzt werden, können sehr tief gehen. Der Leiter sollte wissen, wie er Menschen weiterhelfen kann, die durch die Aufstellung tief berührt werden. Er sollte auch die Grenzen dieser Technik kennen. Sie ist keine »Wahrsagemethode« und kein »Allheilmittel«. Gute Aufsteller haben nicht nur eine gute Ausbildung in der Methode, sondern auch einen entsprechenden Erfahrungshintergrund im jeweiligen Anwendungsbereich.

7.3 ı Familiensystem und Betriebssystem

FA Viele betriebliche und berufliche Probleme können erst gelöst werden, wenn sie in einem größeren systemischen Kontext erfasst werden. Ungelöste Probleme im Familiensystem werden oft unbewusst im Unternehmen ausgelebt. Psychologen sprechen von »Übertragung« und »Projektion«, wenn beispielsweise eine Frau ihre ungelöste Vaterproblematik an ihrem Chef ausagiert. Oder es überlagern sich verschiedene Systemebenen – wie zum Beispiel Familiensystem und Betriebssystem.

Ein beeindruckendes Beispiel liefern zwei Brüder in einem Beratungsgespräch: Beide sind zu je fünfzig Prozent Eigentümer eines mittelständischen Unternehmens und gleichberechtigte Geschäftsführer. Sie spüren unterschwellige Spannungen, obwohl beide willens sind, gut und einvernehmlich zusammenzuarbeiten. Der Ältere klagt darüber, dass er sich überlastet fühle, der Jüngere darüber, dass der richtige Schwung fehle.

Auf die Bitte, ihre Beziehung »aufzustellen« – also räumlich abzubilden –, laufen beide kurze Zeit im Konferenzraum hin und her. Der Ältere stellt sich in die Mitte, beide Arme in die Hüfte gestemmt. Der Jüngere findet keinen guten Platz, bleibt aber schließlich etwa zwei Meter neben seinem Bruder stehen und erklärt, dass dieser Platz nicht gut sei, aber von allen getesteten Plätzen das kleinste Übel.

Diese Plätze entsprechen der richtigen Ordnung im Familiensystem der beiden. Der Ältere steht vor dem Jüngeren im Uhrzeigersinn. Er war vor ihm da und bleibt damit immer vor ihm. Die Ursache der unerklärlichen Spannungen zwischen beiden zeigt sich, als die Firmengeschichte hinterfragt wird. Der Jüngere hatte vor vielen Jahren das Unternehmen gegründet und sein älterer Bruder stieg erst nach einigen

Jahren in das Unternehmen ein. Nach dieser Klärung werden beide gebeten, die Plätze zu tauschen:

Sofort ist eine Veränderung von Körperhaltung und Gesichtsausdruck bei beiden Brüder deutlich zu sehen. Der Ältere sagt, es falle nun eine Last von seinen Schultern. Der Jüngere meint, dieser Platz sei endlich wirklich gut. Beide haben bisher in der Firma »Familie gespielt« und aus einer falsch verstandenen Ordnung heraus agiert. Nun nimmt der Jüngere als Gründer und Erster im Unternehmen auch seinen Platz als »Nummer Eins« ein. Beiden geht es mit diesem neuen Bild ihrer Beziehung sehr gut. Es prägt die weitere Entwicklung im Unternehmen nachhaltig zum Positiven.

Der alltägliche Sprachgebrauch enthält viele Beispiele dafür, wie räumliche oder »körperliche« Metaphern benutzt werden um zwischenmenschliche Beziehungen zu beschreiben: jemandem »nahe oder fern stehen«, jemand »hält mir den Rücken frei«, jemand hat »einen festen Standpunkt«, jemand ist »zugewandt« oder »abgewandt«, jemand »zeigt die kalte Schulter« oder »der Gedanke liegt mir fern« ... Offensichtlich werden unsere Beziehungen zu anderen Menschen, aber auch zu Dingen und Ideen als räumliche Struktur verarbeitet und gespeichert.

7.4 | Das vollständige System

FA In Systemen gibt es das Recht auf Zugehörigkeit. Jedes Familienmitglied hat einen Platz im Familiensystem. Wird jemand ausgeschlossen – zum Beispiel wenn ein Familienmitglied in der Psychiatrie ist und seine Existenz verschwiegen wird –, dann hat das negative Auswirkungen auf die Restfamilie. In abgeschwächter Form gilt gleiches auch für Unternehmen. Wenn jemand im Unfrieden ausscheidet oder »hinausgemobbt« wird, belastet das das restliche Unternehmen.

Das alte Thema von Schuld und Sühne erfährt in systemischen Betrachtungen eine neue Bestätigung. Der Blick auf jeden einzelnen ist somit kein humanitärer »Luxus«, sondern eine systemische Notwendigkeit, um Entwicklung und Effizienz in Organisationen zu erreichen. Dabei geht es nicht nur um persönliche Schuld. In Führungspositionen übernehmen wir das systemische Erbe des Ganzen, also auch die »Geschichte« des Unternehmens oder der Organisation.

Ein Beispiel: Eine Architektin wird als Leiterin der Bauabteilung einer größeren Behörde eingestellt. Im Team, das sie leitet, gibt es unterschwellige Konflikte. Alle Bemühungen um einen offenen und guten Umgang miteinander scheitern. Nach ihrem Dienstantritt hatte diese Leiterin erfahren, dass ihre Vorgängerin wegen »Unfähigkeit« vom Geschäftsführer erst degradiert und dann in den vorzeitigen Ruhestand geschickt wurde. Die Architektin hatte schon mehrfach Kontakt mit ihrer Vorgängerin aufgenommen und dabei versucht, eine gute Beziehung zu ihr zu finden, aber ohne Erfolg. Ihre Vorgängerin ist zutiefst gekränkt und auf die ganze Behörde böse. In einer Aufstellung wird klar, dass die Mitarbeiter sich innerlich mit der früheren Leiterin solidarisieren und durch ihr blockierendes Verhalten heimlich Rache am System für die schlechte Behandlung dieser Frau nehmen. Das System schafft auf diese Weise den Ausgleich und damit ein systemisches Gleichgewicht. Nur ist der Ausgleich in dieser Art nicht förderlich für ein gutes Miteinander und für effektives Arbeiten. Die Lösung liegt darin, das Gleichgewicht im System – hier: in dieser Abteilung – auf eine bessere Art und Weise wieder herzustellen. Die Architektin positioniert in einer Aufstellung vier Stellvertreter intuitiv im Raum: für sie selbst, für die frühere Leiterin, für die Mitarbeiter und für den verantwortlichen Geschäftsführer. Fast wie in einem Ritual wird dann die Kränkung verbalisiert und an die richtige

Adresse – den Geschäftsführer – gerichtet. Die jetzige Leiterin (das heißt ihre Stellvertreterin in der Aufstellung) bringt ihr ehrliches Bedauern und ihr Mitgefühl gegenüber ihrer Vorgängerin (das heißt gegenüber deren Stellvertreterin in der Aufstellung) zum Ausdruck. Die Architektin ist nach dieser Aufstellung sehr erleichtert und erklärt, dass sie vieles nun verstehe und die Situation jetzt klar sieht.

Es gehört zu den erstaunlichen Phänomenen der Aufstellungsarbeit, dass es nicht erforderlich ist, die Betroffenen persönlich einzubinden. Es genügt eine betroffene Person aus dem System mit der ernsthaften Absicht, etwas verbessern zu wollen. Wenn dadurch an einer Stelle in einem System etwas Wesentliches verändert wird, hat das Auswirkung auf alle anderen Teile des Systems.

Führung versagt immer in Situationen, in denen es um systemische Verstrickungen geht, die mit den aktuellen Gegebenheiten nichts zu tun haben. Diese können im betrieblichen System liegen oder im Familiensystem eines Betroffenen begründet sein. In unserem Kulturkreis spielen Verbrechen aus der Nazizeit und tragische Schicksale während des zweiten Weltkriegs oft eine große Rolle.

Das Denken in größeren systemischen Zusammenhängen kann für Teamprozesse eine entscheidende Rolle spielen. Konflikte, Rivalitäten und die gesamte Dynamik einer Gruppe verändern sich, wenn der Blick auf das größere Ganze gerichtet wird: Wozu sind wir da? Was ist der Sinn dieses Unternehmens? Wo wollen wir hinkommen? Was hilft uns, unseren Zielen näher zu kommen?

Solche und ähnliche Fragen relativieren alle Teamprozesse, indem sie noch etwas anderes und Umfassenderes mit in den Blick nehmen. In Aufstellungen lässt sich zeigen, wie sich nicht nur das Gesamtbild einer Gruppe oder eines Teams ändert, sondern auch die Befindlichkeit der Beteiligten, wenn beispielsweise die Kunden – oder in einer Klinik: die Patienten – in die Aufstellung hineinkommen.

Die Führungsaufgabe erfährt eine wichtige Erweiterung, wenn zum Denken in Positionen und Abläufen eine systemische Sichtweise hinzu kommt. Es zeigen sich dann Zusammenhänge und Dynamiken, die entscheidend zu guten Lösungen beitragen können.

7.5 ı Systemische Wurzeln

FA Die Aufgabe, sich selbst zu führen, beinhaltet auch, sich auszusöhnen mit den alten Verletzungen und den Kränkungen aus der Vergangenheit. Das innere »Reinemachen« ist eine lebenslange Aufgabe. Jeder Schritt auf diesem Weg macht uns innerlich freier und bringt uns in bessere Verbindung mit unseren Energien und Ressourcen. Erst diese innere Freiheit – die entsteht, wenn Menschen ihre eigene Bedürftigkeit überwunden haben – ermöglicht die Hinwendung zum anderen. Wir brauchen dann den anderen nicht mehr für unsere eigene Selbstbestätigung und können uns ihm ganz zuwenden. Schritte auf diesem Weg sind die Möglichkeiten der Selbstreflexion, der Reinigungsprozess auf dem spirituellen Weg, Selbsterfahrungsgruppen oder die verschiedenen Formen therapeutischer Unterstützung.

Wichtige innere Klärungsprozesse betreffen vor allem drei Bereiche, die uns wie die Wurzeln eines Baumes Kraft und Nahrung geben, wenn wir mit ihnen verbunden sind. Umgekehrt: Wenn dort der Energiefluss blockiert ist, sind wir geschwächt, oft bleibt der Erfolg aus oder Menschen leiden unter einer unerklärlichen Last.

Es sind unsere **biologischen, geografisch-sozialen** und **spirituellen** Wurzeln, mit denen wir ins reine kommen müssen. Gerade bei Unternehmern, bei Selbstständigen und insbesondere bei Herausforderungen zeigt sich, wie gut Menschen mit ihren Wurzeln verbunden sind und wie viel Energie ihnen dabei zufließt. Im Reinen sein mit sich selbst heißt, ausgesöhnt und verbunden sein mit den eigenen Wurzeln. Der Mangel an Energie – manchmal auch an Orientierung – zeigt eine Störung an.

7.5.1 ı Die biologischen Wurzeln

FA Menschen, die voller Wut oder Hass auf ihre Eltern oder auf ein Elternteil sind, sind abgeschnitten von der Energie, die ihnen von ihren Vorfahren zufließen kann. »Von den Eltern nehmen« setzt voraus, dass ich mich ausgesöhnt habe, dass ich das würdige, was ich von ihnen bekommen habe. Das ist manchmal sehr schwer und schmerzvoll, wenn Menschen eine schwere Kindheit hatten.

Das vierte Gebot erfährt durch die Erfahrungen mit Familienaufstellungen eine deutliche Bestätigung:

Ehre deinen Vater und deine Mutter,
damit du lange lebst

Exodus 20,12

Noch deutlicher steht es im Buch Jesus Sirach:

Hört, ihr Söhne, was das Recht des Vaters ist,
und handelt danach, damit es euch gut geht.
Denn der Herr hat den Kindern befohlen, ihren Vater zu ehren,
und die Söhne verpflichtet, das Recht ihrer Mutter zu achten.
Wer den Vater ehrt,
erlangt Verzeihung der Sünden,
und wer seine Mutter achtet,
gleicht einem Menschen, der Schätze sammelt.

Jesus Sirach 3,1-4

Bei Unternehmern und Selbstständigen kann man immer wieder sehen: Wenn diese mit ihren Eltern hadern – voller Zorn sind über das, was ihnen ihre Eltern angetan haben –, dann bleibt der berufliche Erfolg aus. Ihnen fehlt die Kraft und die Energie – sie können nichts voranbringen oder das, was sie erreicht haben, nicht halten. Bei manchen Indianerstämmen ist es heute noch üblich, sich in einer Visualisierungsübung starke, erfolgreiche Vorfahren in sieben Generationen hinter sich und dann weitere sieben Generationen vor sich vorzustellen, um in den Energiestrom der Ahnenlinie zu kommen.

Es gehört zu den eindrucksvollsten Übungen in Aufstellungskursen, hinter eine Person sieben erfolgreiche Väter oder Mütter zu stellen. Die Betroffenen spüren die Energie, die dabei fließt. Mit dem Aufstellen dieser biologischen Wurzeln können auch Störungen diagnostiziert und bearbeitet werden. Im Grunde ist das der Kern aller Familienaufstellungen: Ordnung im Familiensystem zu schaffen und die Energie aus diesem Bereich zum Fließen zu bringen.

7.5.2 | Die geografisch-sozialen Wurzeln

FA Die Bedeutung der geografisch-sozialen Wurzeln entdecken die meisten Menschen erst, wenn diese verloren gehen. Wir sind mit der Landschaft, der Kultur, dem Brauchtum, der Sprache und mit vielem, was unsere Heimat ausmacht, verbunden – insbesondere auch mit der Heimat unserer Vorfahren. Menschen, deren Vorfahren vertrieben wurden oder die selbst ihre Heimat verloren haben, sind von dieser Wurzel abgeschnitten. Es dauert mehrere Generationen, in einer neuen Heimat wieder fest »hineinzuwachsen« und Wurzeln zu schlagen.

Aber auch Menschen, die ihre Heimat nicht würdigen, verlieren die Kraft, die sie dort bekommen können. Die Auswirkungen zeigen sich subtil oder in Momenten, in denen uns unerklärlicherweise die Kraft für neue Aufgaben fehlt.

Ein Beispiel: Ein Klient klagt darüber, dass seine Habilitationsarbeit nicht vorankomme, obwohl alle Voraussetzungen bestens gegeben seien. Er werde von seiner Frau unterstützt, sein Doktorvater, bei dem er zugleich als Assistent arbeite, gebe ihm genügend Freiräume. Alles scheine zu stimmen. In einer Aufstellung wird er seinen geographischen Wurzeln gegenübergestellt. Sein Gesichtsausdruck wird dabei sehr ernst und er erinnert sich, dass sein Vater aus einer sehr armen Gegend stamme. Seine Mutter habe ihn studieren lassen und sich das Geld dafür »buchstäblich vom Mund abgespart«. Er kann eine innere Beziehung zu dieser Gegend aufnehmen und eine Haltung von Dankbarkeit und Würdigung einnehmen. Er spürt dabei, wie er innerlich ruhig wird und sich Friede in ihm ausbreitet.

Die Lösung der Aussöhnung mit den geografisch-sozialen Wurzeln kann aber auch darin liegen, den Mangel zu akzeptieren und den Verlust zu betrauern. Bei Heimatvertriebenen ist dies oft die einzige Möglichkeit. Auch in der zweiten Generation ist eine solche Trauerarbeit noch erforderlich: das Zurückschauen auf das, was verloren ist, und die Würdigung der alten Heimat.

7.5.3 | Die spirituellen Wurzeln

FA Ob wir es wollen oder uns dagegen wehren – Religion hat tiefen Einfluss auf unsere Lebensgestaltung, wie immer sie in der Kindheit auch erlebt worden ist. Spätestens ab der Lebensmitte werden die Fragen nach dem Sinn unseres Lebens, nach bleibenden Werten, der Wunsch, etwas Wertvolles und Sinnvolles zu schaffen, drängend. Viele Menschen erfahren dabei, dass der Gott unserer Kindheit ausgedient hat und für unsere Lebensorientierung nicht mehr taugt.

»Religio« – als Rückbindung an den Ursprung, an etwas Absolutes – wird als wichtiges Element der systemischen Einbindung und als religiös-spirituelle Wurzel wiederentdeckt. Menschen spüren, dass es nicht nur um den richtigen Platz in den sozialen Systemen geht, sondern auch um religiöse Heimat. Manchmal ist die konkrete Erfahrung von Kirche in der Kindheit mit negativen Erfahrungen oder sogar Traumata verbunden. Die Prägung durch die ersten religiösen Erfahrungen gründet genauso tief wie andere Kindheitserfahrungen. Wir müssen uns damit genauso aussöhnen wie mit den anderen Wurzeln, wenn wir die besondere Kraft dieser Wurzel nutzen wollen.

Zahllose Untersuchungen belegen, dass religiös verwurzelte Menschen psychisch und physisch stabiler durchs Leben gehen. Nur aus der Religion bekommen wir Antworten auf letzte Fragen, die wir mit zunehmendem Alter immer bewusster stellen. Den Zugang zu dieser Wurzel müssen wir uns als Erwachsene besonders erarbeiten. Wir können zwar unsere »Kindheitsreligion« festhalten, dann bleiben wir aber in äußeren Formen stecken, die uns zwar Halt, aber keine wirkliche Kraft geben können.

Der Weg zu unserer religiös-spirituellen Wurzel besteht darin, sich auf den Weg zu machen. Wir müssen sie immer wieder neu finden. »Der Weg ist das Ziel« heißt es im Zen. Im Alten Testament können wir lesen: »Der Herr sprach zu Abraham: Zieh weg aus deinem Land, von deiner Verwandtschaft und aus deinem Vaterhaus in das Land, das ich dir zeigen werde« (Genesis 12,1).

Zahllose mystische Texte verweisen auf das Gleiche. So schreibt der Bibelwissenschaftler Fridolin Stier: »Geh, verlass die Heimat, die Welt. Darin du geboren bist, darin du dich eingerichtet hast – das Haus voll von den Namen der Dinge, die um dich sind«. Und der Sufi-Mystiker Dschalal ad-Din Rumi stellt fest: »Ich habe die ganze Welt auf der Suche nach Gott durchwandert und ihn nirgendwo gefunden. Als ich wieder nach Hause kam, sah ich ihn an der Türe meines Herzens stehen«.

Die Problematik besteht darin, dass wir bei diesem geistigen Aufbruch aufbrechen müssen, ohne das Ziel zu kennen. Wir müssen das Alte loslassen ohne das Neue zu sehen. Das ist mit Angst, Krisen und Schwierigkeiten verbunden. Sie sind Merkmale aller spirituellen Wege, die eben Weg und nicht Herberge sind.

In Aufstellungen kann das Aufstellen der spirituellen Wurzeln diese Problematik bewusst machen. Menschen jenseits der Lebensmitte fällt es meist leicht, sich vom »Gott ihrer Kindheit« zu verabschieden. Das Neue – das als »Berufung«, »Lebensaufgabe«, »neue religiöse Heimat«, »Ziel« oder noch anders beschreiben wird – lässt sich meist nicht konkret fassen. Diese ganz andere Qualität, die der Verstand nicht fassen kann, möchten die meisten gerne wieder gegen ein vertrautes Denkmuster tauschen. Dabei verliert es aber sein eigentliches Wesen als Geheimnis.

Diese Suche nach einer neuen religiösen Verwurzelung führt Menschen manchmal in die Hände von Sekten oder zu den Heilsbringern des New Age. Die Enttäuschung ist meist vorprogrammiert. Echte Hilfe bieten die traditionellen spirituellen Wege der großen Religionen. Dort gibt es gute Chancen, erfahrene Wegbegleiter und solidarisch offene Gleichgesinnte zu finden.

TEXT ZUR VERTIEFUNG

Gemeinsam leben

AG Die Systemaufstellung – ob in Bezug auf die Familie oder das Unternehmen – schärft den Blick für die Beziehungen, aus denen sich jede Form von Gemeinschaft »zusammensetzt«. Dabei kommt nicht ein idealisiertes Bild des jeweiligen Miteinanders in den Blick, sondern es werden gerade auch die Schwierigkeiten und Probleme, die sich aus den jeweiligen Konstellationen ergeben, abgebildet, angesprochen und bearbeitet. Was hier alles wichtig ist und wie Ordnung das Zusammenleben beziehungsweise -arbeiten stützt, kann wiederum ein Blick auf den »Experten« Benedikt zeigen, nach dessen Regel Menschen seit rund 1500 Jahren zusammenleben:

Obwohl er ein Begründer einer gemeinschaftlichen Lebensform ist, kann Benedikt einer Sozialromantik nichts abgewinnen. Er begründet das gemeinschaftliche Leben nicht mit großen theologischen Ausführungen, er beschreibt es einfach. Gelingende Beziehungen sind ihm wichtig. Gemeinschaft ist für ihn zugleich etwas Alltägliches, das sich in den gemeinsamen Abläufen von Arbeit, Gebet und Haushalten widerspiegelt. Benedikt ist äußerst skeptisch gegenüber umherstreunenden und eigensüchtigen Mönchen, die sich als beziehungsunfähig erweisen (vgl. Regel Benedikts 1,10 ff).

Lesen wir seine Weisungen zum gemeinsamen Leben, so wird deutlich, dass er sich mit schwierigen Mitgliedern in seiner Gemeinschaft auseinandersetzt, mit eigensinnigen, begriffsstutzigen, undisziplinierten, Unruhe stiftenden, stolzen und ungehorsamen Menschen (vgl. Regel Benedikts 2), jedoch mit dem Ziel, in diesen Umständen gemeinsam Glauben zu leben. Der Umgang mit solchen Menschen will daher geübt sein. Der gegenseitige Umgang, wie ihn gerade die letzten Kapitel seiner Regel zeigen (vgl. Regel Benedikts 68–71), ist ihm so wichtig, dass Benedikt Überforderung und Kränkungen entgegenwirkt und die gegenseitige Liebe und Achtung zum Dreh- und Angelpunkt gemeinsamen Lebens macht. Gelingende Gemeinschaft trifft auf einen Lebensnerv seiner Regel.

»Alle Menschen ehren« (Regel Benedikts 4,8). Einfacher kann man es nicht sagen. Gemeinsames Leben entsteht aus dem Respekt und der Wertschätzung vor dem anderen, wächst aus der Achtung voreinander, unabhängig von Würde und Herkunft. Ihre Wurzel hat diese Achtung bei Benedikt in der engen Beziehung von Gottes- und Nächstenliebe (vgl. Regel Benedikts 4,1.14–16 und an weiteren Stellen). Im anderen Menschen begegnet mir Christus, in den Brüdern, im Gast, im Kranken, im Fremden, im Abt. In diesem Sinne zitiert Benedikt mehrmals den Apostel Paulus: »Kommt einander in gegenseitiger Achtung zuvor« (Römerbrief 12,10; vgl. Regel Benedikts 63,17; 72,4). Daher soll man im gegenseitigen Umgang einander ein Segen sein (vgl. Regel Benedikts 63,15).

Benedikt verwirklicht Gemeinschaft in weiteren Schritten: Neben der Achtung vor jedem einzelnen steht da die Fürsorge für den anderen, die keine Überforderung kennt, sondern seine Bedürfnisse wahrnimmt (vgl. Regel Benedikts 34,1–4). Immer wieder fordert er zu einem liebevollen Umgang miteinander auf, der auf Ermutigung, Trost und Annahme setzt. Dieser Umgang soll gegenseitig eingeübt werden. Die Kranken soll man in ihren Schwächen annehmen, aber auch der Kranke soll die, die ihn pflegen, nicht durch übertriebene Ansprüche überfordern und entmutigen (vgl. Regel Benedikts 36,4). Jeder hat sein Charisma und seine Aufgabe im Ganzen der Gemeinschaft, und sei sie noch so unscheinbar: der Pförtner, der Cellerar, der, der bei Tisch aufträgt. Zu einer lebendigen Gemeinschaft gehören weiterhin die Beständigkeit, die in Treue vollzogene Bindung an die Gemeinschaft selbst (vgl. Regel Benedikts 4,78).

Dazu gehört eine innere und äußere Ordnung in dem Wissen, dass diese Ordnung die Gemeinschaft stützt. Und dazu gehört schließlich auch die Fürsorge und Leitung des Abtes mit seinem Erfahrungsschatz. Die Tugenden, durch die eine Gemeinschaft lebendig werden kann, haben wir bereits in den Überlegungen zum Aufeinander-Hören gesehen: sich gegenseitig achten, sich in den Schwächen liebevoll annehmen, die Stärken fördern, aufeinander hören, geduldig sein, sich nicht übervorteilen, einander lieben, das sind alles Haltungen, die auch im ganz normalen Familienalltag zum Tragen kommen. Zusammen mit unseren Kindern versuchen wir, den äußeren Lebensrhythmus und die innere Ordnung des Herzens in Einklang zu bringen, wenn wir geregelte Abläufe beim gemeinsamen Spielen oder beim Essen, tagsüber oder am Abend einüben und dabei miteinander leben lernen. (...)

Ziel der Gemeinschaft ist der Frieden ihrer Glieder (vgl. Regel Benedikts 34,5). Daher soll man den Frieden suchen und ihm nachjagen (vgl. Regel Benedikts Prolog 17). Das heißt zum einen, den inneren Frieden zu suchen, der das Herz löst und es froh macht und der von Herzensmurren, gegenseitiger Verdächtigung und Kränkung befreit (vgl. Regel Benedikts 5,16–18). Das heißt aber andererseits auch, den äußeren Frieden untereinander Tag für Tag zu bewahren. Dann kann sich der gegenseitige Umgang als ein heilender gestalten, dann kann die Gemeinschaft zum Wohnort Gottes unter den Menschen, zum »Haus Gottes« (Regel Benedikts 31,19; 53,22 und an weiteren Stellen) werden.

Aus: Irmgard und Peter Abel, *Familienleben. Spirituelle Impulse aus der Regel Benedikts.* (Münsterschwarzacher Kleinschriften, Band 104), Münsterschwarzach, 2. Aufl. 2002, S. 58–62.

Führen als spirituelle Aufgabe | 8

Deshalb darf der Abt nur lehren oder bestimmen
und befehlen, was der Weisung des Herrn entspricht.

Regel Benedikts 2,4

Der Größte unter euch soll werden wie der Kleinste
und der Führende soll werden wie der Dienende.

Lukasevangelium 22,26

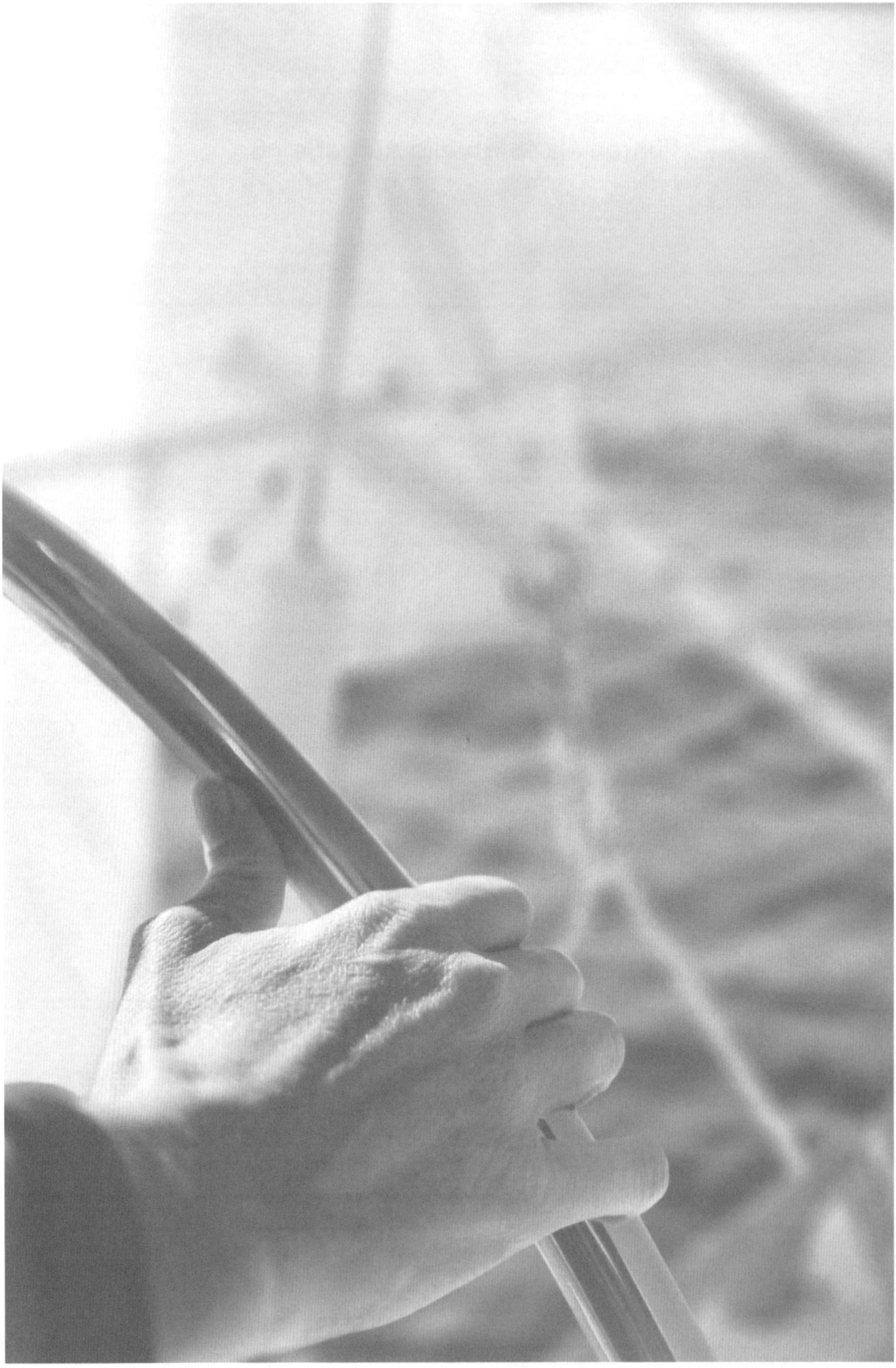

8.1 | Was ist Spiritualität?

FA Spiritualität ist ein Modewort geworden. In bestimmten Kreisen ist es chic, sich »spirituell« zu nennen.

Echte Spiritualität wird im Alltag gelebt. Sie zeigt sich im Handeln, das authentisch und von Werten geprägt ist, im Auftreten, das eine innere Sicherheit verrät, und vor allem in der Hingabe an die Anforderungen des Alltags. Der bekannte Zenmeister und Benediktiner Willigis Jäger betont immer wieder: Ein spiritueller Weg, der nicht in den Alltag führt, ist ein Irrweg. Exerzitien, Sesshins, Retreats sind intensive Übungszeiten, die uns für den Alltag stärken.

Spirituelle Menschen reden nicht oder kaum über ihre Spiritualität, sie leben sie. Echte Spiritualität entspringt inneren Erfahrungen, die diese Menschen aus einer Übungspraxis – seltener aus einer plötzlichen Erfahrung – gewonnen haben. Ein wesentliches Merkmal eines spirituellen Weges ist die »Reinigung«: ein tiefer, oft von Krisen begleiteter Prozess, der mit der Entwicklung der Persönlichkeit einhergeht.

Dagegen ist Reden über Spiritualität oft eine Art »Vermeidungsverhalten«. Die Disziplin, die ein spiritueller Weg erfordert, die innere, oft schmerzhafte Verwandlung, wird durch intellektuelle Diskurse umgangen.

Ich verstehe Spiritualität als ein Bewusstsein von Verbundenheit mit einem größeren Ganzen, dem ich verpflichtet bin und dem ich diene. In der Spiritualität übersteige ich mein enges kleines Ich und das narzisstische Kreisen um mich selbst. Dafür breitet sich das Gefühl von tiefer Verbundenheit mit der Schöpfung aus – im christlichen Verständnis insbesondere auch die Verbundenheit mit Jesus und mit seiner Lehre. David Steindl-Rast, ein vor allem in den USA bekannter Benediktiner, gibt eine sehr schöne und schlichte Definition: Spiritualität ist mehr Leben.

Spiritualität in der Führung ist damit ein Führen mit Blick auf das größere Ganze: auf das soziale Umfeld, die Gesellschaft und auf Natur und Schöpfung. Sie übersteigt die Ich-Bezogenheit, wie sie im einseitigen Machtstreben oder im vorrangigen Gewinndenken sichtbar wird. Führung ist in dem Maße spirituell, wie sie Leben weckt – in den Geführten genauso wie im Führer selbst. Sie geht einher mit einem großen Verantwortungsbewusstsein und lässt uns das ungeheuere Spannungsfeld unterschiedlichster Interessen und Bedürfnisse erfahren, in dem sich Führung bewegt.

AG Für mich ist Spiritualität: aus dem Geist Gottes leben. »Spiritus« ist das lateinische Wort für »Geist«. Gemeint ist der Heilige Geist: der Geist, den Gott uns schenkt. Für uns Christen ist dies zugleich der Geist Jesu. Wer aus dem Geist Jesu lebt, der strahlt auch die Haltung aus, die Jesus vorgelebt hat: die Haltung der Liebe, der Milde, der Barmherzigkeit, des Mitgefühls. Er urteilt nicht und verurteilt nicht.

Ob jemand aus dem Geist Gottes lebt, das erkennen wir an seiner Ausstrahlung. Er wird dann durchlässig für etwas, das ihn übersteigt. Er stellt nicht sein Ego in den Mittelpunkt, sondern durch ihn fließt ein Geist, der ihn auch mit den anderen verbindet. Er stellt sich mit seiner Spiritualität nicht über andere, sondern fühlt sich eins mit ihnen, weil in ihnen der gleiche Geist Gottes ist. Ein wichtiges Kennzeichen eines spirituellen Menschen ist, dass sein Leben Frucht trägt. Wer so führt, dass um ihn herum etwas »aufblüht«, der schöpft letztlich aus der Quelle des Heiligen Geistes – auch wenn es ihm nicht bewusst ist. Wer jedoch fromme Worte macht und mit seiner Arbeit ein aggressives Klima erzeugt, der lässt sich nicht vom Heiligen Geist leiten, sondern letztlich von seinem eigenen Ehrgeiz oder von seinen verdrängten Machtbedürfnissen.

Ein weiteres Kennzeichen für einen spirituellen Menschen ist die innere Freiheit. Paulus schreibt an die Korinther: »Der Herr aber ist der Geist. Und wo der Geist des Herrn wirkt, da ist Freiheit« (Zweiter Korintherbrief 3,17). Der spirituelle Mensch kreist nicht um sich selbst und sein Image. Er ist frei, sich ganz auf die Menschen und auf die Arbeit einzulassen. Er reflektiert nicht darüber, wie seine Arbeit ankommt. Er beurteilt sie auch nicht selbst. Er ist »durchlässig«. Wo der Geist in ihm strömt, da blüht etwas auf, da bekommen andere Lust, zu arbeiten.

Jesus sagt vom Geist, den er seinen Jüngern sendet, dass er der Geist der Wahrheit ist: »Wenn aber jener kommt, der Geist der Wahrheit, wird er euch in die ganze Wahrheit führen« (Johannesevangelium 16,13). Er wird uns die Augen für die eigentliche Wirklichkeit öffnen. Wer aus dem Heiligen Geist lebt, der verfälscht die Wirklichkeit nicht mit seinen eigenen Projektionen. Er sieht die Menschen und die Dinge, wie sie in Wirklichkeit sind. Und der Geist, den Jesus sendet, wird uns alles lehren und an alles erinnern, was Jesus selbst gesagt und vorgelebt hat (vgl. Johannesevangelium 14,26). Wenn jemand spirituell ist, dann vermittelt er in seinen

Worten, in seinen Handlungen und in seiner ganzen Ausstrahlung etwas vom Geist Jesu. Nicht alle, die Jesu Worte gebrauchen, leben aus seinem Geist. Ob jemand aus dem Geist Jesu lebt, zeigt sich an dem »Geschmack«, den er verbreitet. Der Jesusgeschmack ist kein bitterer oder harter oder verurteilender Geschmack, sondern ein Geschmack der Klarheit, der Liebe und der Freiheit.

8.2 ı Führung in der Lehre des Jesus von Nazaret

AG Jesus von Nazaret hat einiges zu sagen über eine Führung, die in seinem Geist geschieht. Von den vier Evangelisten war vor allem Lukas an den Aussagen Jesu über Führung interessiert. Denn Lukas schreibt sein Evangelium für den griechischen Mittelstand. Daher geht es ihm immer wieder um das Thema, wie wir mit dem Besitz und den Gütern dieser Welt richtig umgehen sollen.

Der Jesus des Lukasevangeliums verlangt nicht, dass die Handwerker und Kaufleute ihren Beruf aufgeben oder die Großgrundbesitzer alles verkaufen sollen. Vielmehr fordert er sie zu drei Haltungen auf.

Die **erste Haltung** ist die des sorgfältigen und zuverlässigen Umgangs mit den Dingen. Dabei sieht Lukas – gemäß der griechischen Philosophie – die Dinge dieser Welt als etwas dem Menschen Fremdes an. Das Eigentliche ist für den Philosophen Platon die Seele, die innere Welt des Menschen. Aber Lukas sieht einen Zusammenhang zwischen dem zuverlässigen Umgang mit den Dingen dieser Welt und der richtigen Beziehung zur eigenen Seele. So fragt Jesus: »Wenn ihr im Umgang mit dem fremden Gut nicht zuverlässig gewesen seid, wer wird euch dann euer wahres Eigentum geben?« (Lukasevangelium 16,12). Spiritualität zeigt sich für den Jesus des Lukasevangeliums also darin, dass wir zuverlässig und sorgfältig mit den irdischen Dingen umgehen und dass wir achtsam und klar führen. Im Alltag, in der Art und Weise, wie ich arbeite und führe, drückt sich meine Spiritualität aus.

Die **zweite Haltung**, die Lukas von den in Handel und Produktion Verantwortlichen verlangt, ist Solidarität mit den Notleidenden (vgl. etwa Lukasevangelium 6,38). Immer wieder spricht Jesus im Lukasevangelium davon, dass wir unseren Besitz mit den Armen teilen sollen. Wir sollen und dürfen nicht nur um uns und unseren Besitz kreisen, sondern müssen immer auch die Armen im Blick haben. Daher geht es um gerechte Verteilung der Güter. Nicht der Besitz an sich ist schädlich. Doch er führt in der Tendenz dazu, dass sich Menschen von anderen isolieren und eine Art Maske aufsetzen. Manche verstecken sich hinter der Maske des Besitzes. Doch dann kann sich die Person nicht entfalten. Eine Frau erzählt beispielsweise von ihrem wirtschaftlich erfolgreichen Mann, mit dem sie nicht mehr reden kann, weil sich alles nur mehr um das Geld dreht. Dieser Mann hat die Beziehung zu seiner Seele verloren. Daher erreicht die Frau sein Herz nicht mehr. Herzlosigkeit führt zu Kulturlosigkeit und zu einer immer rauer werdenden Gesellschaft. Die Solidarität ist auch ein wichtiges Kennzeichen guter Führung. Ich fühle mich mit denen, die ich führe, solidarisch. Wir alle teilen uns die Arbeit. Wir sitzen im gemeinsamen »Boot« der Firma und arbeiten gemeinsam zum Wohl der Firma und der Menschen.

Die **dritte Haltung**, die Lukas von Führungskräften verlangt, ist innere Freiheit (vgl. Lukasevangelium 12,13–34). Wir sollen uns weder an den Besitz noch an unsere Führungsaufgabe klammern. Wer sich daran klammert, der wird davon abhängig. Und letztlich wird ihn die Angst prägen. Die innere Freiheit gegenüber dem Besitz und gegenüber der Rolle des Führens bewahrt die Menschlichkeit des wirtschaftlich Verantwortlichen. Sie bringt ihn in Berührung mit seiner Seele und mit seinem Herzen.

8.2.1 ı Führen als Dienen

AG Das letzte Mahl, das Jesus mit seinen Jüngern hält, erzählt uns Lukas in Form eines Tischgesprächs. So wie die griechischen Philosophen ihre Lehre vor allem beim gemeinsamen Mahl – dem sogenannten Symposion – entfalteten, so spricht Jesus im Gespräch mit den Jüngern nochmals wichtige Themen seiner Lehre an. Dabei geht es auch um das Thema der Führung.

Die Jünger streiten sich, wer von ihnen wohl der Größte sei. Da antwortet ihnen Jesus: »Die Könige herrschen über ihre Völker, und die Mächtigen lassen sich Wohltäter nennen. Bei euch aber soll es nicht so sein, sondern der Größte unter euch soll werden wie der Kleinste, und der Führende soll werden wie der Dienende. Welcher von beiden ist größer: wer bei Tisch sitzt oder wer bedient? Natürlich der, der bei Tisch sitzt. Ich aber bin unter euch wie der, der bedient« (Lukasevangelium 22,25–27).

Jesus spricht mit diesen Worten zunächst zwei negative Weisen des Führens an, wie er sie in der Gesellschaft wahrnimmt. Die Könige, die ihre Völker unterdrücken, stehen für die Führungskräfte, die andere klein machen müssen, um an ihre eigene Größe glauben zu können. Doch wer andere klein macht, kann von ihnen keine große Leistung erwarten. Und er ist nicht frei, um dem Unternehmen oder den Menschen zu dienen. Er kreist immer nur um sich selbst. Die Ursache solch negativen Führungsverhaltens besteht in Minderwertigkeitskomplexen. Wer sich minderwertig fühlt, der muss sich ständig in den Mittelpunkt stellen. Und er muss andere erniedrigen, um sich zu erhöhen. Er muss andere entwerten, um sich aufzuwerten.

Von einem Menschen, der andere ständig entwerten muss, damit sein eigener Wert besonders gut heraus kommt, geht kein Segen aus. Vielmehr verbreitet er um sich entweder Angst und Schrecken oder aber er ist – wenn die Menschen es durchschauen – nur peinlich: Man spürt, wie klein sich der andere fühlen muss, wenn er es nötig hat, ständig andere klein zu machen. Wie wertlos muss er sich vorkommen, wenn er andere nur entwertet? Um solche Führungskräfte entsteht ein destruktives Klima. Und sie schaden sich selbst. Sie missbrauchen ihre Führungsaufgabe, um sich groß herauszustellen. Sie sind in sich gefangen. Daher können sie gar keinen Blick dafür haben, was der Firma wirklich gut täte. Und sie sind nicht frei, das zu tun, was für alle zum Segen gereichen würde. Sie sind letztlich Sklaven ihres eigenen kleinen Egos.

Die zweite negative Weise des Führens drückt Jesus in dem Wort aus: »Die Mächtigen lassen sich Wohltäter nennen« (Lukasevangelium 22,25). In der Antike ließen sich viele Herrscher Wohltäter nennen. Auch wenn sie den Menschen meistens nur Lasten aufgebürdet haben, ließen sie vor sich her posaunen, dass sie die größten Wohltäter der Menschheit seien. Sie ließen gleichsam ihre »Public-relations-Abteilung« für sich arbeiten, die ihr Image in der Öffentlichkeit gut darstellen sollte.

Auch solche Menschen kreisen um sich selbst. Sie sind nicht frei, sich auf die Menschen einzulassen, die sie führen. Ihre ganze Aufmerksamkeit gilt ihrem eigenen Image. Sie sind letztlich narzisstische Menschen, die alles, was sie tun, nur für sich selbst tun. Auch von solchem Tun geht kein Segen aus. Und irgendwann werden sich diese Menschen leer und hohl fühlen. Sie haben ihre Aufgabe dazu missbraucht, ihre innere Leere zu überdecken. Aber für immer gelingt das nicht. Wenn sich ihr Image in der Öffentlichkeit verbraucht hat oder wenn irgendein öffentlicher Fehler sie vom Thron stürzt, enden solche Menschen todunglücklich.

Albert Görres, ein Münchner Psychiater, hat von solchen narzisstischen Menschen gesagt, sie würden um sich herum lauter »Bewunderungszwerge« sammeln. Sie brauchen um sich herum nur Menschen, die zu ihnen aufschauen und alles, was sie tun, in den höchsten Tönen preisen. Sie lassen sich durch ein ihnen gewidmetes, ständiges Loblied einlullen. Das führt zu Realitätsverlust. Und von »Bewunderungszwergen« kann ich natürlich auch keine große Leistung erwarten. Solche Führungskräfte missbrauchen ihre Aufgabe, indem sie sich selbst ständig in den Mittelpunkt stellen. Sie sind darauf aus, bei allen beliebt zu sein. Das führt jedoch dazu, dass sie jeden, der auch beliebt ist, entlassen müssen, weil der ihnen ja ein Stück des »Beliebtheitskuchens« weg isst. Damit aber verschleudern sie das Potenzial ihrer Firma. Die besten Mitarbeiter schicken sie weg, weil sie Angst haben, sie könnten ihnen über den Kopf wachsen.

Psychologen meinen, dass etwa 40 Prozent des Potenzials einer Firma durch solche unreifen Spiele vergeudet wird. Es tut mir weh, zu sehen, wie die Mitarbeiter oft immer mehr ausgepresst werden und immer noch mehr leisten müssen, nur weil die Führungskraft mit ihrer Unreife soviel menschliches Potenzial in der Firma verschleudert.

Gegenüber diesen beiden negativen Weisen von Führung beschreibt Jesus nun sein Führungsmodell in zwei Bildern. Das erste Bild: Der Größte unter den Jüngern soll wie der Kleinste werden. Das griechische Wort »neoteros« heißt eigentlich: der Jüngste. Das heißt: Die Führungskraft soll auf alle Mitarbeiter hören, gerade auch auf die jüngeren. Dieses Wort Jesu hat der heilige Benedikt im Blick, wenn er in seiner Regel den Abt auffordert, alle zur Beratung beizuziehen. Und als Begründung gibt er an: »weil der Herr oft einem Jüngeren offenbart, was das Bessere ist« (Regel Benedikts 3,3). Die Führungskraft soll also nicht darauf pochen, dass sie mehr Erfahrung hat. Sie ist oft auch »betriebsblind«. Und gerade deshalb ist es wichtig, auf die Mitarbeiter zu hören. Der Führende soll damit rechnen, dass Gott durch die Mitarbeiter spricht. Diese Haltung gibt seinen Gesprächen eine andere Atmosphäre: eine Atmosphäre der Offenheit und Ehrfurcht vor dem anderen.

Das zweite Bild für das Führungsmodell bietet Jesus selbst, indem er die Jünger, die zu Tisch liegen (in der Antike lag man beim Mahl auf bequemen Polstern), bedient. Ich möchte das Wort »dienen« von der Sprache her erklären. Sowohl das lateinische als auch das deutsche Wort »servus« oder »Diener« meint eigentlich den Läufer, der zwischen der Schlachtreihe und dem Feldherrn hin und her läuft und die Informationen weitergibt. Dienen heißt in diesem Sinn also: dafür sorgen, dass der Informationsfluss gut läuft, dass alle in gleicher Weise gut informiert sind.

Die Sorge um gute Information ist eine konkrete Weise, die Menschen ernst zu nehmen und zu achten. Wir sehen heute Informationen oft nur als bloße Nachrichten über Sachverhalte. Vom Wort her meint »informieren« jedoch: durch Unterweisung bilden und den anderen damit in eine gute Gestalt hinein formen. Die Information ist nicht einfach nur Datenaustausch, sondern sie setzt den anderen in die Lage, sich besser zu fühlen. Er findet durch die Information zu seiner eigenen Gestalt, zu seiner Aufgabe, zu seiner persönlichen Berufung.

Es geht aber nicht nur darum, dass die Informationen gut und zeitgleich weitergegeben werden, sondern auch um den Kommunikationsfluss. Führen heißt: ein Gespür für die Kommunikationsstruktur einer Gruppe zu bekommen und dafür zu sorgen, dass die Kommunikation zwischen den Mitarbeitern gut ist. Manchmal stockt die Kommunikation beispielsweise, weil zwei in der Gruppe sich nicht verstehen und ihre Probleme auf den anderen projizieren. Das kann die ganze Gruppe durcheinanderbringen oder spalten. Die Führungskraft braucht ein gutes Auge für die Kommunikationsprozesse in der Gruppe. Nur durch ein gutes Teilen der Informationen und Gefühle kann auch ein gemeinsames Tun wachsen.

Das griechische Wort für Dienen heißt »diakonein«. Es meint eigentlich die Aufgabe des Tischdieners. Den hat Jesus hier auch im Blick. Denn er spricht von sich selbst als dem, der die Jünger bei Tisch bedient. Wer den Tischdienst verrichtet, der möchte, dass den Gästen das Essen gut schmeckt und dass sie Freude am Leben haben. Der heilige Benedikt hat in seiner Regel ein eigenes Kapitel über den Küchen- und Tischdienst geschrieben. »Dieser Dienst bringt großen Lohn und lässt die Liebe wachsen« (Regel Benedikts 35,2). Für mich ist die Aufgabe des Tischdieners zum Bild für Führung geworden. Dienen heißt: dem Leben dienen, Leben in den Menschen hervorlocken, Leben in ihnen wecken.

Doch wie geht das: Leben in den Menschen wecken? Dazu braucht es für mich die Bereitschaft, sich immer wieder einmal zurückzulehnen und die einzelnen Mitarbeiter in meiner Firma oder Organisation zu meditieren. Ich kann mich fragen, was in den einzelnen an Fähigkeiten und Möglichkeiten steckt: Welches Potenzial haben sie in sich? Kommt dieses Potenzial in ihnen zur Geltung? Oder haben sie es vergraben?

Wenn die Potenziale des Einzelnen zum Leben kommen, dann tut es ihm gut und er fühlt sich selbst lebendiger. Letztlich wird es damit auch der Firma gut tun. Denn er wird seine Fähigkeiten für die Firma einsetzen, nicht weil er sich von ihr auspressen lässt, sondern weil er selbst Lust daran hat. Sobald das Leben zum Fließen kommt, bringt es Frucht, für den einzelnen und für die Gruppe.

Dieses Modell von Führung ist vor allem dann wichtig, wenn ich es mit schwierigen Mitarbeitern zu tun habe. Viele Führungskräfte kämpfen gegen die schwierigen

Mitarbeiter. Sie versuchen, sie autoritär zur Raison zu rufen. Doch es gibt ein Grundgesetz des Miteinanders: Wenn ich gegen etwas mit Gewalt vorgehe, wecke ich Gegengewalt. Wenn ich etwas kontrollieren will, gerät es mir außer Kontrolle. Kraft erzeugt Gegenkraft. Wenn ich den schwierigen Mitarbeiter hart zurechtweise, wird er sich entweder zurückziehen oder er wird Strategien der Sabotage entwickeln. Ich muss dann ständig hinter ihm her sein und ihn kontrollieren. Wenn ich aber Leben in ihm wecke, dann brauche ich ihn nicht mehr zu kontrollieren. Er wird selbst gerne arbeiten, weil es ihm gut tut.

Die Führungskraft ist kein Therapeut für schwierige Mitarbeiter. Sie kann nicht alle seine Probleme lösen. Aber sie kann sich überlegen, wie sie den Mitarbeiter so anspricht und so einsetzt, dass er Freude an seiner Arbeit bekommt und dass er das Potenzial, das in ihm steckt, auch abruft. Indem die Führungskraft ihm etwas zutraut, weckt sie in ihm Vertrauen. Wenn sie an das Gute in ihm glaubt, dann wird auch der andere sich mit anderen Augen sehen können und das Gute in sich auch entfalten.

Der heilige Benedikt schärft seinen Mönchen ein, dass sie in jedem Bruder und in jeder Schwester Christus sehen sollen. Das klingt für die Arbeitswelt zu fromm. Aber es bedeutet, dass ich an den guten Kern in jedem glauben soll. Ich setze keine »rosarote Brille« auf, um alles in meinen Mitarbeitern zu beschönigen. Ich sehe die Realität so, wie sie ist. Aber ich schaue durch die Oberfläche hindurch und glaube an den guten Kern in jedem einzelnen.

Albert Görres meinte einmal, keiner tue das Böse aus Lust am Bösen, sondern immer aus Verzweiflung. Wenn ein Mitarbeiter schwierig ist, dann hat es immer einen Grund. Oft kommt er mit sich selbst nicht zurecht oder er leidet an familiären Problemen. Indem ich ihn nicht auf sein schwieriges Verhalten festlege, sondern an das Gute in ihm glaube, eröffne ich ihm auch neue Möglichkeiten des Verhaltens.

Spirituelles Führen zeigt sich – wie gesagt – darin, dass ich mehr Leben in den Menschen wecke. Trotzdem darf ich mich bei meiner Führungsaufgabe auch nicht überfordern. Manchmal wird es mir nicht gelingen, Leben im anderen zu wecken. Denn es gibt auch Lebensverweigerer. Dann soll ich nicht mit schlechtem Gewissen herumlaufen und mir vorwerfen, dass ich keine gute Führungskraft bin. Ich soll vielmehr meine Grenze akzeptieren. Und innerhalb dieser Grenzen kann das Leben in mir aufblühen und es kann durch meine Führung Leben in anderen geweckt werden.

Der Evangelist Lukas verwendet das Wort »diakonein« noch an einigen anderen Stellen seines Evangeliums. Um diese Stellen, die uns zeigen, wie er den Dienst versteht, soll es nun im Folgenden gehen.

8.2.2 ı Dienen mit dem, was ich habe

AG Lukas berichtet uns, dass einige Frauen Jesus begleiteten. Von diesen Frauen heißt es: »Sie alle dienten Jesus und den Jüngern mit dem, was sie besaßen« (Lukasevangelium 8,3). In dieser kurzen Bemerkung kommt für mich Wesentliches vom Verständnis von Führen und Dienen zum Ausdruck. Wenn ich als Führungskraft diene, bedeutet das nicht, dass ich mich in ein »festes Korsett« zwänge. Ich muss nicht bestimmte Leistungen erbringen. Wir sollen mit dem dienen, was wir haben. Das heißt für mich: Ich diene den Menschen mit den Fähigkeiten, die ich besitze. Indem ich meine Fähigkeiten in den Dienst der Menschen stelle, wecke ich in ihnen Leben.

Jeder hat andere Fähigkeiten. Es geht also nicht darum, ein mir vorgesetztes Ideal zu verwirklichen, sondern mich zuerst einmal mit Fähigkeiten auseinander zu setzen, die Gott mir gegeben hat. Was ist das Potenzial, aus dem ich schöpfen kann? Was kann ich besonders gut? Der eine kann gut zuhören, der andere gut Konflikte lösen und einen Konsens herbeiführen. Einer ist besonders begabt, gute Atmosphäre zu schaffen, der andere hat seine Stärke darin, klare Entscheidungen zu treffen oder Visionen für die Zukunft zu erarbeiten.

Ich muss nicht all diese Fähigkeiten haben, wenn ich meine Führungsaufgabe als Dienst verstehe. Es genügt, wenn ich meine Möglichkeiten für die Menschen einsetze. Das wird mir gut tun und den anderen. Und ich werde Freude daran finden, dem Unternehmen und den Mitarbeitern mit dem zu dienen, was Gott mir geschenkt hat. Das, was ich nicht habe, wird mich nicht an meiner Führungsaufgabe hindern. Vielmehr werde ich fragen, wer von meinen Mitarbeitern Fähigkeiten hat, die mir fehlen. Diese kann ich dann für die Firma einsetzen. Das wird die Mitarbeiter fördern und dem Unternehmen gut tun. Und ich selbst werfe mir nicht vor, was ich nicht habe. Ich bin vielmehr dankbar dafür, gerade im Entdecken der Fähigkeiten des anderen Leben zu wecken und ein gutes Miteinander zu ermöglichen.

Offensichtlich hatten die Frauen, die Jesus nachfolgten, andere Fähigkeiten als seine anderen Jünger. Sie zeichnen sich im Lukasevangelium dadurch aus, dass sie bis zuletzt bei Jesus ausharrten. Und die Jüngerinnen zeichneten sich dadurch aus, dass sie Jesus besonders gut verstanden. Sie hatten mehr Einfühlungsvermögen als die Jünger. Daher werden sie auch gewürdigt, als erste das Geheimnis der Auferstehung zu verstehen und zu verkünden.

Für unsere Führungsaufgabe brauchen wir nicht nur unsere männliche Kraft, sondern auch unser weibliches Einfühlungsvermögen und die Beziehungsfähigkeit, die ja bei Frauen oft stärker als bei Männern ausgeprägt ist. Frauen und Männer sollen jeweils mit dem führen, was sie an Stärken haben. Aber jede Frau braucht auch ihre männliche Seite und jeder Mann seine weibliche Seite, um eine gute Führungskraft zu werden.

8.2.3 | Dienen und Hören

AG In der Geschichte von Marta und Maria scheint Jesus das Führen als Dienen eher skeptisch zu sehen. Doch in Wirklichkeit will er einen wesentlichen Aspekt des Dienens aufdecken. Jesus ist auf seinem Weg bei den beiden Schwestern Marta und Maria zu Gast. Marta ist ganz und gar davon in Anspruch genommen, Jesus und den Jüngern zu dienen. Marta heißt eigentlich: die Herrscherin. Sie ist in der Geschichte die Führende. Sie führt den Haushalt und sorgt dafür, dass die Gäste genügend zu essen haben und sich wohl fühlen. Das ist ihre Stärke.

Aber offensichtlich hat sie eine wichtige Seite des Führens vernachlässigt. Das zeigt sich in ihrer ärgerlichen Reaktion auf ihre Schwester Maria, die einfach zu Füßen Jesu sitzt und ihm zuhört: »Herr, kümmert es dich nicht, dass meine Schwester die ganze Arbeit mir allein überlässt? Sag ihr doch, sie soll mir helfen!« (Lukasevangelium 10,40). Marta hat gar nicht nach den Bedürfnissen der Gäste gefragt. Sie glaubt, sie wüsste selbst, was den anderen gut tut. Und sie verrichtet ihre Führungsaufgabe nicht ganz selbstlos. Sie will als Gastgeberin besonders gut abschneiden. Ihre aggressive Frage lässt auf verdrängte Bedürfnisse schließen. Sie wollte mit ihrem Dienst die Aufmerksamkeit auf sich ziehen. Doch Jesus wendet sich ihrer Schwester Maria zu, die ihm zu Füßen sitzt und hört, was er zu sagen hat. Jesus antwortet auf die Bitte Martas: »Marta, Marta, du machst dir viele Sorgen und Mühen. Aber nur eines ist notwendig. Maria hat den guten Teil erwählt, der soll ihr nicht genommen werden« (Lukasevangelium 10,41f). Jesus rechtfertigt also Maria. Sie hat erst zugehört, was die Gäste zu sagen haben, was sie an Botschaft mitbringen und welche Bedürfnisse sie haben.

Ich erlebe viele Führungskräfte, die sich täglich für die Firma abmühen. Doch sie sind blind. Sie fragen nicht, was für die Firma und für die Menschen wirklich gut ist. Was sind die Sehnsüchte der Menschen? Was sind ihre wahren Bedürfnisse? Wenn wir nicht nach dem fragen, was die Menschen im Tiefsten bewegt, arbeiten wir an ihnen vorbei. Dann geht es uns wie Marta. Wir werden ärgerlich, wenn unsere Arbeit nicht so beachtet wird, wie wir das gerne möchten. In diesem Ärger spüren wir zugleich, dass unsere Arbeit nicht reiner Dienst ist, sondern dass wir uns selbst darin darstellen möchten. Wir wollen auf uns aufmerksam machen, damit alle sehen, wie gut wir den anderen »dienen« und was wir alles »für die anderen« tun.

Mir hat ein Priester erzählt, er würde sich über seine Kräfte abmühen, einen Seelsorgebetrieb am Laufen zu halten. Aber immer weniger Menschen nähmen ihn in Anspruch. Er hat offensichtlich wie Marta gearbeitet, aber nicht auf die wirklichen Bedürfnisse und Sehnsüchte der Menschen gehört. Manche Firmen strengen sich an. Sie jammern, dass die Konjunktur schlecht sei und ihre Produkte so nicht den entsprechenden Absatz fänden. Oft genug haben sie die »Maria« in sich vernachlässigt. Sie haben sich nicht einfach hingesetzt und in die Menschen und ihre wahren Bedürfnisse hineingehorcht.

Es geht nun nicht darum, statt Marta nur Maria zu sein. Die zwei Schwestern stehen für zwei Seiten in uns. Und nur wenn beide zusammenkommen, wird unsere Führungsaufgabe für die Menschen zum Segen. Viele Führungskräfte sind ausgebrannt, weil sie mit großer Energie arbeiten: Sie nehmen sich aber nie Zeit, genau hinzuhören, was die wirklichen Bedürfnisse der Menschen sind und was die eigentliche Vision ist, der sie dienen möchten. Wir müssen uns immer wieder einmal fragen: Behandeln wir unsere Mitarbeiter so, wie sie es im Tiefsten wünschen? Oder haben wir uns ein festes Konzept von unseren Mitarbeitern gemacht? Wissen wir wirklich genau, was ihnen gut tut? Oder bilden wir uns nur ein, es zu wissen?

Unser Dienst wird nur dann Frucht bringen, wenn wir uns wie Maria immer wieder Zeit nehmen und einfach zuhören. Wir sollen in uns selbst hineinhorchen, ob wir im Einklang sind mit uns selbst und ob wir weiterhin Freude haben an unserem Dienst. Wenn wir wie Marta ärgerlich oder gereizt sind, dann ist das ein Zeichen dafür, dass wir nicht wirklich dienen. Vielmehr haben sich andere Absichten und Bedürfnisse in unseren Dienst eingeschlichen. Und wir sollten uns wieder einmal Zeit nehmen, auf die Mitarbeiter zu hören, auf die Kunden und Lieferanten zu hören, auf die Menschen in diesem Land zu hören. Was brauchen sie wirklich? Was tut ihnen gut? Was haben sie uns zu sagen?

8.2.4 ı Tun, was ich schuldig bin

AG Wenn Jesus Gleichnisse erzählt, provoziert er oft. Viele Gleichnisse haben einen Punkt, der uns ärgert. Aber dieser Punkt will unser Gottesbild und unser Selbstbild in Frage stellen. Dort, wo wir uns ärgern, haben wir ein falsches Verständnis von unserem Leben.

Im Gleichnis vom unnützen Diener zeigt uns Jesus, wo wir oft ein falsches Verständnis vom Dienen haben. Jesus erzählt: »Wenn einer von euch einen Sklaven hat, der pflügt oder das Vieh hütet, wird er etwa zu ihm, wenn er vom Feld kommt, sagen: Nimm gleich Platz zum Essen? Wird er nicht vielmehr zu ihm sagen: Mach mir etwas zu essen, gürte dich, und bediene mich; wenn ich gegessen und getrunken habe, kannst auch du essen und trinken. Bedankt er sich etwa bei dem Sklaven, weil er getan hat, was ihm befohlen wurde? So soll es auch bei euch sein: Wenn ihr alles getan habt, was euch befohlen wurde, sollt ihr sagen: Wir sind unnütze Diener; wir haben nur unsere Schuldigkeit getan (in einer anderen Übersetzung heißt es hier: was wir zu tun schuldig waren, haben wir getan)« (Lukasevangelium 17,7–10).

Uns ärgert schon das soziale Gefälle, das hier zwischen Herrn und Sklaven herrscht. Aber darum geht es nicht, Jesus erzählt einfach aus seiner Umwelt. Entscheidend für Jesus ist hier die Frage, wie wir unsere Führungsaufgabe verstehen. Oft bemühen wir uns, den Menschen gut zu dienen. Aber insgeheim erwarten wir Dank und Anerkennung. Manche, die spirituell führen möchten, meinen, sie hätten ein besseres Verständnis für Führung als die vielen, die anderen, heute aktuellen Führungsmodellen folgen. Gegen diese Versuchung, sich mit dem eigenen Führungsverständnis über andere zu stellen, sagt Jesus: Dienen heißt, einfach zu tun, was ich schuldig bin. Ich soll mich nicht bei der Frage aufhalten, ob ich etwas Besonderes tue. Dienen verlangt, dass ich einfach tue, was ich mir selbst schuldig bin und was für mich stimmt. Ich tue das, was ich dem anderen schulde und was der andere gerade jetzt braucht. Ich bin frei, mich auf diese konkrete Situation und diesen konkreten Zeitpunkt einzulassen und die aktuelle Aufgabe zu lösen – ohne zu reflektieren, ob ich jetzt besonders spirituell dabei bin. Spiritualität heißt für Jesus: tun, was man

Gott schuldig ist. Was ich Gott schulde, das erkenne ich im Hinhören auf die leisen Impulse meines Herzens.

Hier kommt eine Spiritualität des Alltags zum Vorschein, wie sie dann der heilige Benedikt in seiner Regel entfaltet hat. Für Benedikt ist es ganz wichtig, dass wir uns keine großen Ideen von Gemeinschaft und Liebe machen, sondern dass diese Liebe ganz konkret wird: in der Bereitschaft, bei Tisch zu dienen, oder zum Tun der Dinge, die in der Gemeinschaft getan werden müssen (vgl. Regel Benedikts 35). Der Mönch soll sich mit seiner Spiritualität nicht interessant machen, sondern sich einfach in den Dienst nehmen lassen. Er soll täglich das tun, was der jeweilige Tag von ihm fordert. Das bedeutet nicht, dass wir keine neuen Ideen entwickeln sollen.

Die Geschichte von Marta und Maria hat uns ja gezeigt, dass zum Führen auch das Hören und das Überlegen aus einem gewissen Abstand heraus gehören. Aber hier will Jesus auf eine Gefahr aufmerksam machen, die ich gerade bei spirituellen Menschen oft beobachte. Sie meditieren jeden Tag, sie beten viel und sie lesen die Texte der Mystiker. Aber ihr Alltag spiegelt das nicht wider. Vielmehr fliehen sie in die Spiritualität, um dem Alltag auszuweichen. Und wenn sie sich dann dem Alltag stellen, erheben sie sich gerne über andere, die nicht so spirituell sind wie sie.

Jesus fordert in seinem Gleichnis eine andere Haltung. Er hat eine innere Freiheit im Blick, aus der heraus wir unseren Dienst verrichten sollen. Es ist die Freiheit vom Ego, das sich auch in das Dienen einschleichen möchte, um es zu verfälschen. Um nicht dieser Gefahr zu erliegen, brauchen wir die nüchternen Worte Jesu: »Wir sind nur unnütze Diener. Wir haben nur getan, was zu tun wir schuldig sind«.

8.2.5 | Führen als Aufrichten

AG Was Jesus seinen Jüngern mit Worten erklärt, das hat er im Lukasevangelium in der Heilung der gekrümmten Frau konkret verwirklicht. Für mich ist diese Heilungsgeschichte (vgl. Lukasevangelium 13,10–17) ein schönes Bild von Führung. (Bilder sind keine Führungsinstrumente, die ich erlernen kann. Bilder wollen sich in mich einbilden und mich in Berührung mit den Möglichkeiten bringen, die in mir verborgen sind. Bilder bewegen etwas. Bilder wecken in mir etwas zum Leben und ermöglichen mir dann ein anderes Verhalten. Carl Gustav Jung, der Schweizer Therapeut, spricht von archetypischen Bildern, die mich in Berührung bringen mit meinem wahren Selbst und mit dem Potenzial, das in meiner Seele bereit liegt. In diesem

Sinn möchte ich dieses Heilungsbild betrachten, damit es unser Führungsverhalten prägt.)

Lukas erzählt von einer Frau, die seit 18 Jahren gekrümmt ist und nicht mehr aufrecht gehen kann. Das ist für mich ein Bild für viele Mitarbeiter: Sie sind resigniert und demotiviert. Sie lassen sich hängen. Sie haben keine Freude an der Arbeit. Sie fühlen sich von der Arbeit erdrückt, manchmal auch unterdrückt. So ziehen sie sich in sich selbst zurück. Sie verstecken sich hinter ihrer inneren Kündigung. Doch wenn sie in sich selbst verkrümmt sind, tut es ihnen nicht gut. Das Leben wird eintönig und es bekommt keinen Glanz. Wenn Menschen so gekrümmt durch die Welt gehen, sehen sie nur Füße. Sie können einander gar nicht mehr ins Gesicht sehen. Sie trotten vor sich hin. Der Gebeugte wird bald spüren, dass seine Gefühle immer depressiver werden. Der Atem wird flach und die Stimmung geht »in den Keller«.

Solch eine gekrümmte Frau begegnet Jesus und heilt sie in **vier Schritten**. Für mich sind diese vier Schritte zugleich Bilder für Führen als Dienen:

Der **erste Schritt** besteht darin, dass Jesus die gekrümmte Frau ansieht. Das deutsche Wort »ansehen« hat ja eine tiefere Bedeutung. Wen ich ansehe, dem schenke ich Ansehen und Wertschätzung.

Im **zweiten Schritt** spricht Jesus die Frau an. Das griechische Wort »prosphonein« meint: auf gleicher Augenhöhe sprechen. Jesus redet nicht auf die Frau ein. Er sagt ihr nicht, was sie alles tun soll. Er spricht vielmehr so mit ihr, dass das Gespräch hin- und hergeht und dass sie sich im Sprechen geachtet weiß.

Der **dritte Schritt** besteht darin, dass Jesus ihr etwas Positives zuspricht: »Frau, du bist geheilt von deinem Leiden«. Man könnte das für das Mitarbeitergespräch übersetzen: »Ich bin froh, dass Sie bei uns sind. Sie haben ein gutes Gespür für die Menschen. Sie haben eine wohltuende Ausstrahlung und verbreiten um sich eine gute Atmosphäre. Sie können gut mit den Mitarbeitern und Kunden umgehen. Sie sind ein Segen für die Firma. Ich freue mich, mit Ihnen zusammenzuarbeiten.«

Der **vierte Schritt** besteht darin, dass Jesus der Frau die Hände auflegt. Das können wir vermutlich nicht wörtlich auf unser Führungsverhalten übertragen. Wenn wir den anderen mit unseren Händen berühren, ohne dass er es will, könnte er es als übergriffig auslegen. Aber wir können den anderen durch ein Gespräch oder durch eine Begegnung berühren. Wenn er sich auf diese Weise berührt fühlt, dann kommt er mit sich selbst und mit seinen eigenen Möglichkeiten in Berührung. In der

Heilungsgeschichte ist die Reaktion der Frau: »Im gleichen Augenblick richtete sie sich auf und pries Gott« (Lukasevangelium 13,13).

Für mich ist diese Geschichte der gekrümmten und dann aufgerichteten Frau ein schönes Bild für eine gelungene Führung. Wir sind dann gute Führungskräfte, wenn die Mitarbeiter nach dem Gespräch oder Kontakt mit uns aufrechter nach Hause gehen. Wenn wir die vier Schritte des Bildes verinnerlichen, dann haben wir eine solche Ausstrahlung, dass Menschen sich in unserer Nähe aufrichten. Jeder von uns hat sicher schon einmal ein Gespräch mit einem Mitarbeiter geführt, von dem der andere aufrechter weg ging. Er hat vielleicht gesagt: »Jetzt fühle ich mich das erste Mal richtig verstanden«. Oder: »Jetzt ist mir ein Stein vom Herzen gefallen«. Kann er das sagen, wird er anders von uns weggehen, als er gekommen ist.

Wenn die Menschen aufrechter von uns weggehen, dann haben wir nicht nur einen wesentlichen Beitrag zu einem verbesserten Klima in unserer Firma geleistet. Wir haben nicht nur die Unternehmenskultur geprägt, sondern auch das Klima in der Gesellschaft beeinflusst. Denn wenn Mitarbeiter aufrechter nach Hause gehen, haben sie es nicht nötig, daheim ihre Familie zu unterdrücken oder die Menschen ihrer Umgebung klein zu machen. Sie werden vielmehr auch andere aufrichten. Die Kultur des Miteinanders, die unser Dienst in der Firma schafft, prägt auch die Kultur einer Gesellschaft. Daher leistet jeder, der die Geschichte von der Heilung der gekrümmten Frau verinnerlicht, einen wesentlichen Beitrag zur Humanisierung der Gesellschaft. Das Klima in der Wirtschaft prägt auch das Klima in der Gesellschaft. Je rauer es in der Wirtschaft zugeht, desto rauer wird der Ton in der Gesellschaft. Führen durch Aufrichten ist nicht nur eine Methode, das Ergebnis in der Firma zu verbessern, sondern es ist zugleich ein Weg, wie unsere Gesellschaft menschlicher, freier und achtungsvoller wird.

8.3 | Der Erste sei der Diener aller

FA Die Forderungen von Jesus an den Führenden, wie wir sie in den Evangelien nachlesen können, sind radikal. Es geht Jesus um die innere Einstellung zu Führung und um eine Haltung von Demut gegenüber den Geführten:

- Bei Matthäus heißt es: »Wer bei euch der Erste sein will, soll euer Sklave sein« (Matthäusevangelium 20,27).
- Markus formuliert: »Wer der Erste sein will, soll der Letzte von allen und der Diener aller sein« (Markusevangelium 9,35).
- Bei Lukas steht: »Der Größte unter euch soll werden wie der Kleinste und der Führende soll werden wie der Dienende« (Lukasevangelium 22,26).

Von dem, der der Erste sein will, fordert Jesus, dass er der »Diener aller« sei. Das bedeutet, je höher jemand in der Hierarchie steht, desto größer ist die Zahl derer, deren Wohl er im Auge haben muss. Der Blick auf das »Ganze« geht über das eigene Team, das eigene Unternehmen hinaus. Ein solches Denken, das nur spirituell möglich wird, schließt den eigenen Vorteil auf Kosten von anderen aus.

Dies hat Entsprechungen in dem bekannten Stakeholder-value-Denken: Entscheidungen werden so getroffen, dass alle »stakeholder« davon profitieren. Die Forderung Jesu an Führung ist damit auch eine klare Absage an das heute vorherrschende Shareholder-value-Denken, dessen Ziel die Steigerung des Aktienwertes des Unternehmens ist. Führung ist für Jesus ein Dienst an den Menschen. Materielle Wertschöpfung wird dadurch nicht ausgeschlossen, sie bekommt aber eine dienende Funktion. Sie wird in einen übergeordneten Rahmen gestellt: Die Menschen sind das letzte Maß.

Mit seinen Worten im Lukasevangelium prangert Jesus das wohl auch schon im Altertum verbreitete selbstherrliche Verhalten der Mächtigen an. Statussymbole, narzisstische Selbstdarstellung, das Herrschen über andere, der Einsatz von repressiven Machtmitteln – auf all das soll derjenige verzichten, der führen will. Die Tugend, die einer solchen Haltung entspricht, ist die Demut, die häufig interpretiert wird als Dien-Mut, als Mut zum Dienen.

Der Aspekt, allen zu dienen, ist eine spirituelle Herausforderung. Allen dienen setzt voraus, dass ich auch alle im Blick habe – eine Forderung, die mit dem menschlichen Verstand und unseren Sinnen nicht zu schaffen ist. Ein solcher Blick auf alle – oder der Blick auf das Ganze – ist nur aus dem Gefühl der Verbundenheit mit allem möglich. Dieses entsteht – wie die spirituellen Traditionen lehren – in der Stille, im Lauschen oder Horchen nach innen. Was im Hinblick auf das Ganze zu tun ist, sagt mir mein Herz – oder die Stimme Gottes, wenn ich gelernt habe, auf sie zu hören.

Wenn wir uns etwas »zu Herzen nehmen«, dann handeln wir aus der Liebe heraus. Die Verbindung mit allem, wie sie von Mystikern erfahren wird, führt auch in die Erfahrung, dass das Wohl des anderen immer auch mein eigenes Wohl ist und dass das Leiden des anderen auch mein Leiden ist.

Im Christentum wird das Gebot der Nächstenliebe oft einseitig als Selbstaufgabe interpretiert. Auch die Forderungen Jesu an den Führenden, er sei Diener und Sklave, unterstreichen den Verzicht auf die eigenen Bedürfnisse. Im Alltag zeigt sich jedoch, dass Menschen mit anderen genauso umgehen, wie sie mit sich selbst umgehen. Wer sich selbst nichts gönnt, gönnt auch niemand anderem etwas. Wer sich selbst hasst, der hasst auch andere.

Eine Orientierungshilfe gibt die Antwort Jesu auf die Frage nach dem wichtigsten Gebot. Er nennt die Gottesliebe und fügt an: »Ebenso wichtig ist das zweite: Du sollst deinen Nächsten lieben wie dich selbst« (Matthäusevangelium 22,39). Das Maß meiner Eigenliebe ist das Maß für meine Nächstenliebe, da ich den anderen ja nur so lieben kann, wie ich mich selbst liebe. Niemand kann mehr geben, als er selbst besitzt. Je mehr ich mich selbst liebe, achte und annehme, desto mehr kann ich diese Haltungen auch den anderen schenken. Die Größe der Liebe zu mir selbst zeigt sich in dem Maß, mit dem ich meine eigenen Fehler und Schwächen annehme. Wenn ich etwas davon verdränge oder verleugne, dann reduziere ich die Selbstliebe.

Gerade Menschen in sozialen Berufen haben die Tendenz, sich selbst aufzuopfern. Das ist weder klug noch spirituell. Am Ende sind solche Menschen oft nur verbittert. Hinter der Selbstaufopferung steckt in der Regel eine verborgene Erwartungshaltung, ein verdrängter oder nicht eingestandener Anspruch, für diesen übermäßigen Einsatz von den anderen geliebt oder anerkannt zu werden.

Die Selbstaufgabe, wie Jesus sie idealtypisch nennt, ist die Endstufe einer spirituellen Entwicklung. Sie wird nicht vom Willen gesteuert, sondern sie ist die natürliche Folge der Hingabe an eine Aufgabe, in der jemand auf seinem spirituellen Weg sein kleines Ich immer mehr transzendiert. Jesus meint nicht, dass wir unsere Bedürfnisse unterdrücken sollen, sondern dass wir sie überwinden und relativieren können, weil wir auf dem Weg zum Reich Gottes etwas Größeres gefunden haben.

Menschen können leicht auf etwas verzichten, wenn sie dafür etwas Besseres und Schöneres bekommen. Genau das leistet Spiritualität. Die Erfahrungen auf dem spirituellen Weg übertreffen bei weitem alles, was Macht, Ruhm oder Reichtum dem Menschen geben können. So wie der Sieg beim Wettkampf den Sportler alle Mühen und Anstrengungen vergessen lässt, so erleben Menschen auf einem spirituellen Weg eine immer größere Bereicherung, die materielle und eigensüchtige Aspekte immer mehr zurücktreten lässt. Das drückt Jesus in den berühmten Worten der Bergpredigt aus: »Euch aber muss es zuerst um sein Reich und um seine Gerechtigkeit gehen; dann wird euch alles andere dazugegeben« (Matthäusevangelium 6,33).

8.4 ı Menschen suchen Sinn

FA Führung verläuft im Spannungsfeld zwischen betriebswirtschaftlichen Notwendigkeiten und der Orientierung am Menschen. Oft wird mit kurzsichtiger Denkweise die sachlich-kaufmännische Seite betont, was sich beispielsweise in der zentralen Rolle zeigt, die Controlling in vielen Unternehmen einnimmt. Dabei belegen zahlreiche Untersuchungen, dass die Forderung Jesu, den Menschen zu dienen, auch finanziell Früchte trägt. Ethisch orientierte Unternehmen gehören zu den langfristig erfolgreichen. Im Wettbewerb um hoch qualifizierte Mitarbeiter gewinnen die Firmen, die den Bewerbern die besten Bedingungen bieten können. Dabei stehen bei den Bewerbern meist die Wünsche nach persönlicher Förderung und nach einem guten sozialen Klima in der Firma vor der Frage nach der Höhe des Gehalts.

Ein interessantes Beispiel, woran sich Stellensuchende orientieren, ist die von dem amerikanischen Arzt Patch Adams gegründete Klinik (www.patchadams.org). Wer kein Geld hat, wird in dieser Klinik umsonst behandelt. Sie finanziert sich über Spenden und über die Mitarbeit der Angehörigen und der genesenden Patienten selbst. Die Behandlungsmethoden sind ganzheitlich und oft sehr unkonventionell. So berichtet Patch Adams auf einem Kongress von einem unzufriedenen, depressiven und ewig nörgelnden Patienten, den er 48 Stunden lang einen Querschnittgelähmten pflegen ließ. Danach war der Nörgler geheilt. Diese Klinik zahlt jedem Mitarbeiter pauschal 3000 Dollar Jahresgehalt bei freier Kost und Logis und 70 bis 80 Stunden Arbeitszeit in der Woche. Adams bekommt auf jede ausgeschriebene Stelle ca. 300 Bewerbungen. Das Klinikkonzept ist offensichtlich so attraktiv, dass Menschen dafür gerne materielle und andere Nachteile in Kauf nehmen.

Führungskräfte haben die doppelte Aufgabe, sich selbst und die Mitarbeiter zu entwickeln. Es ist niemandem gedient, wenn sich Vorgesetzte in einem falschen Verantwortungsbewusstsein für andere aufreiben. Von daher darf die Sorge für die eigene seelische und körperliche Stabilität nicht hinter der Sorge um das Wohlergehen der Mitarbeiter abfallen. Wenn es mir gut geht, dann kann ich auch gut für andere sorgen.

Bei diesem hohen Anspruch an Führungskräfte stellt sich natürlich die Frage nach den Quellen, aus denen Kraft und Orientierung kommen. Das Leisten und Geben braucht auf der anderen Seite das Nehmen und das Schöpfen aus guten Quellen. Spirituelle Entwicklung meint in diesem Sinne nicht nur die Verbindung mit dem größeren Ganzen, sondern bezieht sich ganz wesentlich auch auf die Wurzeln und Quellen. Nur eine gute Verbindung zu den eigenen biologischen, geografisch-sozialen und spirituellen Wurzeln gibt den inneren Halt und die Kraft, im Alltag gut zu bestehen.

Die erschreckend wachsende Zahl psychosomatischer Beschwerden – vom Herzinfarkt bis zu Burnout-Syndromen – zeigt die seelische Not vieler Menschen, die zwischen sogenannten Sachzwängen und unerfüllten seelischen Bedürfnissen aufgerieben werden. Die Aufgabe, gut für die seelischen und geistig-spirituellen Bedürfnisse bei sich und bei den anvertrauten Menschen zu sorgen, scheint heute drängender denn je.

Viktor Frankl, Wiener Psychotherapeut und Begründer der Logotherapie, der mehrere Konzentrationslager überlebt hat, sieht die Sinnsuche als die zentrale Aufgabe des Menschseins. Er spricht vom »menschlichen Willen zum Sinn«. Er hat selbst den Nationalsozialismus überlebt, weil er die Suche nach dem Sinn nie aufgegeben hat. Die Suche nach Sinn ist auch bei Naturvölkern zentrales Element der Spiritualität. Die Ureinwohner Amerikas beispielsweise begeben sich auf die Vision Quest, auf die Suche nach ihrer Berufung und ihrer Lebensaufgabe. Dies ist ein bedeutendes religiöses Ereignis, verbunden mit Reinigungszeremonien, Fasten, Rückzug in die Einsamkeit und anderen Ritualen.

Wenn Vorgesetzte in ihrem eigenen Leben einen tiefen Sinn sehen, wenn sie ihr Tun und das ganze Unternehmen als wertvoll und sinnstiftend erleben, dann kann dieser Funke auch auf die Mitarbeiter überspringen. Das berühmte Wort von Jesus »Der Mensch lebt nicht nur von Brot, sondern von jedem Wort, das aus Gottes Mund kommt« (Matthäusevangelium 4,4) lässt sich auf den Berufsalltag übertragen. Das Gehalt als materielles Ergebnis allein genügt nicht, um zufrieden und erfüllt zu sein, wir brauchen eine geistig-religiöse Dimension in unserem Tun. Ein Unternehmen ist auf Dauer nur erfolgreich, wenn es den Mitarbeitern und den Stakeholdern mehr als materiellen Nutzen bietet.

Woher kommt das ehrenamtliche Engagement so vieler Mitarbeiter in Organisationen wie Ärzte ohne Grenzen oder Amnesty International? Menschen geben sehr viel, wenn sie darin einen Sinn sehen und wenn sie ihr Tun für wertvoll erachten. So ist die erste Aufgabe von Führung, Sinn und Werte zu vermitteln.

TEXT ZUR VERTIEFUNG

Spirituelle Unternehmenskultur und »Unternehmensklima

AG Das »Klima« eines Unternehmens – das, was Mitarbeiter und Kunden unbewusst wahrnehmen – wird geprägt durch eine »spirituelle Kultur«, die in einem Unternehmen zum Tragen kommt. Umgekehrt führt eine nicht vorhandene »spirituelle Unternehmenskultur« zu einem schlechten »Klima«. Die positiv prägende und »ausstrahlende« Kultur des Miteinanders in einem Unternehmen ist nicht einfach gegeben, man muss sich um sie immer neu bemühen. Dabei kommt den Leitenden eine besondere Aufgabe zu. Das zeigt wieder ein Blick auf den heiligen Benedikt:

Das erste Ziel des Führens ist, dass ein verlässliches und klares Betriebsklima geschaffen wird. Benedikt spricht von den »horis competentibus«, von den angemessenen Stunden, von der passenden Zeit, in der gegeben und gefordert werden sollte. »Competere« heißt eigentlich: »zusammen etwas zu erreichen suchen, zusammen kommen, sich schicken, passen, gemäß sein«. Das Ziel des Führens ist, dass die Mitarbeiter gemeinsam ein Ziel zu erreichen suchen, dass nicht jeder nur für sich kämpft, sondern dass ein Miteinander entsteht. Aber dieses Miteinander soll nicht nur auf die Menschen beschränkt sein, sondern auch auf die Beziehung zwischen Mensch und Zeit, ja letztlich auch zwischen Mensch und Schöpfung. Mensch und Zeit sollen zusammenkommen, sollen sich gegenseitig entsprechen. Wenn der Mensch alles zur rechten Zeit tut, tut es ihm selbst gut. Die rechte Zeit, in der man bekommt, was man braucht, und in der man das fordern kann, was nötig ist, schafft ein ruhiges und klares Betriebsklima. Wenn alles zur rechten Zeit geschieht, fühlt sich der Mensch ernst genommen. Wenn alles seine Ordnung hat, kommt auch der Mensch innerlich zur Ordnung.

Für die Griechen sind die Horen Göttinnen, die das Jahr begleiten und ihm Fruchtbarkeit schenken. Für Hesiod sind die drei Horen »Regelmaß, Recht und Friede« Töchter des Zeus. Benedikt steht noch in der Tradition der griechischen Kultur, für die die rechte Stunde nicht nur eine Frage der Pünktlichkeit und Disziplin war. Die griechische Kultur hatte vielmehr noch ein Gespür für das Geheimnis der rechten Zeit, die den Menschen innerlich ordnet, die dem Menschen den richtigen Rhythmus schenkt. Und nur wenn der Mensch seinem inneren Rhythmus (heute spricht man von Biorhythmus) entspricht, kann er auf Dauer Frucht bringen. Der Mensch darf nicht gegen seine Natur und gegen seinen Rhythmus arbeiten. Sonst richtet er sich zugrunde. Zeit und Mensch müssen zusammenkommen, damit auf Dauer eine sinnvolle und effektive Arbeit möglich wird. Wenn der Mensch nur nach der Stechuhr arbeiten muss und seine innere Uhr verdrängt, wird er bald ausgelaugt sein. Das haben heute viele Firmen wieder neu entdeckt, wenn sie eine Gleitarbeitszeit einführen. (...)

Das eigentliche Ziel der Führung gibt Benedikt in dem Satz an, dass »im Hause Gottes niemand verwirrt oder traurig wird – ut nemo perturbetur neque contristetur in domo Dei«. Das ist ein anderes Ziel als Gewinnmaximierung. Es geht Benedikt einmal um den Menschen und sein Heil, seine Gesundheit und sein Wohlbefinden, zum anderen um Gott. Die Führung soll vermitteln, dass keiner der Mitarbeiter in Verwirrung oder Unruhe getrieben, verletzt oder aus der Fassung gebracht werde (= perturbetur). Nicht Unruhe und Hektik soll die Führung verbreiten, sondern Frieden und Klarheit, Ruhe und Lust am Arbeiten. Wer andere zur Hetze treibt, verletzt und hasst sie. Der Cellerar soll die Brüder nicht hassen, sondern lieben. Ausdruck dieser Liebe ist es, dass er die Brüder nicht hetzt, sondern ihnen ein ruhiges und angenehmes Arbeitsklima schafft, in dem sie gerne und mit innerer Achtsamkeit und Gelassenheit arbeiten können. In manchen Betrieben wird die Klarheit durch hektische Betriebsamkeit ersetzt. Da werden alle paar Wochen neue Maßnahmen verkündet und es wird alle paar Jahre umstrukturiert. Man möchte schließlich an der Spitze der neuen Bewegung stehen. Aber oft verdeckt diese Betriebsamkeit nur, dass man das Ziel aus den Augen verloren hat. So hat es schon Mark Twain erkannt, wenn er schreibt: »Als sie das Ziel aus den Augen verloren, verdoppelten sie ihre Anstrengung«. Die Mönche sollen ihr Ziel immer klar vor Augen haben. Dann werden sie konsequent und mit innerer Ruhe arbeiten.

Niemand soll durch die Führung betrübt oder verletzt werden, niemand soll in Traurigkeit gedrängt werden. Die Traurigkeit würde die Mitarbeiter nur lähmen. In manchen Betrieben hat man den Eindruck, dass hinter der Geschäftigkeit eine tiefe Traurigkeit liegt, die keine Freude an der Arbeit aufkommen lässt. Wenn man diese Traurigkeit genauer anschaut, so hat sie ihre Ursache meistens in der Missachtung des einzelnen. Wenn Menschen immer wieder verletzt werden und sich dagegen nicht wehren können, reagieren sie mit einem Rückzug in die Traurigkeit, in die Depression. Die normale Reaktion auf die Verletzungen und Kränkungen durch die

Verantwortlichen ist, dass man sich dafür rächt, dass man gegeneinander arbeitet. Jeder verletzt jeden. Aber keiner spricht darüber. Die Wunden werden nicht angeschaut und aufgearbeitet, sondern sie pflanzen sich einfach fort. Aber das verdirbt das Betriebsklima. Bei vielen Firmen spürt man sofort die Atmosphäre, die darin herrscht. Wenn man durch die Pforte das Bürogebäude betritt, riecht man förmlich die Atmosphäre. Bei manchen beflügelt die Atmosphäre. Bei anderen erdrückt sie einen. Man hat sofort ein flaues Gefühl im Magen. In solchen Unternehmen lähmt eine tiefe Traurigkeit die Mitarbeiter. Und das Haus ist geprägt von einem Gefühl von Leere und Sinnlosigkeit.

Für Benedikt ist es ganz wichtig, dass niemand unnötig verletzt und in Traurigkeit gestürzt wird. Der Cellerar soll vielmehr ein Klima von Frieden und innerer Freude verbreiten. Das kann er aber nicht durch Durchhalteparolen oder durch Schlagworte erreichen, wie sie im Dritten Reich üblich waren: »Kraft durch Freude« und so weiter. Wirkliche Lust an der Arbeit wird er nur vermitteln können, wenn er in der Begegnung und in der Art der Führung den Mitarbeitern Achtung und Ehrfurcht vermittelt, wenn er sich selbst durch die Probleme nicht lähmen lässt, sondern aus der inneren Gelassenheit und Zuversicht heraus die Konflikte löst.

Aus: Anselm Grün, Menschen führen – Leben wecken. Anregungen aus der Regel Benedikts von Nursia (Edition Anselm Grün, Band 9), Münsterschwarzach 2020, S. 147–151.

Spirituelle Wege ı 9

Als Cellerar des Klosters werde aus der Gemeinschaft
ein Bruder ausgewählt, der weise ist, reifen Charakters und nüchtern.
Er sei nicht maßlos im essen, nicht überheblich,
nicht stürmisch, nicht verletzend, nicht umständlich und
nicht verschwenderisch. Vielmehr sei er gottesfürchtig
und der ganzen Gemeinschaft wie ein Vater.

Regel Benedikts 31,12

Man kann auch nicht sagen: »Seht, hier ist es!«, oder: »Dort ist es!«.
Denn: Das Reich Gottes ist (schon) mitten unter euch.

Lukasevangelium 17,21

FA Wenn das Außen immer weniger trägt, dann wird der Weg nach innen wesentlich. Der Verlust von Orientierung im Außen – beispielsweise wenn der Arbeitsplatz unsicher oder gar verloren ist, wenn die Partnerschaft schwierig wird, wenn die Veränderungen um uns immer schneller verlaufen – führt zwangsläufig zu Fragen wie: Was trägt mich? Wo kann ich mich orientieren? Diese Fragen führen den Menschen zurück zu seinen religiösen Wurzeln oder zu neuen religiösen Heilsangeboten, wie sie Sekten oder die esoterische Szene anbieten. Dem wirklich Suchenden geht es dabei um Quellen, die bei allen äußeren »Stürmen« von innen Halt und Sicherheit geben. Intellektuelle Denkgebäude können das nicht leisten.

Der Zugang zur Spiritualität ist an Übungen geknüpft, die in einen Versenkungszustand führen, der unmittelbar die Persönlichkeitsstruktur beeinflusst. Immer mehr Seminaranbieter nutzen diese Marktchance und bieten Kurse wie »Meditation für Manager« oder »Die Kraft der Stille« an.

Für alle, die sich auf einen spirituellen Weg wirklich einlassen wollen, ist ein guter Kontemplations- oder Zenlehrer eine große Hilfe. Wenn sich das Bewusstsein öffnet, betreten wir geistiges Neuland, in dem ein Führer uns vor Fehlern und Verirrungen bewahren kann. Für das Einüben und die Überwindung der ersten Schwierigkeiten ist das Üben mit Anleitung in einer Gruppe nützlich. Die Gemeinschaft, die mit einer festen zeitlichen Struktur durch den Tag geht, ist gerade für Neulinge ein tragendes Element.

9.1 I Meditation

FA Meditation ist ein Sammelbegriff für Übungen, die das Bewusstsein des Übenden zentrieren und Erfahrungen ermöglichen, die je nach Tradition »Erleuchtung«, »Erwachen« oder »Befreiung« genannt werden. Solche Übungswege finden wir in allen Weltreligionen. Sie heißen: »Kontemplation«, »Zen«, »Vipassana«, »geistiges Yoga«. Sie werden als Lebensweg verstanden – als Weg, der kein Ende hat und dessen Ziel der Weg selbst ist. Belohnt wird der Wanderer mit einer immer tiefer gehenden Persönlichkeitsentwicklung.

Meditation im engeren Sinn ist ein ruhiges Sitzen in der Stille (mit aufrechter Körperhaltung und Beruhigung der Gedanken). Sie verwendet Übungen, die der jeweiligen Tradition und der Erfahrung des Übenden entsprechen. Meditation erweist sich in unserer historischen Situation als Königsweg, als Weg in die Spiritualität, als Reinigungsweg und als Quelle von Kraft und Orientierung.

Die Übungen auf den spirituellen Wegen der verschiedenen Traditionen ähneln sich. Der Meditierende sammelt sein Bewusstsein durch Konzentration auf den Atem, auf ein Wort, einen Satz, auf ein Mantra oder ein Symbol. Die »streunenden« Gedanken kommen allmählich zur Ruhe. Dieser Zustand – im Osten als »Samadhi« bezeichnet – führt aus dem unheilsamen Bewusstseinszustand der Unbewusstheit und Zerstreutheit hinaus in ein »Heil-werden«. Die Übung klärt und beruhigt den Geist – so wie trübes Wasser klar wird, wenn es zur Ruhe kommt und nicht mehr aufgewühlt wird.

Teresa von Ávila unterscheidet drei Formen des Betens:

- **Oratio:** das formulierte Gebet
- **Meditatio:** das Beten als Versenkung und Betrachtung eines Meditationsinhaltes, zum Beispiel einer Bibelstelle oder einer Blume
- **Contemplatio:** das Still-Werden vor Gott, Frei werden von allen Gedanken

Die Wüstenväter kannten auch die **Ruminatio**, das »Wiederkäuen« von Sätzen oder Bibelstellen. Bei der Arbeit und während des ganzen Tages wurden die gleichen Worte ständig wiederholt. Ähnliche Übungen kennen auch die anderen Traditionen – wie etwa das mantrische Beten, bei dem ein Wort oder Satz ständig wiederholt wird. Im Katholizismus ist das Rosenkranzgebet bekannt, eine klassische Form mantrischen Betens. (Doch zum mantrischen Beten unter 9.2 mehr.)

In der Meditation wird das Tun durch das Lassen – als Loslassen und Zulassen – ersetzt. Der Lärm, einschließlich des Lärms unserer Gedanken, wird allmählich zur Stille. Die Übung und die Erfahrung der Meditation ist ein notwendiger Gegenpol zur »Aktivität in der Welt«. Die einseitige Orientierung unserer Kultur am Machen und Gestalten – die »actio« – wird ergänzt und vollständig durch die »contemplatio«: das Innehalten und Betrachten.

Die Erfahrungen auf einem spirituellen Weg können nicht »gemacht« werden, sie widerfahren dem Übenden, wenn er dafür bereit ist. Das Märchen »Hans im Glück« beschreibt einen solchen spirituellen Weg. »Hans im Glück« erlebt immer wieder, dass er seine Vorstellungen von einer bequemen Reise aufgeben muss: Das Gold drückt ihm auf der Schulter, das Pferd wirft ihn ab, die Kuh gibt ihm statt der Milch einen Tritt ... Es kommt anders als geplant. Diese Erfahrungen sind typisch für den spirituellen Weg. Hans ist für diese Erfahrung offen. Das Glück, das er dabei erlebt, ist die »Erleuchtungserfahrung«. Er lässt seine alten Konzepte und Vorstellungen los und erlebt diese Befreiung mit tiefen Glücksgefühlen.

Inzwischen gibt es viele Untersuchungen bezüglich der positiven Auswirkungen von Meditation und Kontemplation. Mit modernen medizinischen Techniken lassen sich die Auswirkungen von Meditation auf Körper und Psyche messen. Untersuchungen von Meditierenden verschiedener Traditionen zeigen eine wesentlich geringe Infektanfälligkeit, eine insgesamt stabilere Gesundheit, die bessere Verarbeitung von psychischen Belastungen und so weiter.

Im Zen heißt es dazu: »Was nützt es dir, den Schatz eines anderen zu zählen«. In Zen und Kontemplation macht sich jeder selbst auf den langen Weg der kleinen Schritte. Wenn wir still werden und wenn wir Gedanken und Empfindungen wahrnehmen, ohne diese zu bewerten, dann ist dies ein absichtloses Einlassen auf das, was geschieht. Dadurch kann sich das in jedem Menschen angelegte geistige Potenzial und die gesamte Persönlichkeit mehr und mehr entfalten.

9.2 ı Christliche spirituelle Wege

AG In der christlichen Tradition gibt es viele spirituelle Wege, die alle das gleiche Ziel haben: sich mehr und mehr vom Geist Jesu Christi durchdringen zu lassen. Jeder spirituelle Weg führt über die ehrliche Selbstbegegnung zur Gottesbegegnung. Und auf jedem Weg geht es um die innere Reinigung. In der mystischen Tradition unterscheidet man drei verschiedene Stufen dieses Weges:

- **Via purgativa:** Weg der Reinigung
- **Via illuminativa:** Weg der Erleuchtung
- **Via unitiva:** Weg der Einigung

Ein wichtiger spiritueller Weg ist der liturgische und sakramentale Weg. Durch die Sakramente werden wir in den Weg Jesu eingeweiht und mit seinem göttlichen Leben erfüllt, um durch ihn mit uns selbst, mit allen Menschen und mit Gott eins zu werden. Die Feste des Kirchenjahres konfrontieren die verschiedenen Bereiche unseres Lebens mit dem Schicksal Jesu Christi. Und so wird unser Leben im Licht des Weges Jesu mehr und mehr verwandelt. Der Begründer der Analytischen Psychologie, Carl Gustav Jung nennt daher das Kirchenjahr ein therapeutisches System, das jährlich von neuem unser Bewusstsein und Unterbewusstsein mit der heilenden Kraft Christi durchdringt.

Viele Religionen haben heilige Texte. Bei den Christen ist es die Bibel. Das Lesen in der Bibel und die Meditation biblischer Texte führt uns nicht nur in die Begegnung mit Gott, sondern erschließt uns auch unsere eigenen Möglichkeiten. Den Text der Bibel verstehen heißt immer auch: sich selbst besser verstehen. Viele Christen beginnen daher den Tag mit der sogenannten »Losung«, einem kurzen biblischen Text, den sie mit in den Tag nehmen und der sie durch alle Ereignisse und Erlebnisse des Tages begleitet. Das Wort der Bibel ist wie eine »Leuchte auf dem Weg«. Es lässt mich mein Leben, meine Arbeit und die Mitmenschen in einem anderen Licht sehen.

Ein anderer Weg ist der Weg der Volksfrömmigkeit. Dort gibt es Wallfahrten und die Verehrung von Heiligen an ganz bestimmten heiligen Orten, an denen man an der heilenden Kraft dieser Orte Anteil bekommt. Und es gibt den alltäglichen Weg des Gebetes, der durchaus auch mystische Züge hat. Es gibt den Weg des Stoßgebetes, das man bei allen möglichen Handlungen spricht, um Gottes Segen für ein konkretes Werk zu erbitten. Und es gibt den Weg des Lebens in der Gegenwart Gottes, der heute moderner als Weg der Achtsamkeit beschrieben wird.

Alle spirituellen Wege gehen über die Erfahrung. Daher ähneln sich diese Wege in den verschiedenen Religionen. Zugleich können wir von spirituellen Wegen anderer Religionen lernen. Oft zeigen sie uns etwas, was wir auf unserem eigenen Weg vergessen oder übersehen haben. Wichtig ist, dass wir die spirituellen Wege nicht beurteilen. Oft sind wir in Gefahr, uns mit unserem eigenen Weg über andere zu stellen und auf sie herabzuschauen. Entscheidend ist, was der einzelne Weg bei jedem bewirkt – und das ist je nach Person verschieden.

Seit dem 2. Jahrhundert gibt es im Christentum den Weg der Kontemplation. Die frühen Kirchenväter haben ihn nicht erfunden. Sie haben vielmehr die spirituellen Wege, die sie im Umkreis griechischer Philosophenschulen, ägyptischer Priesterkreise und gnostischer Bewegungen vorfanden, christlich getauft und mit neuen Inhalten verbunden. Kontemplation heißt: Schau. Es geht in ihr darum, Gott in sich selbst zu schauen. In der Kontemplation sehe ich nicht etwas Bestimmtes. Ich schaue mir vielmehr auf den eigenen Grund ... und auf dem Grund allen Seins wird mir auf einmal alles klar. Die frühen Christen sprachen vom inneren Licht, das wir in uns entdecken. In diesem inneren Licht leuchtet Gottes Herrlichkeit in uns auf.

Der Weg der Kontemplation geht über das sogenannte mantrische Beten, das in allen Religionen geübt wird. Man verbindet den Atem mit einem Wort, das den Geist bindet und ihn in die Tiefen Gottes hineinführen soll. Im Christentum verbindet man den Atem mit dem sogenannten Jesusgebet. Beim Einatmen sagt man sich »Herr Jesus Christus« und beim Ausatmen »Sohn Gottes, erbarme dich meiner!« Man kann das Wort auch dem eigenen Atemrhythmus anpassen. Manche sagen beim Einatmen nur »Jesus Christus« und beim Ausatmen »erbarme dich«. Andere begnügen sich nur mit dem Namen »Jesus«, den sie mit dem Ausatmen verbinden. In jedem Atem lässt man die barmherzige und heilende Liebe Jesu Christi in alle Bereiche des eigenen Leibes und der eigenen Seele eindringen. Man nennt dieses Gebet auch Herzensgebet. Beim Einatmen stellt man sich vor, dass Jesu Geist in das Herz strömt und es mit Wärme und Barmherzigkeit erfüllt. Und beim Ausatmen strömt die Liebe dann in alle Winkeln meines Unbewussten hinein, damit ich in der Tiefe verwandelt werde. Man kann das Jesusgebet entweder in die vielen Gedanken und Gefühle hinein sprechen, die immer wieder auftauchen. Dann werden sich diese Gedanken verwandeln. Wenn ich mich zum Beispiel über einen Mitarbeiter geärgert habe, setze ich mich hin und spreche – natürlich still – das Jesusgebet in den Ärger hinein. Ich muss den Ärger dann gar nicht vertreiben. Durch die Meditation wird er gewandelt. Und auf einmal gehe ich barmherzig mit mir selbst um und werde wieder offener für die Mitarbeiter. Die andere Weise der Meditation besteht darin, dass ich die Gedanken gar nicht beachte. Sie sind wie Wellen, die weiterhin unruhig hin- und hergehen. Aber ich binde meine Aufmerksamkeit an das Wort. Dann wird das Wort zum Führer in den inneren Raum der Stille. Dieser Raum der Stille auf dem Grund meiner Seele ist erfüllt von Barmherzigkeit und Liebe. In ihm finde ich Ruhe.

In der christlichen Tradition werden auch andere Worte empfohlen, die man mit dem Atem verbindet: etwa die Worte »Maranatha« – »Unser Herr, komm!« –, »Halleluja« – »Lobet Gott!« – oder »Amen« – »So sei es!«. Es gibt durch alle Jahrhunderte hindurch immer wieder neue Anleitungen, diesen Weg zu gehen. Im 4. Jahrhundert beschreibt Cassian das sogenannte Glutgebet, das diese Methode anwendet. Im 13. Jahrhundert wird der sogenannte »hesychastische Weg« (Weg der Ruhe) von den Athosmönchen propagiert. Im 14. Jahrhundert entsteht in England das Buch »Wolke des Nichtwissens«, das dieses Gebet als Weg in die Gotteserfahrung und Gotteseinung anbietet. Im letzten Jahrhundert wurde dieser alte christliche Weg gerade im Dialog mit der Zen-Meditation wieder neu im kirchlichen Raum entdeckt und wird inzwischen von vielen Christen wieder praktiziert.

Es geht beim mantrischen Beten nicht darum, über die Worte nachzudenken, sondern sich von den Worten in den wortlosen Raum der Stille hineinführen zu lassen, in dem Gott in uns wohnt. Und dort, wo Gott in uns wohnt, haben die Sorgen und Ängste, die Probleme und Konflikte unserer Arbeit keinen Zutritt. Dort haben die Menschen mit ihren Erwartungen und Ansprüchen an uns keinen Zugang. In diesem inneren Raum der Stille vermag uns niemand zu verletzen. Dieser Raum ist auch verschlossen gegenüber den eigenen Selbstbeurteilungen und Selbstverurteilungen. In ihm finden wir Ruhe und Frieden. So ist dieser Weg für Führungskräfte geeignet, um mitten im »Trubel« der Arbeit immer wieder den inneren Raum der Stille zu entdecken, in dem wir frei sind und heil und ganz, im Einklang mit uns selbst, eins mit uns und mit Gott.

9.3 ı Zen

FA Das traditionelle Zen, eine sehr asketische Meditationsform, die aus dem Buddhismus kommt, findet im Westen immer mehr Anhänger. Vor allem nach dem Zweiten Vatikanischen Konzil gingen Ordensleute und andere Interessierte in Japan bei Zenmeistern in die Lehre und erhielten nach vielen Jahren der Übung die Lehrerlaubnis. Im Unterschied zur Kontemplation werden im Zen Lehrbeauftragungen und Ernennungen zum Roshi (Meister) nach sehr strengen Regeln gehandhabt. Jeder Roshi steht in direkter Nachfolge Buddhas.

Die Faszination, die Zen auf Menschen im Westen ausübt, ist zum einen der generelle Reiz des Fernöstlichen, zum anderen aber auch einfach der »Sinn für Schönheit und für Unsinn, der zugleich erbittert und erfreut«, wie Alan Watts, ein bekannter westlicher Zenpraktiker, schreibt. Zen hat umfassend die japanische Kultur und davor die chinesische geprägt. Es hat seine Spuren hinterlassen im Ikebana – dem Blumenstecken –, im Kyudo – der Kunst des Bogenschießens –, in den Haikus – einer berühmten Gedichtform, die den Zengeist der Nondualiät zum Ausdruck bringt –, in den Kalligraphien, der Teezeremonie, in Architektur und Zengärten.

Die Geschichte des Zen beginnt beim historischen Buddha, Shakyamuni Gautama im 6. Jahrhundert v. Chr. in Indien. Von dort kommt Zen mit dem legendären indischen Mönch Bodhidharma 520 n. Chr. nach China. Etwa 500 Jahre später findet Zen den Weg nach Korea, Vietnam und Japan. In Japan entstehen die bis heute bedeutenden großen Zenschulen Rinzai und Soto. Das Rinzai-Zen ist durch die »Koan-Übung« bekannt, eine Episode oder paradoxe Formulierung, auf die sich der Übende solange konzentriert, bis der geistige Sprung auf eine andere Bewusstseinsebene stattfindet.

Für die Sotoschule ist die Übung des »Zazen« – das Sitzen in der Stille – charakteristisch, das zur allmählichen Erleuchtung führen soll. Die Übung des stillen Sitzens, traditionell in der Yoga-Haltung, dem Lotossitz, wird jedoch in allen Zentraditionen praktiziert. Sie ähnelt den Übungen in der Kontemplation. Obwohl Zen aus der Tradition des Buddhismus kommt, sind die Übungen und die Ziele des Zen religions- und konfessionsübergreifend. Der Intellekt, der alles bewertet, deutet, in Begrifflichkeiten einordnet, soll durch die Übung zur Ruhe kommen. Vielleicht geht es auch im Christentum um diese Ruhe – auch in unseren Gedanken –, nach der wir uns sehnen und die uns den inneren Frieden schenkt.

In diesem Sinn lässt sich auch der Satz aus den Seligpreisungen in der Bergpredigt verstehen: »Er sagte: Selig, die arm sind vor Gott; denn ihnen gehört das Himmelreich« (Matthäusevangelium 5,3). Wörtlich wird die Stelle übersetzt mit: »Selig, die arm sind im Geist«. Meister Eckehart, einer der bekanntesten christlichen Mystiker, erklärt diese Armut näher: »Nur das ist ein armer Mensch, der nichts will und nichts begehrt«. Zen wie Kontemplation führen genau in diese Armut im Geist. Der Verstand kommt zur Ruhe, das Denken und das Streben hört auf. Wenn dies eingetreten ist, können wir die Dinge erkennen, wie sie wirklich sind. Dann sind wir im Hier und Jetzt. Das ist das Ziel der verschiedenen Meditationsübungen.

Das Reich Gottes – der zentrale Begriff in der Lehre des Jesus von Nazaret –, um das es in den Gleichnissen immer wieder geht, finden wir genau in diesem Hier und Jetzt. So heißt es bei Markus: »Die Zeit ist erfüllt, das Reich Gottes ist nahe« (Markusevangelium 1,15). Oder noch deutlicher schreibt Lukas: »Man kann auch nicht sagen: ›Seht, hier ist es!‹, oder: ›Dort ist es!‹. Denn: Das Reich Gottes ist (schon) mitten unter euch« (Lukasevangelium 17,21). Der vietnamesische Zenmeister Thich Nath Hanh setzt das Reich Gottes, das in der Bergpredigt den »Armen im Geiste« versprochen wird, mit dem reinen Land Buddhas gleich. Er sagt, das Ziel ist das Hier und Jetzt. Dahin will uns jede spirituelle Praxis führen.

9.4 ı Andere Traditionen

FA Yoga – die Meditationsform des Hinduismus mit einer langen Tradition in Indien – ist bei uns durch »Asana« – Körperhaltungen – und »Pranayama« – Atemübungen – bekannt geworden. Diese Übungen sind vorbereitend und unterstützend für geistige Yoga-Formen, die mit ähnlichen Meditationstechniken arbeiten wie Zen und Kontemplation.

Während Zen in keiner Weise an eine Gottesvorstellung gebunden ist – diese weder ablehnt noch forciert –, ist es das erklärte Ziel von Yoga, Menschen zu einer Gotteserkenntnis zu führen. Dazu hat Yoga eine Fülle von Übungen und Lehrsystemen entwickelt und eine große Zahl berühmter Meister – sogenannte Gurus – hervorgebracht.

Das Christentum hat in den letzten Jahrhunderten zu sehr die Theologie als intellektuelles Denkgebäude betont und die mystische Tradition – die dem Zen und dem Yoga entspricht und die in den ersten christlichen Jahrhunderten und dann später im frühen Mittelalter (deutsche Mystik) und im 16. Jahrhundert (spanische Mystik) stark präsent war – vernachlässigt.

Der Titel »Meister«, der dem bedeutenden Mystiker des späten Mittelalters, Meister Eckehart, zugesprochen wurde und mit dem auch Jesus von seinen Jüngern angeredet wurde, ist im Christentum untergegangen. Eckehart, dem es wie allen echten Mystikern um die eigene, authentische Gotteserfahrung ging, musste sich wie viele andere christliche Mystiker – Männer wie Frauen – vor der Inquisition verantworten und wurde nach seinem Tod geächtet.

Demgegenüber zeichnet den Hinduismus eine zweigleisige Tradition aus. Der Guru hat für sich tiefe mystische Erfahrungen realisiert, den Zustand des »Samadhi« erreicht und gibt seine Erfahrung weiter – analog dem Roshi im Zen und den Mystikern des Christentums. Der Pandit ist der Theologe, der die alten Texte wissenschaftlich auslegt und intellektuell verarbeitet. Sein Ansehen ist in Indien weit geringer als das der Gurus, die in ihren religiösen Zentren – den Ashrams – seit vielen Jahren Menschen aus aller Welt anziehen.

Viele Yogawege sind auch im Westen bekannt: etwa Bahkti-Yoga – die liebende Hingabe an Gott – oder Raja-Yoga – ein Übungsweg über acht Stufen. Am Ende steht der Zustand des Samadhi, in dem das dualistische Denken transzendiert wird und zum Stillstand kommt. Die Übungen passt der Yogalehrer dem jeweiligen Entwicklungsstand des Übenden an.

Ergänzend sei noch auf andere nichtchristliche spirituelle Traditionen verwiesen. Im Islam gibt es den mystischen Sufismus, der Wege zur Vereinigung mit Gott lehrt. Über Mönche – die Derwische – und über Meister mit dem Titel Scheich (Shekh oder Pir), die in Ordensgemeinschaften organisiert sind, werden die Erfahrungen weitergegeben. Die Schulungssysteme des Sufismus dienen wie alle spirituellen Schulungswege der geistigen und moralischen Entwicklung der Menschen.

Das Judentum kennt die Kabbala als mystische Tradition, die geschichtlich mit dem Sufismus verbunden ist.

Im weiteren Sinn kann auch der Schamanismus, der auf der ganzen Welt zu finden ist, zu den spirituellen Traditionen zählen. Schamanismus ist keine Religion im westlichen Sinn, sondern eher eine Ansammlung von Techniken, die helfen, das Bewusstsein zu erweitern. Schamanen aller Kulturen betonen immer wieder, dass wirkliches Wissen nur aus der Erfahrung kommt. Das kann auch jeder Zenmeister und jeder Mystiker unterschreiben. Zentrale Elemente im Schamanismus sind Rituale, bei denen naturreligiöse Elemente mit Magie und Heilkunst verbunden werden. Unverfälschte Formen finden sich noch heute bei Naturvölkern – zum Beispiel in Sibirien, Asien oder in Südamerika, aber auch bei nordamerikanischen Indianern, die ihre Tradition bewahrt haben.

9.5 | Spiritualität im Alltag

AG Der heilige Benedikt hat mit seiner Verbindung von Gebet und Arbeit (»Ora et labora«) einen gangbaren Weg der Spiritualität im Alltag entwickelt. Benedikts Spiritualität ist eine geerdete Spiritualität. Ihr geht es darum, in der alltäglichen Arbeit durchlässig zu sein für Gottes Geist. Das fängt für ihn beim behutsamen Umgang mit den Werkzeugen und den Dingen jeder Art an (vgl. Regel Benedikts 32,1). Vom Cellerar fordert Benedikt, dass er das gesamte Vermögen des Klosters wie heiliges Altargerät behandeln soll (vgl. Regel Benedikts 31,10).

Wer den wöchentlichen Küchendienst verrichtet, soll am Ende der Woche »die Geräte seines Dienstes in sauberem und gutem Zustand« (Regel Benedikts 35,10) dem Cellerar zurückgeben. Vor allem im Kapitel über die Handwerker (vgl. Regel Benedikts 57) wird sichtbar, dass in der Art, wie die Brüder ihr Handwerk verrichten und wie sie ihre Produkte verkaufen, Gottes Herrlichkeit oder aber der eigene Ehrgeiz und die Gier sichtbar wird. Benedikt geht es darum, dass der Mönch, der arbeitet, sich ganz auf die Arbeit einlässt und nicht sich selbst in den Mittelpunkt stellt, indem er mit seinen Produkten angibt und sich über andere stellt.

Wie jemand arbeitet, wie er mit Kunden umgeht und wie er seine Mitarbeiter behandelt, daran erkennt Benedikt, ob er spirituell ist oder nicht. Wer unachtsam mit seinem Werkzeug umgeht, der achtet auch nicht auf Gottes Gegenwart und der ist auch nicht in Berührung mit sich selbst. Er lebt nicht aus der spirituellen Quelle heraus, sondern ist zerstreut. Spiritualität heißt immer auch Sammlung, Achtsamkeit, Behutsamkeit und Wachsein.

Die Verbindung von Gebet und Arbeit meint aber noch etwas anderes: Gerade bei meiner Arbeit drückt sich meine Seele aus. An der Art, wie ich arbeite, zeigt sich, ob ich vom Geist Gottes durchdrungen bin. Wenn ich chaotisch arbeite, zeigt das mein inneres Chaos an. Wenn meine Arbeit ein aggressives Klima erzeugt, drückt sie meine innere Aggressivität aus. Langsames und umständliches Arbeit weist oft auf innere Widerstände meiner Seele hin: Ich verbrauche zu viel Energie für den eigenen Seelenhaushalt und diese fehlt mir dann in der Arbeit.

Gerade für die Führungsaufgabe gilt: Indem ich führe, werde ich spirituell herausgefordert. In meiner Führung werde ich ständig mit meinen eigenen Emotionen konfrontiert. Deshalb geht es darum, die eigenen Emotionen zu reinigen, anstatt sie ungefiltert an die Mitarbeiter weiterzugeben. In meiner Arbeit übe ich ein, mein Ego loszulassen und mich auf die Menschen und die Projekte einzulassen. Karlfried Graf Dürckheim, der Zenmeditation mit Jung-scher Psychologie verbunden hat, spricht vom **Alltag als Übung**. Im Alltag übe ich ein, aus der Mitte heraus zu arbeiten und mich nicht von den Stimmungen meiner Umwelt bestimmen zu lassen.

Benedikt fordert vom Cellerar, dass er gerade bei seiner Arbeit immer auf seine Seele achtet (vgl. Regel Benedikts 31,8). Denn allzu leicht vermischt er sonst seine Arbeit mit seinen verdrängten Bedürfnissen und mit seinen unterdrückten Emotionen: Wäre dies der Fall, ginge von seiner Arbeit kein Segen aus. Ich achte auf meine Seele, wenn ich mich morgens frage: Gehe ich gerne in meine Arbeit? Oder spüre ich inneren Widerstand gegen die Arbeit oder gegen bestimmte Mitarbeiter? Fühle ich mich in meinem Leib wohl oder rebelliert der Leib gegen die Arbeit? All diese Gefühle dürfen sein. Aber ich muss sie beachten und sie vor Gott im Gebet oder in der Meditation klären. Ich bin dafür verantwortlich, mit welcher inneren Haltung ich in die Arbeit komme. Meine Mitarbeiter spüren sehr schnell, ob ich voller Ärger und Unzufriedenheit oder mit innerer Ausgeglichenheit, mit Klarheit und Frieden da bin.

In der Führungsarbeit begegnen wir vielen Menschen – mit ihren Stärken und Schwächen, mit ihrer guten Absicht und mit ihren Intrigen. In der Begegnung mit Menschen klar zu bleiben und sich von anderen nicht die Spielregeln vorschreiben zu lassen, sondern aus dem Geist Jesu heraus zu arbeiten, das ist eine beständige Herausforderung. Doch gerade darin zeigt sich die Tragfähigkeit unserer Spiritualität. Es genügt nicht, immer wieder zu meditieren, wenn die Meditation mein Verhalten zu den Mitarbeitern nicht verändert.

Ein Mann sagte mir, er habe mit Gott keine Probleme. Mit ihm könne er gut sprechen. Doch er leide an der Unlust, mit der er morgens in seine Arbeit gehe. Ich habe ihm nicht geraten, noch mehr zu beten, sondern ihn ermutigt, seine Unlust an der Arbeit zum Thema seines Gebetes zu machen. Er solle Gott fragen, was sich in seiner Unlust ausdrücke. Darin zeige sich sein geistlicher Weg, dass er mit einer Haltung der Gelassenheit und der inneren Zustimmung zur Arbeit gehe. Die Unlust zeigt oft, dass wir gegen unser inneres Wesen leben oder dass wir uns irgendwelche Illusionen über die Arbeit machen, aber nicht bereit sind, den Alltag vom Geist

Gottes her zu bestehen und ja zu sagen zur eigenen Durchschnittlichkeit und zur Banalität unseres Alltags. Gerade in der Banalität unseres Alltags zeigt sich aber, ob wir uns vom Geist Jesu oder aber vom Ungeist unserer Illusionen leiten lassen.

So ist der spirituelle Weg, wie Benedikt ihn versteht, ein Weg, unsere konkrete Führungsaufgabe als spirituelle Herausforderung zu sehen und in ihr den Geist Jesu aufleuchten zu lassen. Wenn uns das gelingt, dann ist unsere Führungsaufgabe schon ein spiritueller Weg. Sie ist ein Trainingsweg: ein Weg, uns in die spirituellen Haltungen von Klarheit und Wahrheit, von Freiheit und Weite, von Liebe und Toleranz, von Geduld und Hoffnung einzuüben.

FA Der Alltag und die einfachen Verrichtungen im Alltag sind das Ziel jeder spirituellen Schulung. Ziel ist die Sorgfalt in allem, was wir tun. Die Sammlung und die Hingabe an die Aufgabe zeigen die spirituelle Reife. In japanischen Zen-Klöstern kann man immer wieder staunen, mit welchem Tempo Zen-Mönche Treppen kehren oder andere Arbeiten erledigen. Dabei zeigen sie keinerlei Hektik oder Oberflächlichkeit, sie sind lediglich ganz gesammelt in dieser Arbeit, die sie mit größtmöglicher Sorgfalt erledigen. Wer von negativen Gefühlen besetzt ist oder in Gedanken abschweift, ist zu einem solchen Arbeitsstil nicht fähig. Umgekehrt ist das Eintauchen in eine Arbeit und die Hingabe an eine Aufgabe Teil eines spirituellen Weges.

9.6 | Der Weg der Dankbarkeit

FA Eine genauso einfache wie sinnvolle Übung ist die Dankbarkeit. Diese Übung ist Spiritualität im Alltag in reinster Form. Sie ist in der christlichen Tradition in den täglichen Gebeten enthalten: beim Tischgebet, beim Morgen- und Abendgebet.

Diese Übung lässt sich leicht intensivieren, wenn sie auf alle Lebensbereiche und über den ganzen Tag ausdehnt wird. Bei den Naturvölkern hat die Dankbarkeit eine viel größere Bedeutung als bei uns. Aborigines, die Ureinwohner Australiens, verstehen beispielsweise ihr ganzes Leben als Danksagung für alles, was ihnen widerfährt. Entsprechend wundern sie sich, wenn ihnen Missionare beibringen wollen, vor dem Essen ein Dankgebet zu sprechen. Sie sagen: Wir machen den ganzen Tag nichts anderes als zu danken.

Das Danken verändert unser Bewusstsein. Im Danken bin ich derjenige, der etwas empfangen hat. Dabei empfangen wir das meiste in unserem Dasein unverdienterweise als Geschenk: das Leben bei unserer Geburt, die Gesundheit – auch die verbliebene Gesundheit, wenn diese eingeschränkt ist –, die Luft, die Nahrung, die Schönheit der Erde ... Die Liste ist unendlich lang. In jedem Augenblick erleben und erfahren wir Dinge, für die wir dankbar sein können.

Wir können zu einer tiefen Erfahrung kommen, wenn wir fragen: Wer bin ich, dass ich all das in dieser Fülle verdient habe? Wir können dabei unseren eigenen Wert als Kinder Gottes erkennen.

Die Übung der Dankbarkeit hat auch auf der psychischen Ebene – auf der Ebene des Erlebens, der Gefühle, der Stimmung – positive Auswirkungen. Wenn ich dankbar bin für das viele Schöne und Gute, das mir widerfährt, dann ist mein Bewusstsein auf dieses Schöne und Gute gerichtet. Diese positiven Gedanken führen auch zu positiven Gefühlen. Die Anfälligkeit für negative Stimmungen geht damit deutlich zurück.

Bruder David Steindl-Rast, Benediktinermönch in den USA, der den Weg der Dankbarkeit selbst geht und lehrt, schreibt jeden Tag in sein Tagebuch eine Danksagung für etwas, wofür er bisher noch nicht gedankt hat. Er meint, dass er mehrere Leben bräuchte, um für alles danken zu können. Seine Internetseite www.gratefulness.org mit vielen Impulsen zu diesem Thema hat täglich über 20 000 Besucher aus über 60 Ländern.

Im Führungsalltag sind Gefühle und Stimmungen entscheidend. Wer möchte gerne mit einem missmutigen und schlecht gelaunten Chef zusammenarbeiten? Stimmungen stecken an. Das positive Klima, das durch ständige Dankbarkeit entsteht, zieht andere Menschen an. Die eigene Grundhaltung der Dankbarkeit wird sich auch auf die Mitarbeiter beziehen und zwangsläufig zu wertschätzendem Verhalten ihnen gegenüber führen.

In der Mönchstradition ist das Danken – verbunden mit dem Lobpreis Gottes für all das Gute im Leben – selbstverständlich. Benedikt hält die Mönche an für die Widerwärtigkeiten des Lebens zu danken, die ihnen widerfahren. So ordnet er an, dass jedem nur soviel gegeben werden soll, wie er braucht und weist den, der verzichten muss, an: »Wer weniger braucht, danke Gott und sei nicht traurig« (Regel Benedikts 34,3). Es sind in der Regel des heiligen Benedikt die Alltagssituationen, in denen es Schwierigkeiten gibt, oder in denen Verzicht geleistet werden muss, in denen Benedikt die Mönche zu Dank und Lobpreis auffordert. Danken verändert die Gefühle von Ablehnung und Widerstand, diese gehen über in eine Suche nach dem Wert dieser Erfahrung. Wir haben in schwierigen Momenten die Chance, sehr viel über uns selbst, über unsere Gefühle und über andere Menschen zu erfahren.

ÜBUNG

Dankbarkeit für das Gute

Danken Sie am Morgen für die Nacht, für den Schlaf, das gute Bett, die Ruhe und so weiter. Danken Sie für das Frühstück, dafür, dass Sie bequem und sicher zur Arbeit kommen, für die Arbeit.

Immer wieder und immer häufiger wird Danken in ihr Bewusstsein kommen, es wird zu einer wunderbaren Gewohnheit. Der Tag schließt mit einem Rückblick und dem Dank für dieses besondere Geschenk: einen Tag Leben.

Das Danken für das Essen ist von besonderer Bedeutung. Die Nahrung nehmen wir auf, sie wird zu dem Körper, der wir sind. Ich danke den Kräften des Kosmos und der Erde, die alles wachsen ließen, und den Menschen, die mit ihrer Hände Arbeit mein Essen zubereitet haben. Ich danke auch den Tieren, die mir Milch, Honig und anderes geben, und den Pflanzen und Tieren, die mir als Nahrung dienen. All das möge meinem und allem Leben dienen.

Die innere Haltung, mit der wir die Nahrung zu uns nehmen, hat Einfluss auf die Verdauung. Entscheidend ist auch, was wir zu uns nehmen. Der Mensch ist, was er isst. Koscheres Essen, wie im Judentum vorgeschrieben, hat sicher in diesem Wissen seinen Ursprung.

Die heute aktuelle Formel für Essen »schnell – billig – satt« steht im Widerspruch zur Heiligkeit unseres Körpers, der wir sind. Diese Formel ist Ausdruck von Selbstverachtung. Dankbarkeit schließt Dankbarkeit für mein Menschsein ein und erfordert, auch gut für den mir anvertrauten Körper zu sorgen. Dazu gehören gute Lebens-Mittel. Auch die Art der Zubereitung hat großen Einfluss auf die Qualität der Nahrung.

Dankbarkeit für das Ärgerliche

ÜBUNG

Wann immer etwas schief läuft in Ihrem Leben, wenn Sie merken, dass Sie sich über etwas ärgern, dann sagen Sie mehrmals »Danke«.

Sie können das konkret benennen, zum Beispiel: »Ich danke dafür, dass mich mein Kollege im Stich lässt«. Oder: »Ich danke dafür, dass mich mein Vorgesetzter ungerecht behandelt«.

Wiederholen Sie das mehrmals und beobachten Sie Ihre Gedanken und Gefühle. Nehmen Sie das, was Ihnen dabei bewusst wird, ohne Bewertung wahr. Auch Ihre Gedanken und Gefühle sind so, wie sie sind.

AG Dankbarkeit befreit mich vom Zwang, mich mit anderen zu vergleichen und meine Werke und meine Fähigkeiten über die anderer zu stellen. Die Dankbarkeit ermöglicht es mir, mich mit dem Mitarbeiter oder Kollegen über das, was ihm gelungen ist, zu freuen. Ich muss weder ihn noch mich abwerten oder entwerten. Mein Wert verliert nicht, wenn ich den Wert des anderen dankbar anerkenne. So verbindet mich die Dankbarkeit mit dem anderen. Ich bin nicht sein Konkurrent und er nicht meiner. Vielmehr schauen wir gemeinsam auf das, was Gott uns schenkt.

Die Dankbarkeit ermöglicht in einer Firma ein gutes Miteinander. Sie befreit uns von ständiger Rivalität und von dem Druck, besser sein zu müssen als die anderen. Jeder Mensch hat genügend Grund, dankbar zu sein. Ich bin nicht nur dankbar für das, was Gott mir geschenkt hat, sondern auch für die Menschen, die er mir geschenkt hat – und für die Menschen, denen er viele Gaben mitgegeben habe, die ich bei mir selbst nicht finde. Ich muss nicht alles in mir haben. Es ist schön, bei anderen etwas bewundern zu können, was mir selbst fehlt. Dann bin ich nicht neidisch, sondern ich freue mich an dem Reichtum, den ich in anderen Menschen finde.

Undankbare Menschen sind unangenehm. Man kann sie nie zufrieden stellen. Mit ihnen kann man nicht gut zusammenleben. Sie haben ständig etwas zu kritisieren. Und alle Zuwendung, die ich ihnen schenke, prallt an ihnen ab. Sie bekommen nie genug. Dankbarkeit ist offensichtlich die Voraussetzung dafür, dass wir gut miteinander leben können. Den Mitarbeitern tut es gut, wenn ich sie nicht nur lobe, sondern ihnen auch für ihren Einsatz und für ihr Sosein danke. Und sie spüren es, ob von mir Dankbarkeit oder Undankbarkeit ausgeht. Ein undankbarer Chef lähmt die Mitarbeiter. Sie haben das Gefühl, dass sie es ihm nie recht machen können. Daher ist die Einübung der Dankbarkeit nicht nur ein spiritueller Weg, der mir selbst gut tut, sondern letztlich auch der Zusammenarbeit in der Firma dient.

9.7 | Der Weg der Achtsamkeit

FA In einer berühmten Zen-Geschichte kommt ein hoher Beamter von weit her, um sich von Meister Ikkyu belehren zu lassen. Er bittet ihn, ihm eine Weisheit mit auf seinen Lebensweg zu geben. Der Meister nimmt ein Blatt Papier und schreibt »Achtsamkeit«. Der Beamte fragt, ob das denn alles sei. Da nimmt der Meister das Blatt und schreibt »Achtsamkeit, Achtsamkeit«. Ärgerlich meint der Beamte, er habe mehr erwartet. Da nimmt der Meister wieder das Blatt und schreibt »Achtsamkeit, Achtsamkeit, Achtsamkeit«.

Im Zen wird größter Wert auf die Achtsamkeit gelegt. Sie ist eine Übung, die uns in das Jetzt führt und überall praktiziert werden kann. Achtsames Essen, achtsames Zuhören, achtsames Gehen – das meint, ganz in dem sein, was ich gerade tue. Die Beruhigung der Gedanken, wie sie die Meditationsübungen anstreben, findet in der Achtsamkeit im Alltag ihre Fortführung. Achtsamkeit ist Zen oder Kontemplation im Alltag.

Langsamer essen

ÜBUNG

Eine gute Übung im Alltag ist, bewusst zu essen, langsam zu kauen, den Geschmack intensiv wahrzunehmen und zu spüren, ob und wie mir das Essen bekommt.

In Verbindung mit Danken werden Sie beste Erfahrungen damit machen. Intensiviert wird diese Übung durch Schweigen beim Essen.

Das Gehen eignet sich als meditative Übung im besonderen Maße. Jeden Tag laufen wir immer wieder bestimmte Wege. Beim Gehen können wir unsere gesamte Aufmerksamkeit auf die Fußsohle lenken und den Fuß bewusst langsam abrollen. Ziel dieses achtsamen Gehens ist es, geistig in die Gegenwart zu kommen, also einfach nur zu gehen. Im Zen heißt es: »Tue nur das, was du tust!«

Meditatives Gehen

ÜBUNG

Üben Sie das meditative Gehen. Fangen Sie ganz langsam an:

Einatmen – den linken Fuß abrollen –
ausatmen – den rechten Fuß abrollen.

Die ganze Aufmerksamkeit liegt auf dem Abrollen
und auf dem Ein- und Ausatmen.

Wenn die Aufmerksamkeit gesammelt ist, wird der Fokus erweitert:

Abrollen – atmen – und mich selbst spüren: meinen Körper, meine Befindlichkeit. Beim Ausatmen lächle ich mir mit größtmöglichem Wohlwollen zu.

Die Erweiterung der Übung erfolgt nach einigen Minuten.
Nun ist neben der Selbstwahrnehmung alles wahrzunehmen,
was sich mir zeigt: Farben, Gerüche, Geräusche.
Beim Ausatmen lächle ich allem zu.

Einatmen – abrollen – mich selbst und alles spüren
und erleben, was sich zeigt.
Ausatmen – abrollen – allem zulächeln.

Die Übung lässt sich am besten in einer sehr langsamen Form zu Hause einüben, wenn niemand zuschaut. Das Tempo kann dann langsam gesteigert werden ... bis zum normalen gemütlichen Gehen.

Gehen als »Nur-Gehen« bedeutet, so aufmerksam zu gehen, dass wir uns selbst, unsere Bewegung, unsere Befindlichkeit und die Natur, Gerüche, Geräusche, die Farben, alles um uns herum wahrnehmen und erleben. Viele Menschen machen die Erfahrung, dass ihr normales Gehen eher ein Rennen ist. Wir rennen durchs Leben, denn wir wollen ankommen. Wo wollen wir ankommen? Das Leben findet doch nicht dort – am vermeintlichen Ziel – statt, sondern hier. Der Weg ist das Ziel! Der Weg ist immer nur Hier und Jetzt.

AG Das deutsche Wort »achtsam« kommt von der indogermanischen Wurzel »ok«, das »nachdenken« und »überlegen« bedeutet. Achtsam ist also der Mensch, der bei dem, was er tut, überlegt, was da eigentlich geschieht. Er lebt nicht gedankenlos, sondern bewusst.

Es gibt Menschen, die sich in Gedanken von dem entfernen, was sie tun. Sie gehen beispielsweise spazieren, sind aber in Gedanken ganz woanders. Benedikt möchte, dass die Mönche achtsam und behutsam mit den Dingen des Alltags umgehen und dass sie wach sind (vgl. Regel Benedikts 31,8; 32,1–5). Denn Achtsamkeit heißt auch: wach sein. Mystik – so meint der indische Jesuit Anthony de Mello – ist Aufwachen zur Wirklichkeit. Achtsamkeit heißt, wach bei dem sein, was ich gerade tue.

Der heilige Benedikt liebt das Wort »custodire«. Es bedeutet: »achten«, »acht geben«, »wachen«, »bewusst wahrnehmen«. Zu den Werkzeugen der geistlichen Kunst gehört es, jederzeit das eigene Tun und Handeln zu »überwachen« (Regel Benedikts 4,48). Die Achtsamkeit ist für die benediktinische Tradition die spirituelle Übung schlechthin geworden. Die Achtsamkeit gilt dem Werkzeug, mit dem wir umgehen. Sie gilt der Zunge, die oft unbedacht redet und damit Unheil anrichtet: Wir ärgern uns dann, wenn wir wieder Dinge gesagt haben, die wir am liebsten für uns behalten hätten.

Im Mönchtum ist es jedoch vor allem die Achtsamkeit den Gedanken und Gefühlen, den Emotionen und Leidenschaften gegenüber, die in uns eintreten möchten. Die Achtsamkeit ist die Übung, die alle spirituellen Traditionen miteinander verbindet. Sie zeigt, dass Spiritualität nie etwas Weltfremdes ist, sondern den achtsamen Umgang mit der Welt meint.

Die drei »D« auf dem spirituellen Weg

ÜBUNG

Spiritualität zeigt sich im Alltag, in der Art und in der Haltung wie wir die Dinge tun.

Einüben lässt sich die Spiritualität des Alltags vor allem über die drei »D«:

- Dankbarkeit
- Demut
- Disziplin

Wir können und sollten den ganzen Tag danken für die vielen Geschenke des Lebens, Essen, Kleidung, Gesundheit, die Schönheit der Natur und noch vieles mehr ...

Wir sollten auch für die Widerwärtigkeiten des Lebens danken, für das, was schief gelaufen ist und was uns ärgert. In diesen Momenten können wir lernen, mit Unlustgefühlen umzugehen. Das Schwierige und Unangenehme hilft uns das Gute und Leichte wieder besser zu schätzen.

In der Führung hilft uns die Demut, in Beziehungssituationen klein zu bleiben und uns nicht über den anderen zu erheben.

Disziplin, im rechten Maß, hilft uns unsere Trägheit zu überwinden, verhilft uns zu einer Stetigkeit im Tun, ohne von Launen beherrscht zu werden.

TEXT ZUR VERTIEFUNG

Benedikts Kunst des spirituellen Lebens

AG Die Entwicklung von Spiritualität und einer spirituelle Haltung ist immer ein Bemühen, das viele einzelne, oftmals anstrengende Schritte erfordert. Dieser spirituelle Weg ist zudem nicht ein für allemal und fest vorgegeben. Herausfordernde Aufgabe für jeden einzelnen ist es vielmehr, den je eigenen spirituellen Weg zu suchen und zu finden. Das »Loslassen«, das diesen Weg nach Benedikt kennzeichnet, geschieht nicht um des Verzichtes selbst willen, sondern um zu sich selbst Distanz zu bekommen und um Kopf und Herz frei zu haben für das, was wirklich wichtig im Leben ist ...

Der Weg des heiligen Menschen Benedikt war ein Weg verrücktester Windungen, ein Auf und Ab im wahrsten Sinn des Wortes und eine Fahrt durch die Extreme. Kann dieser Mann für einen Menschen von heute wirklich ein ernsthaftes Vorbild auf dem spirituellen Weg sein? Sind nicht die Bilder allzu schön, allzu heroisch, als dass sie Wirklichkeit werden könnten? Ist es nicht einfach unmöglich, sich so von der Welt abzuschälen, um sich dann wieder so mit ihr zu verbinden? Tut sich hier nicht der Graben zwischen einem normalen Menschen und einem Heiligen auf? Wer von uns könnte im Ernst in einer Höhle leben? Wer könnte sich auf der Spitze eines Berges mit nur wenigen Genossen niederlassen? Welcher Mensch kann sich so vollkommen von der Gesellschaft lösen, von der Zivilisation? Und – ist das überhaupt alles sinnvoll? Und vom Geist wirklich gewollt?

Diese Fragen kann letztlich nur jeder für sich selbst beantworten. Die Bilder der Benediktsvita sind eine Einladung, sich auf den Weg zu begeben; sie sind eine Bestätigung, auf dem Weg zu bleiben; sie sind eine Orientierung, den richtigen Weg zu finden. In jeder Lebenssituation werden sie auf andere Weise zu mir sprechen, manche werden auch gar nicht zu mir sprechen. Sie sind die Bilder eines Weges, der nicht mein Weg sein muss. Sie wollen mich faszinieren und einladen, über meinen eigenen Weg nachzudenken und mit anderen darüber zu sprechen.

Jeder Weg besteht aus Schritten. Auch Benedikt, der »heiligmäßige« Benedikt, ist seinen Weg nicht anders gegangen als Schritt für Schritt. Kaum hat er im voraus gewusst, was hinter der nächsten Wegbiegung liegen würde. Wenn Gregor ihn in jungen Jahren schon mit der Weisheit eines Alten versieht, heißt das, dass Benedikt Vertrauen in den Sinn und das Ziel seines Lebens gehabt hat, das mit seinem Ursprung identisch war. Der einzelne Schritt aber bleibt ein Abenteuer.

Der spirituelle Weg fügt sich zu einem spirituellen Leben. Welcher Schritt ist mein nächster? Muss es ein extremer sein? Was, wenn ich nicht solchen Mut aufbringe wie Benedikt? Der Mönchsvater hat, so scheint mir, weder das Extrem um seiner selbst willen gesucht, noch um die eigene Mitte zu finden, sondern er hat sich einfach von seinem Inneren führen lassen, und dabei geriet er auf Wege, die nicht die ausgetretenen waren, sondern manchmal – von außen betrachtet – extreme und radikale.

Im Aufgeben der tiefsten und grundlegendsten Bedürfnisse, nach Besitz, Partnerschaft und Autonomie, hat Benedikt zu sich selbst gefunden. Das ist im Ernst zu radikal für jeden normalen Menschen. Wäre es nicht aber bereits sehr viel, wenn wir unser Streben einmal auf diese Grundbedürfnisse beschränken würden? Wenn wir auf alles oder einiges von dem verzichteten, was über die Grundbedürfnisse hinaus geht? Das lateinische Wort für alles Überflüssige ist »Luxus«. Gut essen, gut trinken, gut schlafen, gut lieben, gut wohnen – dies könnte reichen, begegnen wir doch in unseren Grundbedürfnissen dem, der sie in uns angelegt hat und der sie stillen kann. Wenn Benedikt, extrem wie er war, sich sogar davon lösen wollte, so ging das ja auch immer nur eine Weile gut. In die Gesellschaft ist er wieder zurückgekehrt, mit dem Essen hat er wieder begonnen, mit dem Wohnen und Sich-Kleiden. Nicht jeder muss und kann einen solch extremen Weg gehen.

Durch Benedikt ist uns der Weg gezeigt, dem ein Prinzip zugrunde liegt, das so einfach wie anspruchsvoll ist: Lass alles, und du wirst alles geschenkt bekommen. Oder: Was du gelassen hast, bekommst du auf eine neue Weise, in der du es nicht mehr haben musst, sondern sein kannst. Oder: Lass dich in Gott hineinfallen, und du wirst von ihm als du selbst aufgefangen. Oder: Es ist nichts zu verlieren, darum kannst du alles lassen.

Diese Interpretation der Vita Benedikts ist nicht neu. Spielt nicht bereits Gregor selbst mit diesem Gedanken, wenn er in den Dialogen über Matthäus 16,19 sinniert: »Was du auf Erden binden wirst, wird auch im Himmel gebunden sein, und was du auf Erden lösen wirst, wird auch im Himmel gelöst sein«. Lösen und Binden verbindet Himmel und Erde. Und es löst sie gleichzeitig voneinander. Benedikt ist in gelöster Weise mit dem Himmel verbunden, und er nimmt den Himmel als verbindliches Prinzip für sein irdisches Leben. Das Motiv vom Lösen und Binden kehrt in den Dialogen immer wieder: Benedikt fügt die voneinander gelösten Teile des Siebes der Amme zusammen, er verbindet Klinge und Stiel der Sichel, er lässt seinen Schüler über das Wasser laufen, er löst die Fesseln des Bauern nur mit einem Blick.

Wegweisend scheint aber nicht nur das Prinzip des »Lösens und Bindens«, das uns Gregor vorstellt. Hilfreich für den Weg sind auch die einzelnen Lebensthemen, die er in diesem Zusammenhang anführt: Wovon löst sich der spirituelle Mensch auf seinem Weg, womit verbindet er sich? Vater, Mutter, Glaubensgemeinschaft, Zivilisation, Besitz, Sex und Macht: Man mag dahinter allgemein menschliche Dimensionen erblicken; sie sind aber zumindest von Gregor auf originelle Weise vorgestellt und in eine Reihenfolge gebracht. Für welchen Menschen wird nicht eines Tages das Verhältnis zu seinem Vater ein Thema und auch das zu seiner Mutter? Wer muss nicht eines Tages sein Verhältnis zu dieser Gesellschaft definieren? Vielleicht bringt ihn die Steuererklärung zum Nachdenken darüber, vielleicht die Wahl der Tageszeitung, die er lesen will, oder der Verkehrsmittel, die er benutzt.

Meiner Meinung nach entwickelt man auch normalerweise ein Verhältnis zur Religion und zur organisierten Form von Religion. Wer in dieser Richtung entschieden ist und sich als Teil einer Kirche, einer Religions- oder Glaubensgemeinschaft fühlt, der wird nur dann vollständiges Glied dieser Gemeinschaft sein können, wenn er sich gleichzeitig als Individuum und als vom Gesamtkörper verschieden erkennt. Wer das nicht tut, ist in einer Sekte und nicht in einer echten Glaubensgemeinschaft, einer Kirche, gelandet.

Aus: Mauritius Wilde, *Der spirituelle Weg. Die Entwicklung des Benedikt von Nursia* (Münsterschwarzacher Kleinschriften, Band 130), Münsterschwarzach, 2. Aufl. 2004, S. 88–92.

Schlussgedanken

FA Perfekte Menschen wirken auf ihre Umgebung unmenschlich. In der Perfektion kommt Entwicklung zum Stillstand, da nichts mehr zu entwickeln ist. Unsere Unvollkommenheit macht uns menschlich und unsere Fehler machen uns liebenswert, wenn wir zu ihnen stehen. Perfektion mag bezogen auf ein einzelnes Werk stimmen, Menschen werden nie perfekt sein.

Gerade in der Führung geht es nicht darum, der perfekte Chef werden zu wollen. Es geht darum, sich auf den Weg zu machen, um den nächsten Schritt einzuüben. Führung beginnt mit der eigenen Person. Führung von anderen beginnt mit der eigenen Lebensführung.

AG Allen Lesern und Leserinnen wünschen wir, dass die Gedanken in diesem Buch kein schlechtes Gewissen in ihnen hervorrufen, sondern in ihnen neue Lust am Führen wecken. Und ich wünsche ihnen, dass sie den spirituellen Weg für sich finden, der sie in die Weite und in die Freiheit, in die Liebe und in die Achtsamkeit führt und der es ihnen ermöglicht, aus der inneren Quelle zu schöpfen, die sich nie erschöpft, weil sie göttlich ist. Dann wird Führen nie zu einer Überforderung werden, sondern zu einem Weg, auf dem wir menschlich und spirituell wachsen und für andere zum Segen werden.

Anhang

Agenturen für Vermittlung in soziale Projekte: »Corporate Volunteering«

www.seitenwechsel.org

www.bagfa.de

www.visavis-agentur.de

www.upj-online.de

www.agentur-mehrwert.de

Meditationskurse

Die vielen Bücher über Zen und über Meditation ersetzen nicht die Praxis. Eine Einführung und die Begleitung durch einen erfahrenen Lehrer sind für die meisten Menschen eine notwendige Hilfe, wenn sie das geistige Neuland eines spirituellen Weges betreten. In vielen Orten gibt es Meditationsgruppen, denen man sich anschließen kann, oder die man zum »Schnuppern« besuchen kann.

Einführungskurse bieten zum Beispiel:

www.gaestehaus.abtei-muensterschwarzach.de

www.benediktushof-holzkirchen.de

www.sonnenhof-holzinshaus.de

Unter *www.meditation-in.de* finden Sie regionale Meditationsgruppen, die aus den Kursen von Willigis Jäger entstanden sind und regelmäßige gemeinsame Meditationszeiten anbieten, teils auch mit Einführung in die Meditation.

Literaturverzeichnis mit Kommentaren

Die nachfolgend von Friedrich Assländer ausgewählten und kommentierten Bücher stellen eine zufällige Auswahl dar. Sie finden darin ergänzende Gedanken zu den Themen des hier vorliegenden Buches. Die hier angegebenen Werke dienten zum Teil als Quelle zum vorliegenden Buch.

Die Regel des heiligen Benedikt und seine Spiritualität

Die Regel des heiligen Benedikt. Herausgegeben im Auftrag der Salzburger Äbtekonferenz; Beuron, 8. Auflage 1990.

In dem kleinen Büchlein finden sich, in guter deutscher Übersetzung, aber ohne Kommentierung, die 73 Kapitel der Regel des heiligen Benedikt, nach der die Benediktiner seit rund 1500 Jahren ihr Ordensleben gestalten. Eine ausführliche Einführung, das Kapitelverzeichnis und ein Stichwortverzeichnis runden das Standardwerk ab. *Der Abdruck der Texte der Benediktsregel erfolgt mit freundlicher Genehmigung des Beuroner Kunstverlages, www.klosterkunst.de*

Anselm Grün/Fidelis Ruppert, Bete und arbeite. Eine christliche Lebensregel (Münsterschwarzacher Kleinschriften, Band 17), Münsterschwarzach, 10. Auflage 2015.

In dem kleinen Büchlein übertragen P. Anselm und P. Fidelis, der ehemalige Abt der Abtei Münsterschwarzach, die bekannte benediktinische Formel »ora et labora« auf die heutige Arbeitswelt. Sie zeigen, dass es dabei nicht nur um einen sinnvollen Wechsel von Zeiten der Arbeit und des Gebetes, der Gestaltung des Außen und der Einkehr geht. Vielmehr muss die Gebetshaltung die Arbeit durchdringen, so dass auch im Banal-Alltäglichen Gott verherrlicht werde. Dieser Gedanke führt in die Erkenntnis und Forderung: Unsere Arbeit muss den Menschen dienen, nur dann erleben wir sie als wert- und sinnvoll. Das Buch ist klein, aber sehr gehaltvoll.

Anselm Grün, Menschen führen – Leben wecken. Anregungen aus der Regel Benedikts von Nursia; Edition Anselm Grün, Band 9, Münsterschwarzach 2020.

Das Buch gibt jenen Führungskräften gute Impulse, die »Menschen führen« und nicht nur Betriebe leiten wollen. Ausgehend von den Anweisungen des heiligen

Benedikt an den Cellerar (Verwalter) des Klosters und an den Abt zeigt P. Anselm, wie der Dienst am Menschen zu einer zutiefst erfüllenden Aufgabe und zur spirituellen Herausforderung wird. Impulse zur Sorge für sich selbst als Voraussetzung für die Sorge für andere runden dieses Buch ab. Eine wunderbare Anleitung für mehr Humanität im Führungsalltag.

Anselm Grün, Leben und Beruf. Eine spirituelle Herausforderung; Edition Anselm Grün, Band 2, Münsterschwarzach, 2. Auflage 2019.

P. Anselm zeigt, dass Beruf und Leben keine Gegensätze oder verschiedene Lebenswelten sind, sondern dass wir beides verbinden müssen und können. Er gibt seine Erfahrungen aus vielen Beratungsgesprächen weiter zu Themen wie Druck, Angst, Sorgen, Zeitnot, Schuldgefühle, Erfolg und Misserfolg, Loyalität, Konflikte, Mobbing. Die Rückbesinnung auf christliche Werte, die Entwicklung von Vertrauen und Achtsamkeit sind der Schlüssel zu einem erfüllten Berufs-Leben.

Anselm Grün, Benedikt von Nursia; Freiburg im Breisgau 2002.

P. Anselm zeigt, wie die Regel des heiligen Benedikt (480–547 n. Chr.) auch noch heute eine Anleitung zu einem guten Leben ist. Anselm spannt – in der für ihn typischen schlichten Sprache – den Bogen vom Leben und den Lebenskrisen des Heiligen bis zu den drängenden Problemen unserer Zeit – wie Globalisierung, Angst und Umweltzerstörung. Er zeigt, wie die Regel des heiligen Benedikt Orientierung und Lebenshilfe für uns hier und heute sein kann. Vor allem zeigt er, wie die erdhafte Spiritualität von Benedikt, die sich immer auf den Alltag bezieht, den Menschen helfen kann, ihr Leben zu meistern. Es geht um den Umgang mit Gefühlen, Gestaltung von Beziehungen, das rechte Wahrnehmen der Realität, das Einüben von Demut, um Achtsamkeit im Umgang mit Menschen und Dingen. Auf diesem zutiefst spirituellen Weg müssen wir Illusionen zurücklassen und uns persönlicher Disziplin und mancher Mühe unterwerfen. Dann führt er zu Intensität, Weite und nachhaltiger Lebensfreude.

Anselm Grün, Geborgenheit finden – Rituale feiern. Wege zu mehr Lebensfreude; Stuttgart 2002.

Dieses Buch gehört zu den Standardwerken zum Thema »Rituale«. P. Anselm schildert darin den typischen Tagesablauf im Kloster, der durch Gebetszeiten streng gegliedert ist. Die psychologische Bedeutung von Ritualen bei Sigmund Freud und Carl Gustav Jung und anderen wird angesprochen. Beispiele für Rituale – für den

Einzelnen, für Familien und Organisationen – werden beschrieben, ebenso die alten kirchlichen Rituale am Beispiel der Sakramente sowie die verschiedenen Symbole in ihrer tieferen Bedeutung. Das ganze Buch ist ein Plädoyer, eine Einladung und eine Anleitung, unser Leben durch das Wiederentdecken der Kraft der Rituale reich und lebenswert zu machen.

Meditation und Spiritualität

Willigis Jäger, Die Welle ist das Meer. Mystische Spiritualität; Freiburg im Breisgau, 6. Auflage 2000.

Der bekannte Zenmeister (Roshi) und vom Vatikan mit Redeverbot belegte Benediktiner nimmt Stellung zu religiösen Fragen und zur Meditationspraxis. Sowohl sein eigener mystischer Weg als auch die langjährige Erfahrung als geistlicher Begleiter fließen in die Deutungen von Religion und Spiritualität ein. Mit vielen praktischen Hinweisen und Antworten auf häufig gestellte Fragen ist das Buch für alle an einem spirituellen Weg und an der kritischen Auseinandersetzung mit dem Christentum Interessierten lesenswert.

Jack Kornfield, Meditation für Anfänger (mit CD); München 2005.

Eine Anleitung zur Meditation für Anfänger und Fortgeschrittene. Unabhängig von Konfession oder Glauben gibt der erfahrene Meditationslehrer, der lange als buddhistischer Mönch in Asien gelebt hat, dem interessierten Leser eine kompakte Einführung in die Meditationspraxis. Kornfield beschreibt in einfachen Worten, wie wir uns auf dem Königsweg der Meditation von zwanghaften Reaktionen befreien und Stück für Stück inneren Frieden gewinnen. Er leitet an zur Meditation beim Essen, Gehen und bei den alltäglichen Dingen, die wir bewusster wahrnehmen können. Buch und CD halten eine gute Balance zwischen notwendiger Theorie und Praxis. Die beigefügte CD enthält sechs geführte Meditationen, die den Stufenweg des Buches begleiten.

Eckhart Tolle, Jetzt! Die Kraft der Gegenwart. Ein Leitfaden zum spirituellen Erwachen; Bielefeld 2002.

Das Buch – elf Auflagen in wenigen Jahren – ist ein exzellenter Leitfaden für eine spirituelle Lebensorientierung. Im Unterschied zu den vielen Büchern über Zen oder Kontemplation schreibt Eckhart Tolle nicht aus einer einzelnen religiösen Tradition, sondern in der Sprache unserer Zeit. In einfachen, einleuchtenden Worten befasst er sich mit Themen, die uns alle beschäftigen – Zeit, Schmerz, Bewusstheit, Beziehungen. In jedem Satz wird spürbar, dass hier jemand aus seiner eigenen authentischen Erfahrung spricht. Dieses Buch ist eine Anleitung und ein Lesebuch, das man immer wieder gerne in die Hand nimmt. Es ist eines der besten Bücher zum Thema »Spiritualität«, das ich kenne.

Führung und Kommunikation

Fredmund Malik, Führen Leisten Leben. Wirksames Management für eine neue Zeit; München, 8. Auflage 2001.

Ein umfangreiches und anregendes Buch, das sich in lebendiger Sprache mit »wirksamer Führung« auseinandersetzt. Es ist für den Praktiker geschrieben und behandelt die wesentlichen Themen des Manageralltags, wie Ziele, Organisation, Entscheidungen, Kontrolle, Berichte, Job-Design.

Oswald Neuberger, Führen und führen lassen; 6., überarbeitete und erweiterte Auflage, Stuttgart 2002.

Das Standardwerk zum Thema Führung wendet sich sowohl an den Praktiker wie an den wissenschaftlich Interessierten. Der Hochschulprofessor Oswald Neuberger gibt einen umfassenden und kritischen Überblick über die Führungsforschung, über Führungsdefinitionen und -theorien und die ideologischen Begründungen von Führung. Er beschreibt Führungs-Archetypen (Vater, Held, charismatischer Heiland) und setzt sich mit den Eigenschafts-Theorien von Führung auseinander. Der klare und gut verständliche Schreibstil machen das Buch zu einer lohnenswerten Lektüre.

Friedemann Schulz von Thun, Miteinander Reden, 1. Störungen und Klärungen; Reinbek bei Hamburg 1981.

Friedemann Schulz von Thun, Miteinander Reden, 2. Stile, Werte und Persönlichkeitsentwicklung; Reinbek bei Hamburg 1989.

Diese »allgemeine« (Band 1) und »differentielle Psychologie der Kommunikation« (Band 2) sind Klassiker. Die Modelle und Einsichten des Autors sind in viele Kommunikationsseminare eingeflossen. Bekannt sind »die vier Seiten einer Nachricht«: Sachinformation, Appell, Beziehungsaussage, Selbstdarstellung. Vor allem der erste Band enthält viele allgemeingültige Anregungen zur Kommunikation. Der zweite Band enthält vor allem Ausführungen über Kommunikationsstile.

Wolfgang H. Staehle, Management – eine verhaltenswissenschaftliche Perspektive; München 1991.

Diese fundierte wissenschaftliche Abhandlung, einschließlich der Geschichte des Management, ist eher für die Hochschule geeignet.

Systemische Ansätze und Organisationsaufstellungen

Klaus-Peter Horn/Regine Brick, Das verborgene Netzwerk der Macht – Systemische Aufstellung in Unternehmen und Organisationen; Offenbach 2001.

In dem anspruchsvollen Buch wird die Methode der System- oder Organisationsaufstellungen erläutert und mit vielen Beispielen illustriert. Systemisches Denken wird in Beziehung gesetzt zur Komplexität realer Betriebsabläufe. Die beiden erfahrenen Praktiker legen die verschiedenen Anwendungsfelder von Aufstellungen mit vielen Graphiken anschaulich dar. Ein Buch für alle an der Methode Interessierten – mit und ohne Aufstellungserfahrung – und besonders für Skeptiker.

Roswita Königswieser/Martin Hillebrand, Einführung in die systemische Organisationsberatung; Heidelberg 2004.

Sehr verdichtet und anspruchsvoll übertragen die Autoren ihre reichen Erfahrungen in logische Modelle systemischer Organisationsberatung. Ihr Modell umfasst fünf Interventionsebenen: sachlich, sozial, zeitlich, räumlich, symbolisch. Ziel ist es, Entwicklung auf allen relevanten Ebenen zu initiieren. Einschließlich eines Kapitels über Systemtheorie ist das Buch eine gute Einführung in das Thema.

Harrison Owen, Open Space Technology – Ein Leitfaden für die Praxis; Stuttgart 2001.

Vom »Erfinder« selbst wird dieses revolutionäre Konferenzmodell beschrieben, das als Großgruppenveranstaltung mit bis zu mehreren Tausend Teilnehmern Karriere gemacht hat. Das Buch ist Beschreibung und Anleitung zur Durchführung. In der Praxis sollte jedoch ein erfahrener Moderator eingesetzt werden, um kritische Situationen zu vermeiden. Ein anregendes, anschaulich geschriebenes Buch mit vielen Praxisbeispielen.

Die Autoren

Dr. Friedrich Assländer (1946–2022), studierte Betriebswirtschaftslehre, Soziologie und Psychologie. Nach zehn Jahren Managementtätigkeit in einem Finanzkonzern bot er seit 1984 Führungsseminare und Ausbildung in Systemaufstellungen an. Von ihm stammen zahlreiche Veröffentlichungen zu den Themen Spiritualität und Organisationsaufstellungen. Er war Mitbegründer und langjähriger Vorstand der Vereine »Spirituelle Wege e. V.« und »Spirit Plus e.V.«. Seine Töchter Kathrin und Judith führen mit ihrem Institut für systemische Lösungen das Unternehmen des Vaters fort.

www.asslaender.de

P. Dr. Anselm Grün OSB, geboren 1945, leitete über 30 Jahre lang als Cellerar die zwanzig wirtschaftlichen Betriebe der Benediktinerabtei Münsterschwarzach mit ihren rund 300 Mitarbeitern.

Die Kunst der Menschenführung lernte er aus der Regel Benedikts und der Bibel, von den Wüstenvätern und der modernen Psychologie. Über die Konfessionen hinweg ist er von vielen Menschen als Seelsorger, spiritueller Berater und geistlicher Begleiter geschätzt. Er gehört zu den meistgelesenen christlichen Autoren der Gegenwart. Mehrere tausend Menschen besuchen jährlich seine Vorträge.

www.anselm-gruen.de

Spirituelles Zeitmanagement

Anselm Grün
Friedrich Assländer

Spirituell Zeit gestalten
mit Benedikt und der Bibel

Gebunden, 224 Seiten
ISBN 978-3-89680-354-2

Offensichtlich hängen Erfolg und Zufriedenheit, letztlich das Lebensglück ganz entscheidend davon ab, wie wir mit unserer Zeit umgehen. »Ich habe keine Zeit« ist zu der Standardformel geworden, die unser modernes Zeiterleben beschreibt. Untersuchungen haben kürzlich herausgefunden, dass zufriedene und glückliche Menschen einen geordneten Tagesablauf einhalten und diszipliniert arbeiten.

Gutes Zeitmanagement bezieht sich jedoch nicht nur auf effizientes und diszipliniertes Arbeiten, es beinhaltet auch die Orientierung an Werten, die Frage nach dem Wesentlichen und die Frage nach dem rechten Maß.

Friedrich Assländer und Pater Anselm Grün geben Impulse und Antworten für ein gelingendes Zeitmanagement. Ihr Buch beschäftigt sich - in einer Art Situationsanalyse - mit der Zeit als Ordnungssystem und geht zugleich dem typisch modernen Problem der »Beschleunigungsfalle« nach.

Im benediktinischen »Ora et labora« - »Bete und arbeite« - sieht es nicht nur für Ordensleute eine Grundordnung, die ein glückendes Leben ermöglichen kann. Damit diese gelingt, braucht es dann auch eine »Kunst der Pause« und ein Selbstmanagement, das die eigenen Begrenzungen ernst nimmt, aber gerade so mit ihnen kreativ umzugehen vermag.